高职高专教育“十一五”规划教材

畜禽传染病

刘振湘　姚卫东　主编

中国农业大学出版社

主　　编　刘振湘　姚卫东

副 主 编　刘秀清　杨玉平

编　　委　（按姓氏笔画排序）

刘秀清　青海畜牧兽医职业技术学院

刘振湘　湖南环境生物职业技术学院

李石友　云南农业职业技术学院

余勋信　福建农业职业技术学院

杨玉平　黑龙江生物科技职业学院

周启扉　黑龙江农业工程职业学院

姚卫东　辽宁农业职业技术学院

黄金龙　福建农业职业技术学院

主　　审　邓治邦　湖南农业大学

参加畜牧兽医类教材编写的学校
（按首字母拼音排序）

保定职业技术学院
北京农业职业学院
沧州职业技术学院
重庆三峡职业技术学院
福建农业职业技术学院
甘肃农业职业技术学院
甘肃畜牧工程职业技术学院
广西农业职业技术学院
河北科技师范学院
河北旅游职业学院
河北农业大学
河北农业大学中兽医学院
河南工业大学
河南农业职业学院
黑龙江农业工程职业学院
黑龙江农垦林业职业技术学院
黑龙江农业经济职业学院
黑龙江农业职业技术学院
黑龙江生物科技职业学院
黑龙江畜牧兽医职业学院
湖南环境生物职业技术学院
黄冈职业技术学院
佳木斯大学
江苏牧羊集团
江苏农林职业技术学院
江苏畜牧兽医职业技术学院
金华职业技术学院
辽宁农业职业技术学院
辽宁医学院
辽宁职业学院
辽阳职业技术学院
临沂师范学院
内蒙古乌兰察布职业学院
青海畜牧兽医职业技术学院
山东滨州职业学院
山东畜牧兽医职业学院
山西师范大学
商丘职业技术学院
沈阳农业大学
沈阳农业大学高等职业技术学院
唐山职业技术学院
信阳农业高等专科学校
杨凌职业技术学院
宜宾职业技术学院
永州职业技术学院
云南农业职业技术学院
郑州牧业工程高等专科学校

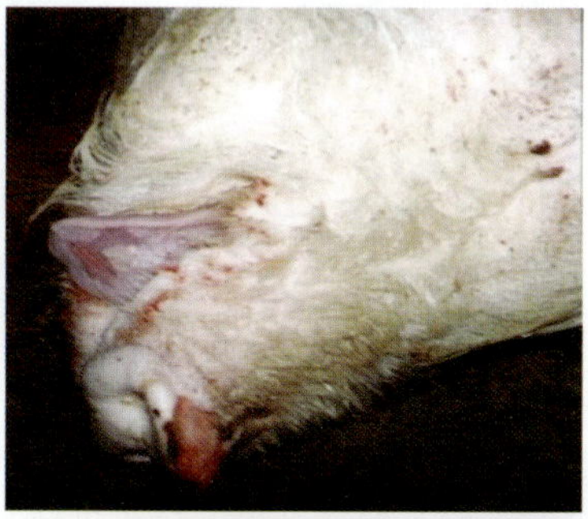

彩图 1 口蹄疫病猪鼻镜边缘水疱、溃疡，舌面水疱破溃溃疡（供图：曾元根）

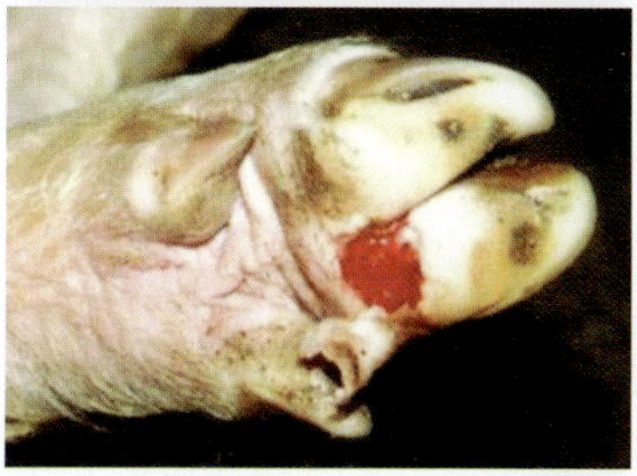

彩图 2 口蹄疫病猪蹄部水疱破溃溃疡（供图：曾元根）

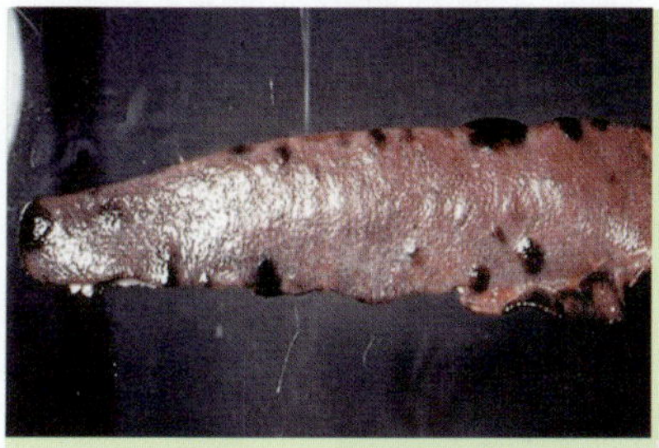

彩图 3 猪瘟病猪脾脏边缘出血性梗死（供图：湖南农业大学动物医学院）

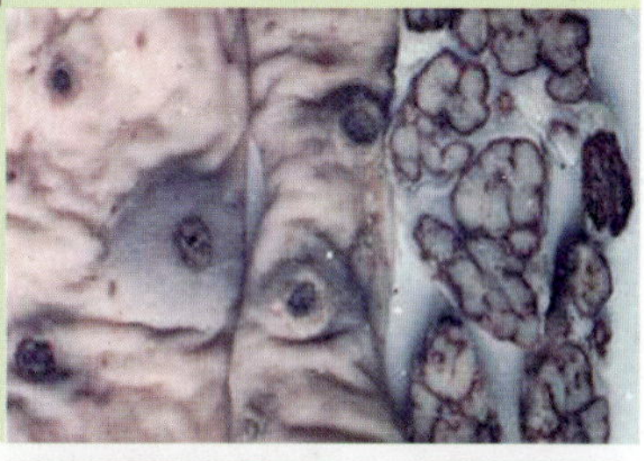

彩图 4 猪瘟病猪纽扣状溃疡（左）、淋巴结切面呈大理石样花纹（右）（供图：湖南农业大学动物医学院）

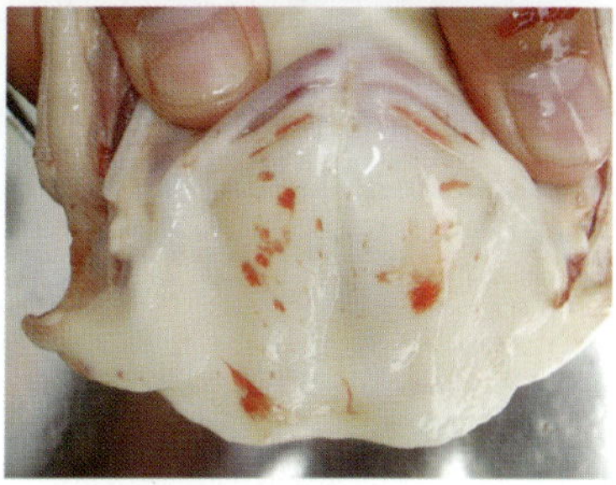

彩图 5 猪瘟病猪喉头黏膜出血（供图：曾元根）

彩图 6 猪瘟病猪肾脏出血（供图：曾元根）

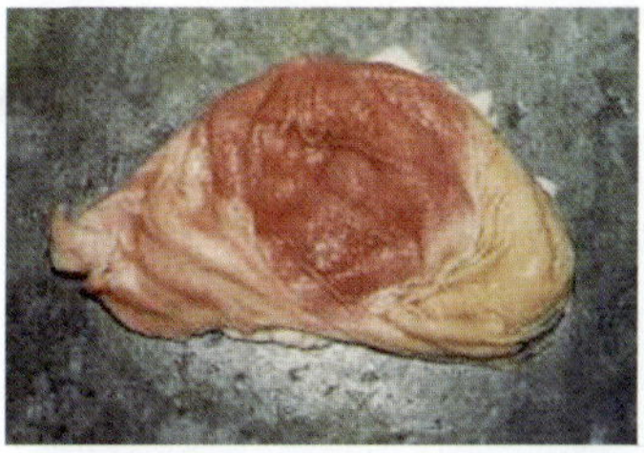

彩图 7 急性型猪丹毒病猪胃底腺充血、出血（供图：湖南农业大学动物医学院）

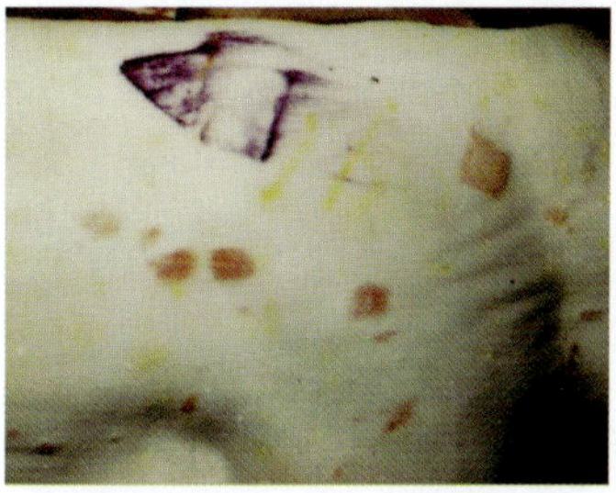

彩图 8 疹块型猪丹毒病猪皮肤疹块（供图：湖南农业大学动物医学院）

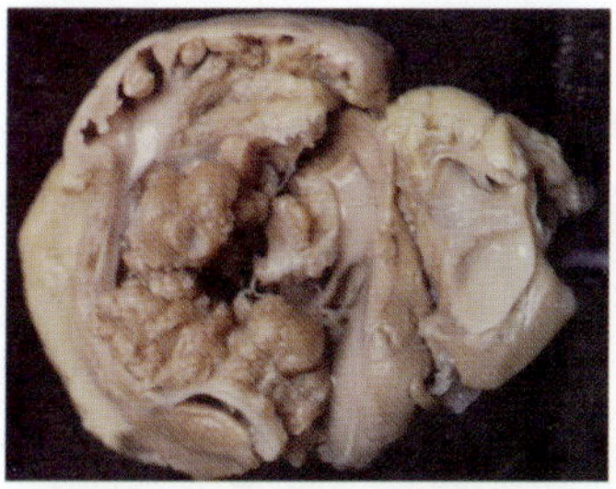

彩图 9 慢性型猪丹毒病猪心内膜菜花状增生（供图：湖南农业大学动物医学院）

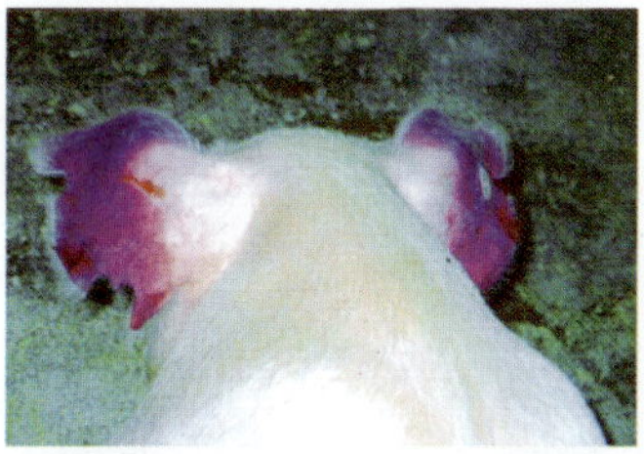

彩图 10 猪繁殖与呼吸综合征病猪耳朵发紫（供图：湖南农业大学动物医学院）

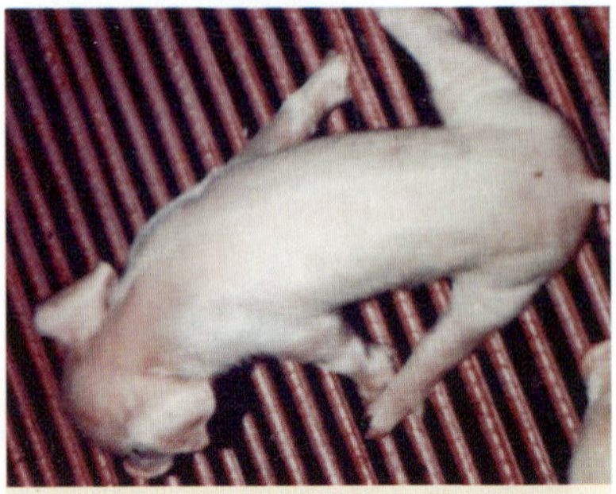

彩图 11 猪伪狂犬病仔猪神经症状（供图：湖南农业大学动物医学院）

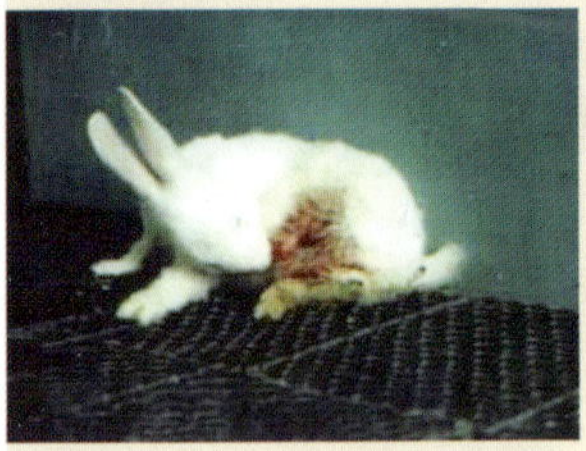

彩图 12 猪伪狂犬病病毒接种兔子患部被撕咬现象（供图：湖南农业大学动物医学院）

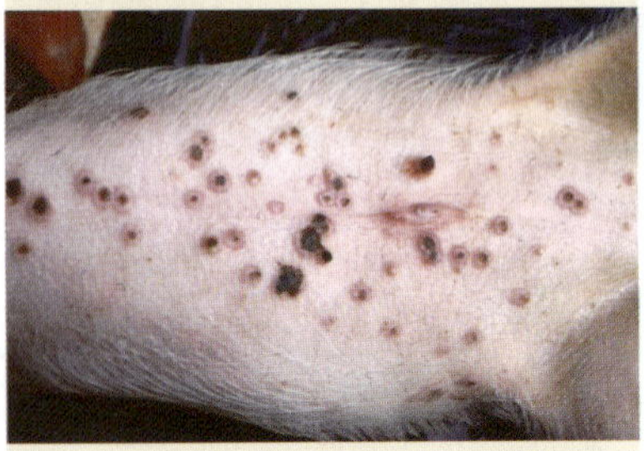

彩图 13 猪痘病病猪腹部皮肤痘疹（供图：曾元根）

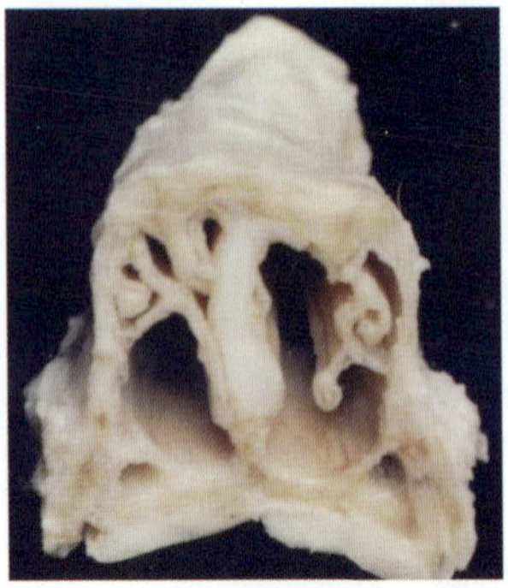

彩图 14 猪传染性萎缩性鼻炎病猪鼻甲骨萎缩（供图：湖南农业大学动物医学院）

彩图 15 结核病病牛黏膜形成的珍珠样结核病变（供图：湖南农业大学动物医学院）

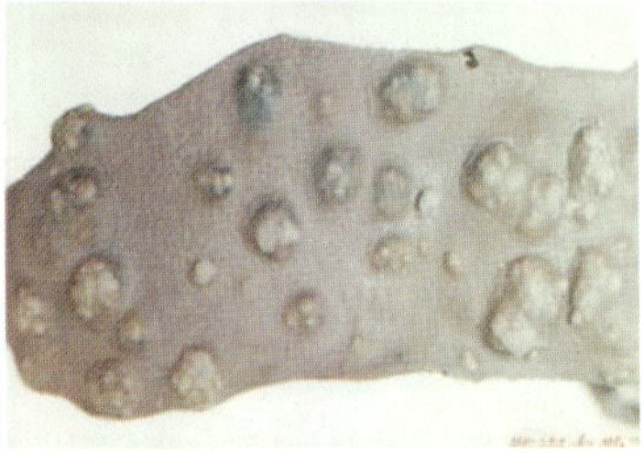

彩图 16 结核病病牛脾脏结核（供图：湖南农业大学动物医学院）

彩图 17 患仔猪白痢的仔猪（供图：曾元根）

彩图 18 患仔猪白痢仔猪排出的白色稀粪（供图：曾元根）

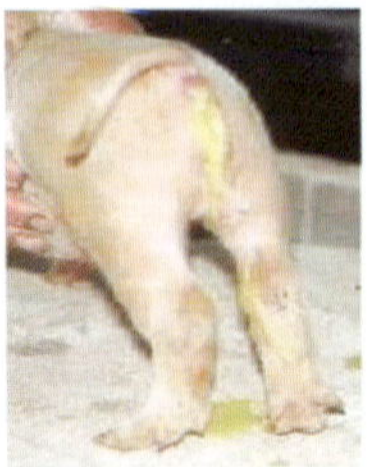

彩图 19 患仔猪黄痢的仔猪（供图：曾元根）

彩图 20 患仔猪黄痢仔猪排出的黄色稀粪（供图：曾元根）

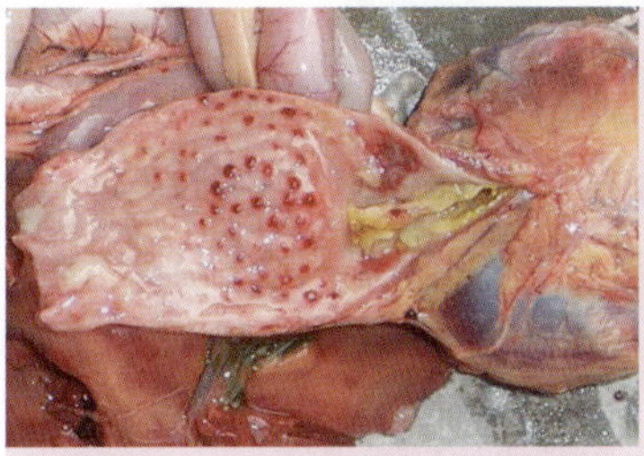

彩图 25 鸡新城疫病鸡腺胃乳头出血（供图：湖南农业大学动物医学院）

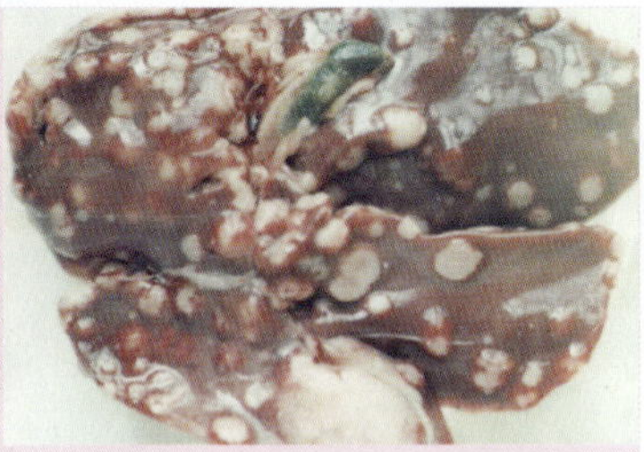

彩图 26 鸡马立克氏病病鸡肝脏肿瘤（供图：湖南农业大学动物医学院）

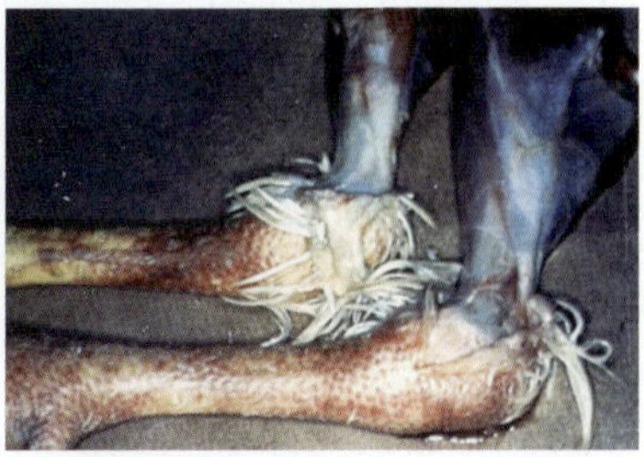

彩图 21 禽流感病鸡腿部鳞片下出血（供图：卢建红）

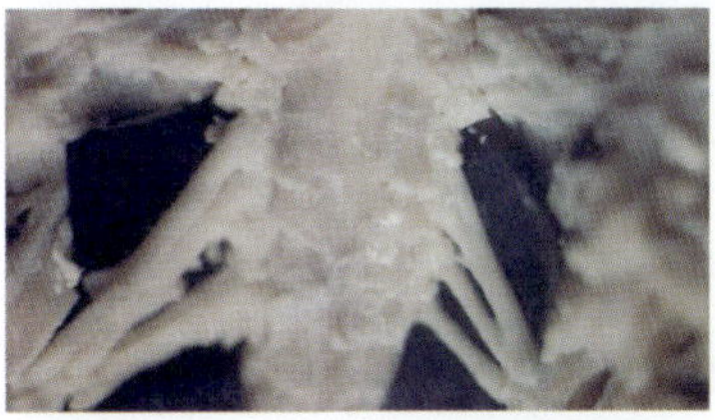

彩图 27 鸡马立克氏病病鸡坐骨神经肿大（供图：湖南农业大学动物医学院）

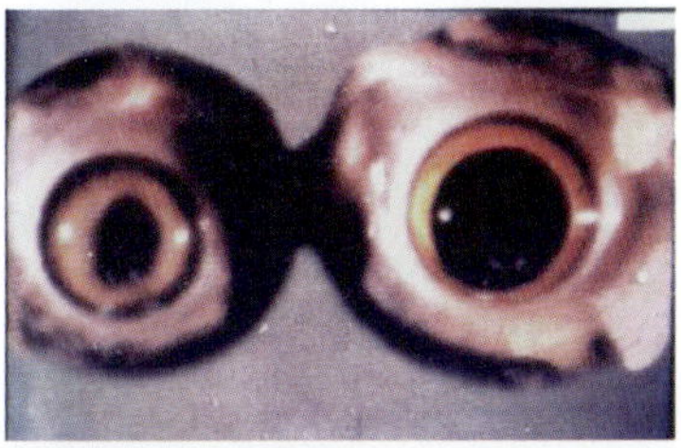

彩图 28 鸡马立克氏病病鸡眼瞳孔缩小、虹膜变色（供图：湖南农业大学动物医学院）

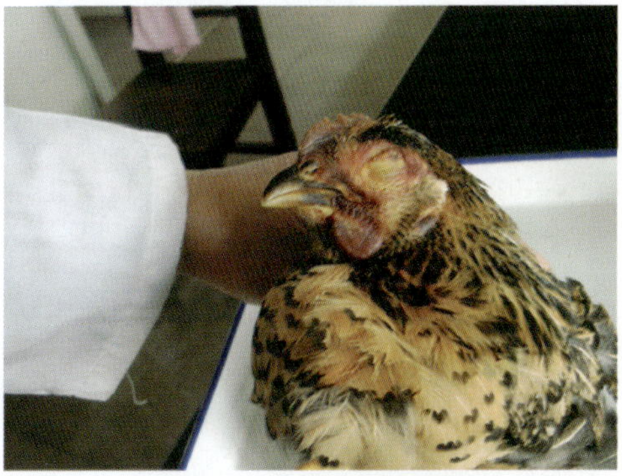

彩图 22 禽流感病鸡肉髯、眼睑肿胀（供图：卢建红）

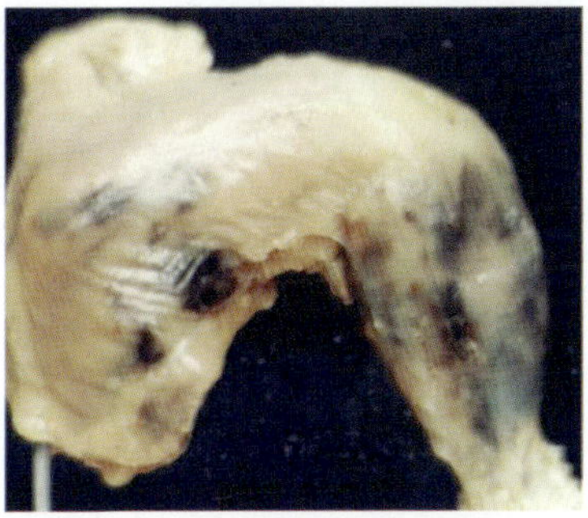

彩图 29 鸡传染性法氏囊病病鸡腿部肌肉出血（供图：湖南农业大学动物医学院）

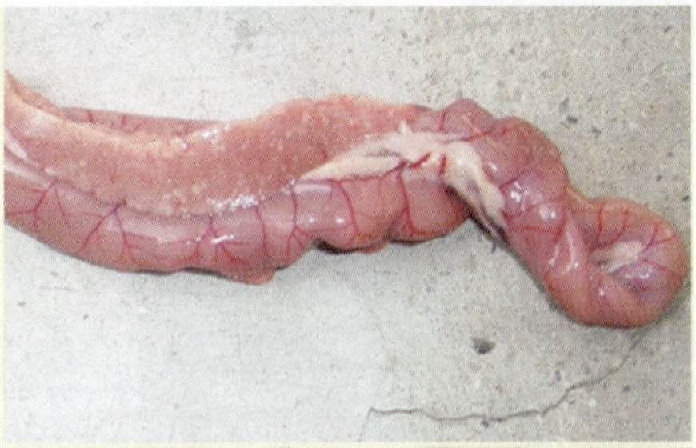

彩图 23 禽流感病鸡胰腺坏死点（供图：湖南农业大学动物医学院）

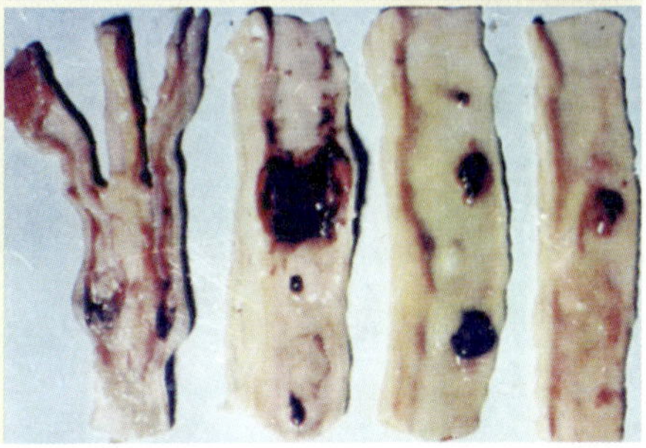

彩图 24 鸡新城疫病鸡肠枣核状出血（供图：湖南农业大学动物医学院）

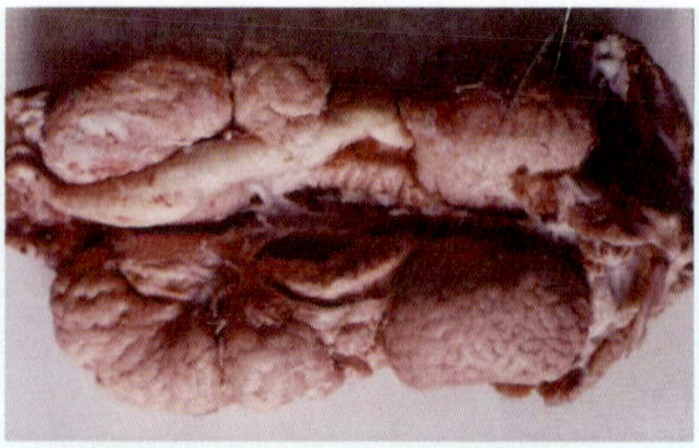

彩图 30 鸡传染性法氏囊病病鸡肾肿大（供图：湖南农业大学动物医学院）

彩图 31 鸡传染性法氏囊病病鸡法氏囊肿大、淤血（供图：湖南农业大学动物医学院）

彩图 32 鸡白痢病鸡盲肠肿大、出血（供图：湖南农业大学动物医学院）

彩图 33 鸡白痢病鸡卵子变色，呈褐色、灰色（供图：湖南农业大学动物医学院）

彩图 34 犬瘟热病犬呕吐、脓性结膜炎（供图：姚卫东）

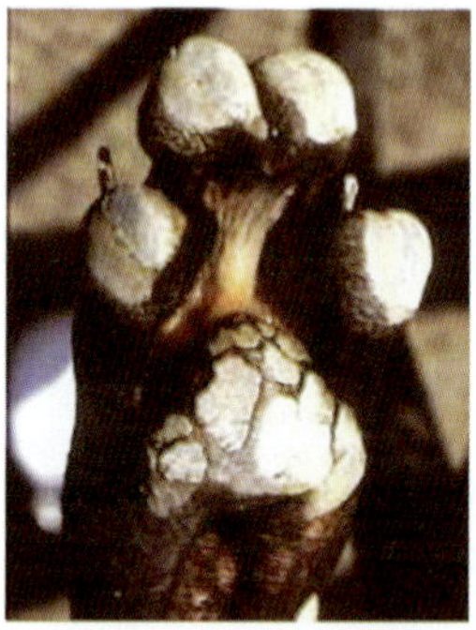

彩图 35 犬瘟热病犬足垫过度角质化（供图：姚卫东）

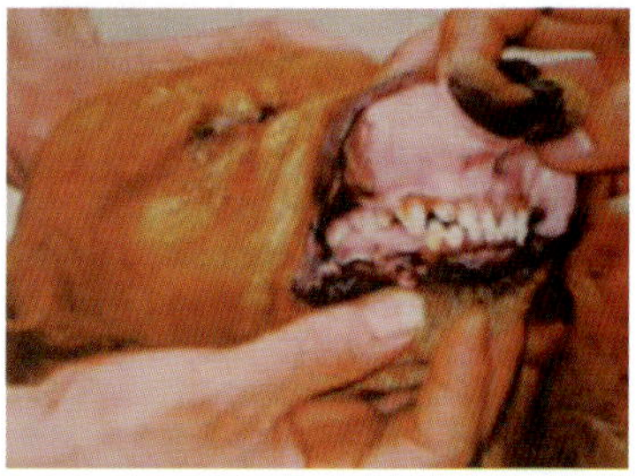

彩图 36 犬传染性肝炎病犬齿龈出血（供图：姚卫东）

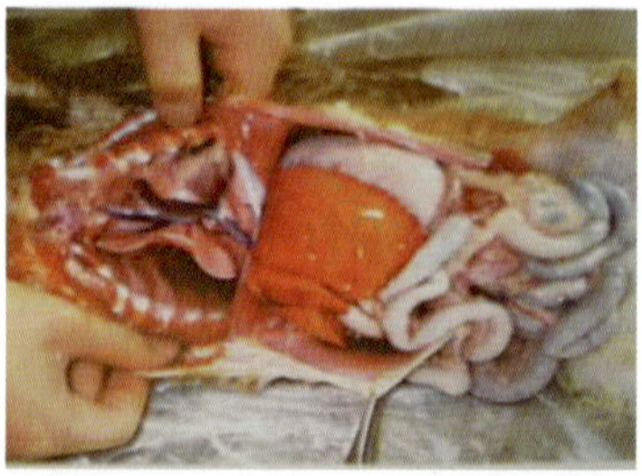

彩图 37 犬传染性肝炎病犬肝略肿大，包膜紧张（供图：姚卫东）

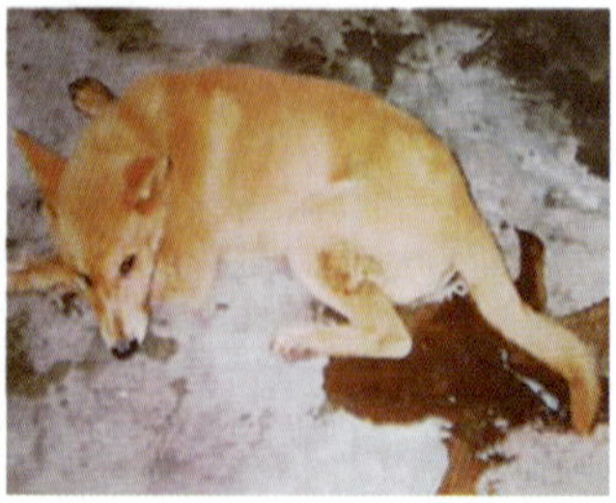

彩图 38 犬细小病毒感染病犬出血性肠炎（供图：姚卫东）

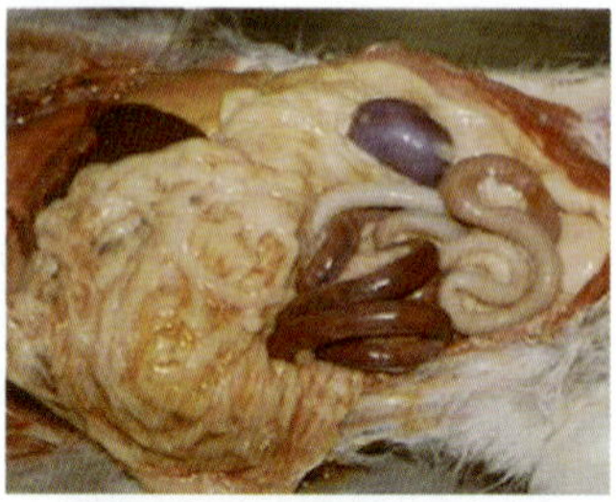

彩图 39 犬细小病毒感染病犬浆膜暗红色，浆膜下充血、出血（供图：姚卫东）

出版说明

高等职业教育作为高等教育中的一个类型，肩负着培养面向生产、建设、服务和管理第一线需要的高技能人才的使命。大力提高人才培养的质量，增强人才对于就业岗位的适应性已成为高等职业教育自身发展的迫切需要。教材作为教学和课程建设的重要支撑，对于人才培养质量的影响极为深远。随着高等农业职业教育发展和改革的不断深入，各职业院校对于教材适用性的要求也越来越高。中国农业大学出版社长期致力于高等农业教育本科教材的出版，在高等农业教育领域发挥着重要的作用，积累了丰富的经验，希望充分利用自身的资源和优势，为我国高等职业教育的改革与发展做出自己的贡献。

经过深入调研和分析以往教材的优点与不足，在教育部高教司高职高专处和全国高职高专农林牧渔类专业教学指导委员会的关心和指导下，在各高职高专院校的大力支持下，中国农业大学出版社先后与100余所院校开展了合作，共同组织编写了一系列以"十一五"国家级规划教材为主体的、符合新时代高职高专教育人才培养要求的教材。这些教材从2007年3月开始陆续出版，涉及畜牧兽医类、食品类、农业技术类、生物技术类、制药技术类、财经大类和公共基础课等的100多个品种，其中普通高等教育"十一五"国家级规划教材22种。

这些教材的组织和编写具有以下特点：

精心组织参编院校和作者。每批教材的组织都经过以下步骤：首先，征集相关院校教师的申报材料。全国100余所高职高专院校的千余名教师给予了我们积极的反馈。然后，经由高职高专院校和出版社的专家组成的选题委员会的慎重审议，充分考虑不同院校的办学特色、专业优势、地域特点及教学改革进程，确定参加编写的主要院校。最后，根据申报教师提交的编写大纲、编写思路和样章，结合教师的学习培训背景、教学与科研经验和生产实践经历，遴选优秀骨干教师组建编写团队。其中，教授和副教授及有硕士以上学历的占70%。特别值得一提的是，有5%的作者是来自企业生产第一线的技术人员。

贴近国家高职教育改革的要求。我国的高等职业教育发展历史不长，很多院校的办学模式和教学理念还在探索之中。为了更好地促进教师了解和领会教育部的教学改革精神，体现基于职业岗位分析和具体工作过程的课程设计理念，以真实工作任务或社会产品为载体组织教材内容，推进适应"工学结合"人才培养模式的课程教材的编写出版，在每次编写研讨会上都邀请了教育部高教司高职高专处、全国高职高专农林牧渔类专业教学指导委员会的领导作教学改革的报告；多次邀请教育部职业教育研究所的知名专家到会，专门就课程设置和教材的体系建构作专题报告，使教材的编写视角高、理念新、有前瞻性。

注重反映教学改革的成果。 教材应该不断创新，与时俱进。好的教材应该及时体现教学改革的成果，同时也是教育教学改革的重要推进器。这些教材在组织过程中特别注重发掘各校在产学结合、工学交替实践中具有创新性的教材素材，在围绕就业岗位需要进行知识的整合、与实际生产过程的接轨上具有创新性和非常鲜明的特色，相信对于其他院校的教学改革会有启发和借鉴意义。

瞄准就业岗位群需要，突出职业能力的培养。 这些教材的编写指导思想是紧扣培养“高技能人才”的目标，以职业能力培养为本位，以实践技能培养为中心，体现就业和发展需求相结合的理念。

教材体系的构建依照职业教育的“工作过程导向”原则，打破学科的“系统性”和“完整性”。内容根据职业岗位(群)的任职要求，参照相关的职业资格标准，采用倒推法确定，即剖析职业岗位群对专业能力和技能的需求——→关键能力——→关键技能——→围绕技能的关键基本理论。删除假设推论，减少原理论证，尽可能多地采用生产实际中的案例剖析问题，加强与实际工作的接轨。教材反映行业中正在应用的新技术、新方法，体现实用性与先进性的结合。

创新体例，增强启发性。 为了强化学习效果，在每章前面提出本章的知识目标和技能目标。有的每章设有小结和复习思考题。小结采用树状结构，将主要的知识点及其之间的关联直观表达出来，有利于提高学生的学习效果和效率，也方便教师课堂总结。部分内容增编阅读材料。

加强审稿，企业与行业专家相结合，严把质量关。 从选题策划阶段就邀请行内专家把关，由来自于企业、高职院校或中国农业大学有丰富生产实践经验的教授审核编写大纲，并对后期书稿进行严格审定。每一种教材都经过作者与审稿人的多次的交流和修改，从而保证内容的科学性、先进性和对于岗位的适应性。

这些教材的顺利出版，是全国 100 余所高职高专院校共同努力的结果。编写出版过程中所做的很多探索，为进一步进行教材研发提供了宝贵的经验。我们希望以此为基点，进一步加强与各校的交流合作，配合各校教学改革，在教材的推广使用、修订完善、补充扩展进程中，在提高质量和增加品种的过程中，不断拓展教材合作研发的思路，创新教材开发的模式和服务方式。让我们共同努力，携手并进，为深化高职高专教育教学改革和提高人才培养质量，培养国家需要的各行各业高素质技能型专门人才，发挥积极的推动作用。

中国农业大学出版社

2008 年 6 月

内 容 提 要

本书是高职高专教育“十一五”规划教材，包括畜禽传染病的传染和流行过程、畜禽传染病的综合防制、多种畜禽共患传染病、猪的主要传染病、家禽的主要传染病、牛羊的主要传染病、其他畜禽传染病以及实训等内容。

该书的编写紧扣培养畜禽传染病防制第一线需要的高技能型专门人才这一目标，注重理论联系实际，具有体系新、内容新、形式新、岗位针对性强、图文并茂、突出技能培养等特点。章节前提出了知识目标和技能目标，章节后进行了小结并设计了识记型、理解型和应用型不同层次的复习思考题，有利于学生自学和自检，巩固学习效果。

该书不但适用于高职院校畜牧兽医类专业的学生，也可作为自学考试、岗位培训及从事畜禽生产与动物疫病防制、养殖专业户的参考书。

前　言

畜禽传染病是畜牧兽医类专业的主干专业必修课程之一，掌握畜禽传染病防制的基本技术在学生的职业能力模块中占重要地位。本门课程旨在培养畜禽传染病防制第一线需要的高技能人才。通过教学使学生掌握畜禽传染病防制技术"必需、够用"的理论知识和扎实的专业实践技术是本课程的目标。我们根据教育部《中国普通高等学校高职高专教育指导性专业目录（建议方案）》和《关于全面提高高等职业教育教学质量的若干意见》（教高[2006]16号）有关文件的精神和要求，受中国农业大学出版社委托，编写了这部高职高专教育"十一五"规划教材。

高等职业教育是高等教育的组成部分，是高等教育发展中的一个类型，肩负着"培养面向生产、建设、服务和管理第一线需要的高技能人才"的任务。因此，过分强调理论的系统性或过于简单的教材都不能满足高等职业教育的需要，高等职业教育使用的教材既不能是本科教材的压缩版，又不能是中职教材的培训版，而是要以应用型高技能为主线，构建课程内容和教材内容，突出实践教学，强调学生专业技能的培养。基于此，我们编写的这部教材，在内容和形式上都有一些变化，紧扣培养畜禽传染病防制第一线需要的高技能人才这一培养目标，注重理论联系实际，以岗位需要组织教材内容，增加了目前发病较多的畜禽传染病，如羊口疮等；删除了临床上少见的一些传染病，如牛瘟、牛传染性胸膜肺炎、肉毒梭菌中毒和恶性水肿等。全书包括畜禽传染病的传染和流行过程、畜禽传染病的综合防制、多种畜禽共患传染病、猪的主要传染病、家禽的主要传染病、牛羊的主要传染病、其他畜禽传染病以及实训等内容。章节前提出了具体的知识目标和技能目标，章节后设计了识记型、理解型和应用型不同层次的复习思考题，有利于学生自学和自检，巩固学习效果。具有在理论上"必需、够用"，强化学生的实际操作技能，以技能训练为中心，注重技能训练的可操作性，体系新、内容新、形式新、岗位针对性强、图文并茂、突出技能培养等特点，充分体现高等职业教育的特色。

本教材由湖南环境生物职业技术学院的刘振湘和辽宁农业职业技术学院的姚卫东任主编，黑龙江生物科技职业学院的杨玉平和青海畜牧兽医职业技术学院的刘秀清任副主编，福建农业职业技术学院的黄金龙和余勋信、云南农业职业技术学院的李石友、黑龙江农业工程职业学院的周启扉参编。全书由刘振湘统稿，湖南农业大学的邓治邦教授对全书进行了审定，提出了许多宝贵的意见并提供了部分珍贵的图片，中南大学的研究员卢建红博士和湖南环境生物职业技术学院的曾元根教授也提供了部分图片。在教材的编写过程中，还得到了中国农业大学出版社和湖南环境生物职业技术学院各级领导以及编辑人员的大力支持与帮助，在此，我们一并表示衷心的感谢。

为了使教材适应行业的发展和高等职业教育的需要，我们参考了大量的文献资料，并结合自己的教学经验进行了编撰，但由于作者水平有限，难免有不足之处，敬请广大读者与同仁批评指正。

编　者

2008 年 3 月

目　录

绪 论

知识目标

- 掌握畜禽传染病学的概念与研究内容。
- 理解畜禽传染病与其他兽医科学的联系及其危害。
- 了解我国畜禽传染病的研究成就与存在的问题。

一、畜禽传染病学的概念与研究内容

畜禽传染病学是研究畜禽传染病发生和发展的规律以及预防和消灭这些传染病方法的一门学科。主要研究畜禽传染病的发生和发展规律，畜禽传染病的一般性预防和控制扑灭措施，各种畜禽传染病的简介、病的发生、临床症状、病理变化、诊断和防制措施等。

二、畜禽传染病学与其他课程的关系及学习目标

畜禽传染病学是兽医科学的重要临床学科之一，与兽医科学的其他学科有着广泛而密切的联系，其中主要的有兽医微生物学、兽医病理学、兽医免疫学、兽医临床诊断学等，特别是兽医微生物学和兽医免疫学与畜禽传染病的联系最为密切。通过学习畜禽传染病，可以使学生掌握畜禽传染病发生和防制的规律，有助于学生在将来的实际工作中对一个国家或地区畜禽传染病的宏观控制措施和养殖场中具体畜禽传染病进行分析和评价。使学生了解不同畜禽传染病的经济学和社会学意义，同时掌握不同种类畜禽传染病的具体控制措施及其执行过程中的侧重点，便于学生在临床中进行畜禽传染病的防制。

三、畜禽传染病的危害与研究意义

畜禽传染病是危害畜禽生产最严重的一类疾病。它不仅可以造成大批畜禽因暴发传染病而死亡，导致畜禽生产性能（如产蛋量、产乳量、膘情、产仔数、皮毛产量及役用力）下降以及畜禽产品的质量下降，造成直接的经济损失，还对畜禽或畜禽产品的外贸出口有极大的负面影响（如近年来国内的禽流感），某些人畜共患病还直接影响人类身体健康（如20世纪90年代英国的疯牛病）。各个国家和地区每年对于畜禽传染病的防制、检疫和封锁工作都要消耗大量的人力、物力和财力。因此，认识、研究畜禽传染病发生和发展的规律，努力做好畜禽传染病的防制工作，对于促进畜牧业健康持续发展，保护人类身体健康，促进国际贸易，维护国家声誉等都具有十分重要的意义。

四、我国畜禽传染病防制取得的成绩与存在的问题

畜禽传染病的控制和消灭程度，是衡量一个国家兽医事业发展水平的主要标志。建国以来，我国的兽医事业得到了快速的发展，取得了一些重要的成绩。先后颁布了《中华人民共和国动物防疫法》和《中华人民共和国动植物进出境检疫法》等重要的法律法规，使我国的畜禽传染病防制工作走上了法制化的轨道；首次确诊了小鹅瘟、兔病毒性出血症；1955年宣布消灭了牛瘟、1996年宣布消灭了牛肺疫；研制了一批具有世界先进水平的疫苗如牛瘟兔化、绵羊化、山羊化弱毒疫苗，猪瘟兔化弱毒疫苗，牛肺疫兔化、绵羊化弱毒菌苗，布鲁氏菌羊型5号、猪型2号弱毒菌苗，马传染性贫血弱毒疫苗和猪气喘病兔化弱毒菌苗；成功研究了数十种畜禽传染病的特异诊断方法；国内主要畜禽传染病均已得到了基本控制；成功研究了数十种畜禽传染病的免疫程序和方法。

我国畜禽传染病防制工作虽然取得了一些成绩，但与发达国家相比还比较落后。主要畜禽传染病虽然得到基本控制，但某些地区的某些畜禽传染病流行依然比较严重，阻碍养殖业的发展；畜禽传染病的基础研究仍然十分薄弱，对许多畜禽传染病缺乏一些基本的数据，致使畜禽传染病的防制工作处于被动局面；对某些局部地区流行的、危害性较大的畜禽传染病，尚待建立疫病监测和信息管理系统，增强快速反应能力，使其能够尽快得到控制。畜禽传染病防制的法律法规有待进一步完善并与国际接轨，人们的法制意识有待进一步提高；基层兽医队伍有待稳定和发展，任务十分紧迫而艰巨；技术成果的推广应用困难很多。控制畜禽传染病是确保我国畜牧生产可持续发展的主要技术手段，任务艰巨，我们应制订并严

格执行综合性防疫措施，控制和消灭畜禽传染病，特别是消灭那些人畜共患的传染病，使我国兽医事业赶超世界先进水平。

复习思考题

1. 什么叫畜禽传染病学？与其他课程有什么关系？

2. 畜禽传染病的发生主要造成哪些危害？结合这些危害谈谈从事畜禽传染病防制工作的重要性？

第一章　畜禽传染病的传染和流行过程

知识目标

- 掌握畜禽传染病传染和流行过程相关的名词概念。
- 掌握传染病的特征、畜禽传染病流行过程的特征与影响因素。
- 理解畜禽传染病流行的基本环节及在兽医实践中的应用。
- 了解畜禽传染病的发展阶段。
- 了解感染的类型。

技能目标

- 熟练掌握畜禽传染病流行病学调查与分析的方法。

第一节　传染和传染病

一、传染和传染病的概念

病原微生物侵入畜禽机体，在一定部位生长繁殖并引起不同程度的病理反应过程，称为传染。凡是由特定病原微生物引起的，具有一定潜伏期和临床表现并具有传染性的疾病称为传染病。当机体抵抗力较强时，病原微生物侵入后一般不能生长繁殖，更不会出现传染病的临床表现，因为畜禽能够迅速动员机体的非特异性免疫力和特异性免疫力而将该侵入者消灭或清除。畜禽体对某种病原微生物缺乏抵抗力或免疫力时，则称为畜禽对该病原体具有易感性，而具有易感性的畜禽常被称为易感畜禽。病原微生物只有侵入易感畜禽机体后才可以造成传染病的发生。

二、传染病的特征

传染病的表现多种多样，但与非传染性疾病相比，亦具有以下共同特征。

（1）由特异的病原微生物引起　每种传染病都是由特定的病原体引起，如鸡新城疫是由鸡新城疫病毒引起的，没有新城疫病毒鸡就不会发生鸡新城疫。

（2）具有传染性和流行性　病原微生物能在患病畜禽体内增殖并不断排出体外，通过一定途径再感染另外的易感畜禽而引起相同的疾病，这种散播传染的现象即传染性。当条件适宜时，在一定时间内，某一地区易感畜禽群中可能有许多畜禽被感染，致使畜禽传染病扩散蔓延，便形成了传染病的流行。

（3）被感染的畜禽机体能发生特异性免疫反应　感染畜禽在病原体或其代谢产物的刺激下，能够出现特异性的免疫生物学变化，并产生特异性的抗体或变态反应等。这些细微变化或反应可通过血清学试验等方法检测，因而有利于病原体感染状态的确定。

（4）耐过畜禽可获得特异性的免疫力　多数传染病发生后，没有死亡的患病畜禽能产生特异性的免疫力，并在一定时期内或终生不再感染该种传染病。

（5）具有一定的临床表现和病理变化　大多数传染病都具有其明显的或特征性的临床症状和病理变化，以及一定的潜伏期和病程经过。

三、畜禽传染病的分类

根据不同的分类方法可以将畜禽传染病分为不同的种类，下面分别介绍几种分类方法。

（一）按病原体的种类分类

可以分为病毒病、细菌病、支原体病、衣原体病、螺旋体病、放线菌病、立克氏体病和霉菌病等。其中除病毒病外，其他病原体引起的畜禽传染病通常称为细菌性传染病。

（二）按畜禽的种类分类

可以分为猪传染病、鸡传染病、鸭传染病、鹅传染病、牛传染病、羊传染病、犬传染病、猫传染病、兔传染病以及人畜共患传染病等。

(三)按畜禽传染病的危害程度分类

1. 国内分类

根据畜禽传染病对人和畜禽危害的严重程度、造成经济损失的大小和国家扑灭措施的需要,我国政府将畜禽传染病分为一类、二类和三类。

一类畜禽传染病是指对人和畜禽危害严重,需要采取紧急、严厉的强制性预防、控制和扑灭措施的传染病。这类传染病大多数为发病急、死亡快、流行广、危害大的急性、烈性传染病或人畜共患传染病。按照法律规定此类畜禽传染病一旦暴发,应采取以疫区封锁、扑杀和销毁畜禽为主的防制措施。

二类畜禽传染病是指可造成重大经济损失、需要采取严格控制、扑灭措施的传染病。由于该类畜禽传染病的危害性、暴发强度、传播能力以及控制和扑灭的难度不如一类畜禽传染病强,因此,法律规定发现二类畜禽传染病时,应根据需要采取必要的控制、扑灭措施,当然不能排除采取与上述一类传染病相似的强制性措施。

三类畜禽传染病是指常见多发、可造成重大经济损失、需要控制和净化的畜禽传染病。该类畜禽传染病多呈慢性发展状态,法律规定应采取检疫净化的方法,并通过预防、改善环境条件和饲养管理等措施控制。

这种畜禽传染病分类方法的主要意义是根据畜禽传染病的发生特点、传播媒介、危害程度、危害范围和危害对象,在众多的畜禽传染病中能够分清主次,明确畜禽传染病防制工作的重点,便于组织实施畜禽传染病的扑灭计划。

2. 国际分类

国际兽疫局(OIE)将畜禽传染病分成A类和B类。

A类畜禽传染病是指超越国界,具有快速的传播能力,对社会经济或公共卫生具有重大的影响,并对畜禽和畜禽产品的国际贸易具有重大影响的传染病。按照《国际动物卫生法典》的规定,应将这类畜禽传染病的流行状况经常或及时地向OIE报告。

B类畜禽传染病是指在国内对社会经济或公共卫生具有明显的影响,并对畜禽和畜禽产品国际贸易具有很大影响的传染病。按规定应每年向OIE呈报一次疫情,但必要时也需要多次报告,这类畜禽传染病的种类较多。

四、传染病的发展阶段

不同畜禽传染病在临床上的表现存在差别,但其发病时的病程经过具有一定的规律性,一般分为潜伏期、前驱期、明显(发病)期和转归期4个阶段。

1. 潜伏期

从病原体侵入机体开始直到该病临床症状开始出现的这段时间称为潜伏期。

不同传染病的潜伏期长短差异很大。如炭疽的潜伏期为 1～14 d,多为 1～5 d;猪瘟的潜伏期为 2～21 d,多为 5～7 d;鸡新城疫的潜伏期为 3～5 d 等。

了解传染病潜伏期的主要意义是:潜伏期与传染病的传播特性有关,如潜伏期短的传染病通常来势凶猛、传播迅速;帮助判断感染的时间,查找感染的来源和传播方式;确定传染病封锁和解除封锁的时间以及在某些情况下对畜禽的隔离观察时间;确定免疫接种的类型,如处于传染病潜伏期内畜禽需要被动免疫接种,周围畜禽则需要紧急疫苗接种等;有助于评价防制措施的临床效果,如实施某措施后需要经过该病潜伏期的观察,比较前后病例数变化便可评价该措施是否有效;从流行病学的角度看,对处于潜伏期的畜禽更要注意,因为它们是危害最大的传染源。

2. 前驱期

从潜伏期到呈现症状这段时间称为前驱期。不同畜禽传染病的前驱期长短有一定差异,有时同种传染病不同病例的前驱期也不同,但该期通常只有数小时到一两天。临床患病畜禽主要表现是体温升高、食欲减退、精神异常等一般症状,特征性症状还不明显,很难确诊。

3. 明显期(发病期)

从前驱期到该病典型症状充分表现出来的这段时期称为明显期(发病期)。该段时间是传染病发展和病原体增殖的高峰阶段,典型临床症状和病理变化也相继出现,因而进行临床诊断比较容易,在诊断上具有重要意义。同时,由于患病畜禽体内排出的病原体数量多、毒力强,故应加强发病畜禽的隔离,防止病原微生物的散播和蔓延。

4. 转归期

传染病发展的最后结束阶段称为转归期。如果病原体的致病能力增强,或畜禽体的抵抗力减弱,则疾病以畜禽的死亡而告终;如果畜禽体获得了免疫力,抵抗力逐渐增强,机体则逐步恢复健康,表现为临床症状逐渐消退,体内的病理变化逐渐消失,逐步恢复正常的生理机能。在疾病转归期,机体能够在一定时期内保留免疫学反应,同时在机体也存在有病原微生物,但这种免疫学反应和带菌(毒)现象存在时间的长短则与传染病的种类有关。

第二节 感 染

一、感染的概念

感染和传染是同义词,严格地讲,感染是传染的第一步,即病原微生物侵入易感畜禽。病原微生物侵入机体后的结局有几种可能性:第一,由于畜禽体具有一定的免疫力,大部分入侵的病原微生物到达机体的组织或体液之前就被免疫系统迅速消灭并清除;第二,病原微生物能够在机体内增殖,并通过分泌物或排泄物散播到外界环境中;第三,通过正确的处理措施如焚烧、深埋和严格环境消毒等,大部分病原微生物与感染死亡的畜禽尸体同时消失;第四,在感染过程中病原微生物与畜禽机体之间出现暂时相对平衡的状态,此时病原体不能对畜禽机体造成严重的损害,而畜禽也不能完全清除体内存在的病原微生物,这种状况持续时间的长短与感染后机体的状态及病原体的特性密切相关。但近几年的研究表明,机体内存在的常在菌能与某些致病性微生物发挥协同作用而增强后者的致病性。此外,在一定条件下某些非病原微生物如肠道菌、葡萄球菌等也可引起畜禽感染发病。

二、感染的类型

感染是受多方面因素影响的,其过程表现出各种形式和类型,从不同的角度可划分为以下不同的类型。

1. 显性感染和隐性感染

病原体侵入机体后,畜禽表现出该病特有临床症状的感染过程称为显性感染。显性感染过程中表现出某病的特征性症状的称为典型感染,反之称为非典型感染。机体不出现任何临床症状,呈隐蔽经过的感染称为隐性感染或亚临床感染。隐性感染畜禽体内的病理变化,依病原体种类和机体状态的不同而不同,有些被感染畜禽虽然外表看不到症状,但体内可呈现一定的病理变化,而另一些隐性感染畜禽既无临床症状又无病理变化,一般只能通过微生物学或免疫学方法检查出来。开始症状较轻,特征性症状未出现就恢复的感染过程称为消散型感染(或称一过型感染)。开始症状较重,但特征性症状尚未出现即迅速康复的感染过程称为顿挫型感染。感染临床表现比较轻缓的称为温和型感染。

2. 局部感染和全身感染

由于畜禽机体抵抗力较强,侵入机体的病原微生物毒力较弱或数量较少,致使病原体被局限在机体内一定部位生长繁殖而引起一定程度的病变,称局部感染,如化脓性葡萄球菌、链球菌所引起的各种化脓创等;如果感染的病原微生物或其代谢产物突破机体的防御屏障,通过血流或淋巴循环扩散到全身各处,并引起全身性症状则称为全身感染。全身感染的表现形式主要包括:菌血症、病毒血症、毒血症、败血症、脓毒症和脓毒败血症等。

3. 最急性感染、急性感染、亚急性感染和慢性感染

病程短促,数小时至 1 d、发病急剧、突然死亡、症状和病变不明显的感染过程

称为最急性感染，多见于牛羊炭疽、巴氏杆菌病、绵羊快疫和猪丹毒等传染病流行的初期；将病程较长，数天至两三周，具有该病明显临床症状的感染过程称为急性感染，如急性猪瘟、猪丹毒、鸡新城疫、鸡传染性法氏囊病和口蹄疫等；亚急性感染则是指病程比急性感染稍长、病势及症状较为缓和的感染过程，如疹块型猪丹毒和亚急性型仔猪红痢等；慢性感染是指发展缓慢、病程数周至数月、症状不明显的感染过程，如鸡慢性呼吸道病、猪气喘病、布鲁氏菌病等。

4. 外源性感染和内源性感染

外源性感染是指病原微生物从畜禽体外侵入机体而引起的感染过程，大多数感染属于这一类型；内源性感染是指由于受到某些因素作用，畜禽机体的抵抗力下降，致使寄生于畜禽体内的某些条件性病原微生物或隐性感染状态下的病原微生物得以大量生长繁殖而引起的感染现象，如猪巴氏杆菌病、禽败血支原体感染等多属于此种感染。

5. 单纯感染、混合感染、原发性感染、继发性感染和协同感染

由一种病原微生物引起的感染称为单纯感染；由两种或两种以上病原微生物同时参与引起的感染称为混合感染；由病原微生物本身引起机体的首次感染过程称为原发性感染；而当畜禽机体感染了某种病原微生物引起抵抗力下降后，造成另一种或几种新侵入病原微生物的感染称为继发性感染，如慢性猪瘟常继发感染多杀性巴氏杆菌或猪霍乱沙门氏菌等；在同一感染过程中有两种或两种以上病原体共同参与、相互作用，使其毒力增强，而参与的病原体单独存在时则不能引起相同临床表现的现象称为协同感染。如专性厌氧菌可保护混合感染中的其他细菌不被吞噬，消除厌氧菌后吞噬细胞便可有效地消灭混合感染灶中的需氧菌而阻止感染的发生。

6. 良性感染和恶性感染

一般以患病畜禽的死亡率作为判定传染病严重性的主要指标。如果没有引起大批畜禽死亡则称为良性感染，反之则称为恶性感染。如牛口蹄疫病死亡率一般不超过2%，可称为良性感染。

7. 持续性感染和慢病毒感染

持续性感染是指在入侵的病毒不能杀死宿主细胞而形成病毒与宿主细胞间的共生平衡时，感染畜禽可在一定时期内带毒或终生带毒，而且经常或反复不定期地向体外排出病毒，但不出现临床症状或仅出现与免疫病理反应相关症状的一种感染状态。持续性感染包括潜伏性感染、慢性感染、隐性感染和慢病毒感染等。疱疹病毒、披膜病毒、副黏病毒、反转录病毒和朊病毒等科属的成员常能导致持续性感染。慢病毒感染又称长程感染，是指潜伏期长、发病呈进行性经过最终以死

亡转归的感染过程。慢病毒感染时，被感染畜禽的病情发展缓慢，但不断恶化且最后以死亡而告终。朊病毒和慢病毒引起的感染多属此类。常见的慢病毒感染性传染病有牛海绵状脑病、绵羊痒病、梅迪-维斯纳病，山羊关节炎-脑炎和克-雅二氏病等。

第三节 畜禽传染病的流行过程

畜禽传染病的基本特征是具有传染性。病原体从传染源排出，经过一定的传播途径侵入另一易感畜禽体内而形成新的传染，并不断地在畜禽群体中发生、蔓延和终止的过程，称为畜禽传染病的流行过程。简而言之，流行过程就是从畜禽个体感染发病到群体感染发病的发展过程。传染病能够通过直接接触或媒介物在易感畜禽群体中互相传染的特性，称为流行性。传染病的流行必须具备3个相互连接的基本条件，即传染源、传播途径和易感畜禽。这3个条件通常称为构成传染病流行过程的基本环节，只有当这3个环节相互连接时，传染病才能在畜禽群中发生、传播和流行。兽医流行病学就是从传染病流行过程的基本条件着手，探讨传染病的来源和病因、自然史和发病机制、传染病蔓延和流行的影响因素，从而制定并评价传染病的防制措施，因此对畜禽传染病的综合性防制具有重要的指导意义。

一、畜禽传染病流行过程的基本环节

(一)传染源

传染源是指体内有某种病原体寄居、生长、繁殖，并能排出体外的畜禽机体。具体地说，就是受感染的畜禽，包括患病的畜禽、病原携带者和被感染的其他畜禽。

1. 患病畜禽

患病畜禽是最重要的传染源，但不同发病阶段患病畜禽作为传染源的意义亦不相同。处于前驱期和临床明显期畜禽排出病原体的数量多，尤其是急性感染病例排出的病原体数量更大、毒力更强，因此作为传染源的作用也最大。潜伏期和恢复期的畜禽是否可作为传染源，则随病种不同而异。处于潜伏期的畜禽机体通常病原体数量少，并且不具备排出的条件；但少数传染病如狂犬病、口蹄疫和猪瘟等在潜伏期的后期就能够排出病原体。在恢复期，大多数传染病患病畜禽已经停止病原体的排出，即失去传染源作用；但也有部分传染病如猪痢疾、猪气喘病、鸡支原体感染和布鲁氏菌病等传染病在恢复期也能排出病原体。

在实际生产中，将患病畜禽能排出病原体的整个时期称为传染期，不同传染病的传染期长短有明显差异。为了控制传染病，对患病畜禽进行隔离和检疫的时间应到传染期结束为止。

2. 病原携带者

病原携带者是指外表无症状但能携带并排出病原体的畜禽，是更具危险性的传染源。传染病的病原携带状态即排出病原体的数量虽然远不如患病畜禽多，但由于缺乏临床症状并在群体中自由活动而不易被发现，因而是非常危险的传染源。在临床上，病原携带者又分为健康病原携带者、潜伏期病原携带者和恢复期病原携带者 3 种情况。

(1)健康病原携带者　是指过去没有患过某种传染病但却能排出该病病原体的畜禽。一般认为是隐性感染或条件性病原体感染的结果。这种携带状态通常只能靠实验室方法检出，而且持续时间短暂，病原排出的数量少。但是，由于巴氏杆菌、沙门氏菌病、猪气喘病、猪丹毒和猪痢疾等健康病原携带者在某些地区或养殖场内数量较多，常常形成重要的传染源。

(2)潜伏期病原携带者　这一时期大多数传染病不具备排出病原体的条件，因而不能作为传染源。但少数传染病如狂犬病、口蹄疫和猪瘟等，在潜伏期的后期能够排出病原体。

(3)恢复期病原携带者　是指某些传染病的病程结束后仍能排出病原体的畜禽，如猪痢疾、传染性萎缩性鼻炎、巴氏杆菌病、沙门氏菌病等。这种携带状态持续的时间有时较短暂，但有时则成为慢性病原携带者。因此，对这类传染病的控制应延长隔离时间，才能收到预期的效果。

病原携带者常常具有间歇排出病原体的现象，因此仅凭一次病原学检查的阴性结果不能反映畜禽群的状态，只有经过反复多次的检查才能排除病原携带状态。

对预防兽医学工作者来说，防止健康畜禽群中引入病原携带者，或在畜禽群中清除病原携带状态是传染病防制工作中艰巨和主要的任务之一。

(二)传播途径

病原体由传染源排出后，通过一定的方式再侵入其他易感畜禽所经历的途径称为传播途径。明确传染病传播途径的目的主要是能够针对不同的传播途径采取相应的措施，防止病原体从传染源向易感畜禽群中不断扩散和传播，保护易感畜禽不受感染，这是防制传染病的重要环节之一。

传播途径可以分为水平传播和垂直传播两大类型，前者是指病原体在畜禽群体之间或个体之间横向平行的传播方式，后者则是病原体从亲代到其子代的传播方式。

1. 水平传播

水平传播方式又分为直接接触传播和间接接触传播2种。

(1)直接接触传播 是指在没有外界因素参与的前提下,通过传染源与易感畜禽直接接触如交配、舔咬等引起的病原体传播。在畜禽传染病中,仅通过直接接触传播的病种较少,狂犬病最具代表性。但在发生传染病或处于病原体携带状态时,种用畜禽之间则经常因配种而传播病原体。通过直接接触方式传播的传染病在流行病学上通常具有明显的流行线索。

(2)间接接触传播 是指病原体必须在外界因素的参与下,通过传播媒介侵入易感畜禽的传播。大多数传染病如口蹄疫、猪瘟、鸡新城疫等以间接接触传播为主,同时也可以通过直接接触传播,这类传染病被称为接触性传染病。传播媒介是指将病原体从传染源传播给易感畜禽的各种外界因素。传播媒介可以是生物(媒介者),也可以是物体(媒介物或污染物)。间接接触传播一般有以下几种途径。

①经空气传播。空气作为传染病传播因素主要有3种情况:一是由于患病畜禽呼吸道内渗出液的不断刺激,畜禽在咳嗽或喷嚏时通过强气流把病原体和渗出液从狭窄的呼吸道喷射出来,并形成飞沫飘浮于空气中。经飞散于空气中带有病原体的微细泡沫的传染称为飞沫传染。所有呼吸道传染病均可通过飞沫传播,如结核病、猪气喘病、鸡传染性喉气管炎等。二是当飞沫蒸发干燥后,则可变成主要由蛋白质、细菌或病毒组成的飞沫核。直径在1~2 μm的飞沫核被吸入后,有50%左右沉积在肺泡内引起感染。三是随患病畜禽分泌物、排泄物和处理不当的尸体以及较大的飞沫而散播的病原体,在外界环境中可形成尘埃。随着流动空气的冲击,附着有病原体的尘埃也可悬浮在空中而被易感畜禽吸入造成感染。

经空气传播的传染病一般具有以下流行特征:由于传播途径易于实现,病例常连续发生,且新出现的病例多是传染源周围的易感畜禽;在易感畜禽集中时则可形成暴发性流行;在缺乏有效预防措施时,通过空气传播的传染具有周期性流行和季节性升高现象,如冬春季节发病率升高等;流行强度常常与畜禽的饲养密度、易感畜禽的比例、畜舍的通风条件以及卫生消毒状况有密切的关系。

②经污染的饲料和饮水以及物体传播。多种传染病如口蹄疫、猪瘟、鸡新城疫、沙门氏菌病、炭疽等都可经消化道感染,其传播媒介主要是被污染的饲料和饮水。通过饲料和饮水的传播过程容易建立,因为患病畜禽的分泌物、排出物或尸体等很容易污染饲料、牧草、饲槽、水桶,或以污染的管理用具、车船、畜禽圈舍等污染饲料和饮水,一旦易感畜禽饮食这种污染有病原体的饲料和饮水便可感染发病。

通过这种传播方式的传染病流行强度取决于饲料或饮水的污染程度、使用范围和管理制度、病原体在饲料或饮水中的存活能力以及卫生消毒措施的执行状况等因素。在流行的初期阶段，经这种途径传播传染病的流行病学特征是：病例分布与饲料或饮水的应用范围一致，生长发育良好的畜禽发病数量较多，严重污染的饲料或饮水可能造成暴发流行。

③经污染的土壤传播。随患病畜禽排泄物、分泌物或其尸体一起落入土壤而能在其中长时间存活的病原微生物，称为土源性病原微生物，如炭疽杆菌、破伤风梭菌和猪丹毒杆菌等。能够经土壤传播的传染病，其流行病学特征是：由于该类病原体在外界环境中抵抗力很强，一旦它们进入土壤便可形成难以清除的持久污染区，因此应特别注意患病畜禽的排泄物、污染的环境和物体以及尸体的处理，防止病原体污染土壤。

④经活的媒介者传播。主要是指节肢动物、野生动物和人类。

节肢动物中的蚊、蝇、虱、蚤等和蜘蛛纲的蜱、螨等能传播传染病。节肢动物传播传染病的方式主要有机械性传播和生物性传播 2 种。通过节肢动物传播的传染病一般具有传染病流行的地区范围与传播该传染病的节肢动物分布和活动范围一致；发病率升高的季节与某种节肢动物的数量、活动性以及病原体在该节肢动物体内发育繁殖的季节一致；新生的和新引进的畜禽发病率高，老龄畜禽则多因免疫力高而发病率低等流行特征。

某些野生动物本身对特定的病原体具有易感性，受感染后可将病原体传播给人工饲养的易感畜禽，如鼠类可传播沙门氏菌、钩端螺旋体、布鲁氏菌、伪狂犬病病毒等，狐、狼、吸血蝙蝠等传播狂犬病病毒，野猪传播猪瘟病毒等。另一些野生动物虽然自身对某些病原体不易感受，但可进行该类病原体的机械性传播。

人类活动范围广，与畜禽的关系密切，许多情况下可成为畜禽病原体的机械携带者。如人类虽然不感染猪瘟病毒、鸡传染性法氏囊病病毒，但却能机械性传播这些病原体。除此之外，医源性传播、管理源性传播等人为性传播因素对畜禽传染病的发生和流行也具有实际意义。医源性传播是指兽医人员使用被病原体污染的体温计、注射针头等器械以及被外源性病原体污染的生物制品等，或没有按照严格的防疫卫生要求操作，将病原体带入畜禽群而造成的传染病传播。管理源性传播是指由于管理不善，饲养管理人员缺乏防病意识，防疫卫生制度不健全，不注意日常卫生消毒等造成传染病的暴发或蔓延。如：平时来回进出不同的畜禽圈舍；车辆、人员进出畜禽场舍时不消毒；粪便、污物和病死畜禽尸体不能及时清除或处理不当等。在进行人工授精或胚胎移植时，病原体也可通过精液或胚胎带入畜禽体内而引发传染病。

2. 垂直传播

垂直传播一般可归纳为下列 3 种途径。

(1)经胎盘传播　是指产前被感染的妊娠畜能通过胎盘将其体内病原体传给胎儿的现象。可经胎盘传播的传染病有猪瘟、猪细小病毒感染、蓝舌病、伪狂犬病、衣原体病、日本乙型脑炎、布鲁氏菌病、钩端螺旋体病等。

(2)经卵传播　是指携带病原体的种禽卵子在发育过程中能将其中的病原体传给下一代的现象。可经种蛋传播的病原体有禽白血病病毒、禽腺病毒、鸡传染性贫血病毒、禽脑脊髓炎病毒和鸡白痢沙门氏菌等。

(3)经产道传播　是指存在于妊娠畜阴道和子宫颈口的病原体在分娩过程中造成新生胎儿感染的现象。可经产道传播的病原体主要有大肠杆菌、葡萄球菌、链球菌、沙门氏菌和疱疹病毒等。

畜禽传染病的传播途径比较复杂,每种传染病都有自己特定的传播途径,如皮肤霉菌病只能通过破损的皮肤伤口感染;口蹄疫、猪瘟等传染病可经接触、饲料、饮水、空气或媒介动物等传播。研究和分析传染病的传播方式以及传播途径的目的,就是为了采取针对性的措施切断传染源和易感畜禽间的联系,使传染病的流行能够迅速平息或终止。

(三)畜禽群体的易感性

畜禽易感性是指畜禽个体对某种病原体缺乏抵抗力、容易被感染的特性。畜禽群体易感性是指一个畜禽群体作为整体对某种病原体感受性的大小和程度。易感性的高低取决于群体中易感个体所占的比例和机体的免疫强度,决定传染病能否在畜禽群体中流行以及流行的严重程度。导致畜禽群体易感性升高的主要因素有:一定地区饲养畜禽种类或品种,群体免疫力降低,新生畜禽或新引进畜禽的比例增加,免疫接种程序的紊乱或接种的畜禽数量不足,免疫接种使用的生物制品质量不合格,年龄及性别因素,饲养管理因素也可以造成畜禽群的免疫力下降、易感性升高。如饲料质量差、营养成分不全、饥饿、寒冷、暑热、运输和疾病状态等因素均可导致机体的抵抗力降低。导致群体易感性降低的主要因素有:有计划的预防接种,传染病流行引起畜禽的群体免疫力增加,病原体的隐性感染导致畜禽群体的免疫力升高,抗病育种可选育抵抗力强的畜禽品系,年龄因素,畜禽群的抵抗力随着畜禽日龄的增长明显增强,如幼龄畜禽对大肠杆菌、沙门氏菌等抵抗力较弱,而成年畜禽的抵抗力逐渐增强。

二、疫源地和自然疫源地

(一)疫源地

1. 疫源地的概念

疫源地是指具有传染源及其排出的病原体所存在的地区。疫源地的含义要比传染源的含义广泛得多，除了传染源外，它还包括被污染的环境以及这个范围内的易感畜禽和贮藏宿主等。因此，在防疫时，不但要对传染源进行处理，还要注意对环境和传播媒介以及易感畜禽的处理等一系列综合措施。

2. 疫源地的范围

疫源地的范围大小要根据传染源的分布和污染范围的具体情况确定。它可能只限于个别畜禽栏舍、放牧地；也可能包括某饲养场、自然村或更大的地区。通常将范围小的疫源地或单个传染源构成的疫源地称为疫点。若干个疫源地连接成片且范围较大时称为疫区。疫区不但指某种传染病正在流行的地区，还应包括患病畜禽于发病前（该病的最长潜伏期）后活动过的地区。从防疫工作的实际出发，有时也将某个比较孤立的养殖场或自然村称为疫点，所以疫点与疫区的划分不是绝对的。

3. 疫源地的存在时间

疫源地的存在具有一定的时间性，时间的长短由多方面的复杂因素决定。只有当最后一个传染源死亡，或痊愈后不再携带病原体，或已经离开该疫源地，对所污染的环境进行彻底消毒，并且达到该病最长潜伏期，不再有新病例出现，还要通过血清学检查畜禽群均为阴性反应时，才能认为该疫源地被消灭。如果没有外来的传染源和传播媒介的侵入，这个地区就不再有这种传染病存在了。

（二）自然疫源地

1. 自然疫源地的概念

有些传染病的病原体在自然条件下，即使没有人类或动物的参与，也可以通过传播媒介感染动物造成流行，并且长期在自然界循环延续后代，这些传染病称为自然疫源性疾病。存在自然疫源性疾病的地区，称为自然疫源地。自然疫源性疾病具有明显的地区性和季节性等特点，并受人类从事一些活动时使生态系统产生变化的影响。

2. 自然疫源性疾病

自然疫源性疾病主要有流行性出血热、狂犬病、伪狂犬病、犬瘟热、日本乙型脑炎、非洲猪瘟、蓝舌病、鼠疫、土拉杆菌病、布鲁氏菌病和李氏杆菌病等。

三、畜禽传染病流行过程的特征

（一）畜禽传染病的流行强度

在畜禽传染病流行过程中，根据一定时间内发病率的高低、传播速度和范围以及病例间的联系程度等，畜禽传染病的流行强度通常具有以下几种表现形式。

（1）散发性　是指畜禽发病数量不多，在一定时间内呈散在性发生或零星出现，而且各个病例在时间和空间上没有明显联系的现象。这种形式的主要原因一是畜禽群对某种传染病的免疫水平相对较高，二是某种传染病通常主要以隐性感染形式出现，三是某种传染病的传播需要特定的条件，如破伤风等。

(2)地方流行性　是指在一定地区或畜禽群中，畜禽的发病数相对较多，传染病流行范围较小并具有局限性传播的特性，如猪气喘病、猪丹毒和炭疽等通常就是以这种形式流行。

(3)流行性　是指在某一时间内一定畜禽群中某种传染病的发病率超过预期水平的现象，且在较短的时间内传播的范围比较广。流行性是一个相对的概念，仅说明传染病的发病率比平时升高，不同地区中存在的不同传染病流行时，其发病率的高低并不一致。

(4)暴发　是指在局部范围的一定畜禽群中，短期内突然出现较多病例的现象。实际上，暴发是流行的一种特殊形式。

(5)大流行性　是指某些传染病具有来势猛、传播快、受害畜禽比例大、波及面广的流行现象。此类传染病的流行范围可达几个省、几个国家甚至几个大洲，如口蹄疫、禽流感、新城疫等病在一定的条件下均可以这种方式流行。

以上几种流行形式之间，在发病数量和流行范围上没有量的绝对界限，只是一个相对量的概念。而且某些传染病在特殊的条件下可能会表现出不同的流行形式，如鸡新城疫、猪瘟等，有时会以地方流行性的形式出现，有时则以流行性或暴发的形式出现。

(二)畜禽传染病流行的季节性

畜禽传染病流行的季节性是指某些畜禽传染病经常发生于一定的季节，或在一定季节内出现发病率明显升高的现象。传染病流行的季节性分为3种情况。

(1)严格季节性　是指病例只集中在一年内的少数几个月份，其他月份几乎没有病例发生的现象。传染病流行的严格季节性与这类疾病的传播媒介活动性有关，如日本乙型脑炎只流行于每年的6～10月份等。

(2)季节性升高　是指一些传染病，如钩端螺旋体病、传染性胃肠炎、气喘病、鸡毒支原体感染、流感、口蹄疫等在一年四季均可发生，但在一定季节内发病率明显升高的现象。传染病流行的季节性升高主要是季节变化能够直接影响病原体在外界环境中的存活时间、畜禽机体的抗病能力以及传播媒介的活动性。

(3)无季节性　是指一年四季都有病例出现，并且无显著性差异的传染病流行现象。一些慢性或潜伏期长的传染病，如结核病发病时通常无季节性差异。

传染病流行的季节性变化受畜禽群的密度、饲养管理、病原体的特性、传播媒介以及其他生态因素变化的影响。了解传染病季节性升高的原因及影响,便于更有效地采取防制措施。

(三)畜禽传染病流行的周期性

畜禽传染病流行的周期性是指在经过一个相对恒定的时间间隔后,某些传染病如牛流行热、口蹄疫等可以再次发生较大规模流行的现象。牛、马等大家畜每年群体更新的比例不大,几年后易感个体的数量才可达到引起再度流行的比例,因此这类家畜的某些传染病常有周期性流行的特点;而繁殖率高、群体更新快的猪和禽等畜禽的传染病,则很少出现周期性流行现象。传染病周期性流行出现的原因主要是:某些传染病的传播机制容易实现,畜禽群受到感染的机会多;某些传染病在一次流行后,畜禽获得的免疫力会随着时间的推移而降低,当易感畜禽数量增多时,才会引起再度流行。

四、畜禽传染病流行过程的影响因素

畜禽传染病的流行过程必须具备传染源、传播途径和易感畜禽群3个基本环节。阻断这3个环节的相互连接,才能够控制传染病的发生和流行。影响传染病流行过程的因素主要是自然因素和社会因素,而2种因素都存在着有利和不利2个方面。

(一)自然因素

对流行过程有影响的自然因素主要包括气候、气温、湿度、阳光、雨量、地形、地理环境等,它们对3个环节的作用错综复杂。对于传染源而言,江、海、河、高山等地理条件,对传染源的转移产生一定限制,成为天然的隔离条件。季节变换使畜禽机体抵抗力降低而发生传染病或者病情加重时,散播传染的机会也随之增加,反之则减少。对于传播媒介而言,自然因素对其影响更为明显,适宜的温度、湿度的环境和季节,都有利于传播媒介的活动,因此就增加了传染病的传播机会。对于易感畜禽而言,自然因素的影响主要是提高或降低机体的抵抗力,从而减少或增加传染病的发生和流行。

(二)社会因素

影响畜禽传染病流行过程的社会因素主要包括社会制度、生产力和人们的经济、文化、科学技术水平以及法律法规的执行情况等。这些既是促使畜禽传染病流行的原因,也是可以有效消灭和控制畜禽传染病流行的关键所在。需要特别强调的是,严格执行法规和防制措施,是控制和消灭畜禽传染病的重要保证。要尽最大努力将由于人为因素而使畜禽传染病发生和流行的可能性降至最低，它所产生的效益将会十分巨大。

第四节 畜禽传染病的流行病学调查和分析

一、目的和意义

流行病学调查与分析是人们研究畜禽传染病流行规律的主要方法，其目的在于揭示畜禽传染病在畜禽群中发生的特征，阐明其流行的原因和规律，以作出正确的流行病学判断，迅速采取有效的措施，控制畜禽传染病的流行。

流行病学的调查与分析是认识畜禽传染病流行规律的两个相互联系的阶段。调查是查明畜禽传染病在畜禽群中发生的地点、时间、畜群分布和流行条件等，这是认识畜禽传染病的感性阶段；分析是将调查资料归纳整理，进行全面的综合分析，查明流行的原因和条件，找出流行的规律。调查是分析的基础，分析是调查的深入。一切防疫措施都是以调查分析的结果为依据，调查越充分，措施就越合理，效果亦越显著。

二、调查种类

流行病学调查的种类，根据调查对象和目的的不同，一般可以分为个例调查、暴发调查、观察调查（也称流行情况调查或现状调查）、回顾性调查和前瞻性调查。其中个例调查与现状调查是发生疫情时最基本和常用的调查。

三、调查方法

畜禽传染病流行病学调查的主要方法包括：

1. 询问调查

这是流行病学调查的一种最简单而又基本的方法。必要时可组织座谈，调查对象主要是畜主、兽医工作者和当地有关人员等。调查结果按统一的规定和要求记录在调查表上。询问时要耐心细致、态度亲切、边提问边分析，但不要按主观意图作暗示性提问，力求使调查的结果客观真实。

2. 现场察看

现场察看就是对病畜周围进行调查。调查者应仔细察看疫区的兽医卫生、地理地形和气候条件等，以便进一步了解流行发生的经过和关键问题所在。在进行现场察看时，可以根据传染病种类不同有侧重点地调查。如发生肠道畜禽传染病时，应特别注意饲料的来源和质量、水源和卫生条件、粪便和尸体的处理情况；发生由节肢动物传播的畜禽传染病时，应注意调查当地节肢动物种类、分布、生态习性和感染等情况。

3. 实验室检查

为了准确诊断、发现隐性传染源、证实传播途径、摸清畜禽群免疫状态和有关病因等。通常需要对可疑患病畜禽应用微生物学、血清学、变态反应、尸体剖检等各种诊断方法进行检查；对有污染嫌疑的各种因素（水、饲料、土壤、畜禽产品、节肢动物或野生动物等）进行微生物学和理化检查，以确定可能的传播媒介或传染源；有条件的地区，尚可对疫区畜禽群进行免疫水平测定。

4. 统计学方法

在调查中涉及许多有关疫情数量的资料，需要找出其特点，进行分析比较，因此要应用统计学方法。在流行病学分析中常用的频率指标有下列几种：

(1)发病率　表示畜禽群中在一定时期内某病的新病例发生的频率。它能较完整地反映出畜禽传染病的流行情况，但不能说明整个流行过程，因为常有许多畜禽是隐性感染，而同时又是传染源，因此还要计算感染率。

$$\text{发病率}=\frac{\text{某期间内某病新病例数}}{\text{某期间内该畜禽群畜禽的平均数}}\times 100\%$$

(2)感染率　是指用临诊诊断法和各种检验法（微生物学、血清学、变态反应等）检查出来的所有感染畜禽数量（包括隐性患者）占被检查畜禽总数量的百分比。它能较深入地反映出流行过程的情况，特别是在发生某些慢性或亚临诊型畜禽传染病时，进行感染率的统计分析更具有重要的实践意义。

$$\text{感染率}=\frac{\text{感染某畜禽传染病的畜禽数量}}{\text{检查总数量}}\times 100\%$$

(3)患病率（流行率、病例率）　是指在某一指定时间，畜禽群中存在某病的病例数的比率。代表在指定时间畜禽群中畜禽传染病数量的一个侧面。

$$\text{患病率}=\frac{\text{在某一指定时间畜禽群中存在的病例数}}{\text{在同一指定时间畜禽群中畜禽总数}}\times 100\%$$

(4)死亡率　是指某病病死数占某种畜禽总数量的百分比。它仅能表示该病在畜禽群中造成死亡的频率，不能全面反映畜禽传染病流行的动态特性，仅在发生死亡数量很高的急性畜禽传染病时，才能反映出流行的动态。但当发生不易致死的畜禽传染病时，则不能表示出流行范围广的特征，如口蹄疫等，虽能大规模流行，而死亡率却很小。因此，在畜禽传染病发展期间，除应统计死亡率外，还应统计发病率。

$$死亡率=\frac{因某病死亡数量}{同时期某种畜禽总数量}\times 100\%$$

(5)病死率(致死率) 是指因某病死亡的畜禽数量占该病患病畜禽总数的百分比。它能表示某病临诊上的严重程度,比死亡率更为具体、精确。

$$病死率=\frac{因某病致死数量}{患该病病畜禽总量}\times 100\%$$

四、畜禽传染病的流行病学分析

流行病学分析是在调查所得资料的基础上,找出畜禽传染病流行过程的本质和有关因素。应认真对资料去粗取精、去伪存真、由此及彼、由表及里,系统整理,综合分析,得出流行过程的客观规律,由感性认识上升到理性认识,为制订有效的防制措施提供科学依据,再以理论指导实践。实践工作中调查与分析是相互渗透、紧密联系的,流行病学调查为流行病学分析积累材料,而流行病学分析从调查材料中找出规律,同时又为下一次调查提出新的任务,如此循序渐进,指导防疫实践的不断完善。

本章小结

- 畜禽传染病的传染和流行过程
  - 传染和传染病
    - 传染和传染病的概念
    - 传染病的特征
      - 由特异的病原微生物引起、具有传染性和流行性、被感染的畜禽机体能发生特异性免疫反应、耐过畜禽可获得特异性的免疫力、具有一定的临床表现和病理变化
    - 畜禽传染病的分类
      - 按病原体的种类、畜禽的种类、畜禽传染病的危害程度分类
    - 传染病的发展阶段
      - 潜伏期、前驱期、明显（发病）期和转归期
  - 感染
    - 感染的概念
    - 感染的类型
      - 显性感染和隐性感染；局部感染和全身感染；最急性感染、急性感染、亚急性感染和慢性感染；外源性感染和内源性感染；单纯感染、混合感染、原发性感染、继发性感染和协同感染；良性感染和恶性感染；持续性感染和慢病毒感染
  - 畜禽传染病的流行过程
    - 畜禽传染病流行过程的基本环节
      - 传染源
        - 患病畜禽、病原携带者：健康病原携带者、潜伏期病原携带者、恢复期病原携带者
      - 传播途径
        - 水平传播
          - 直接接触传播；间接接触传播：经空气传播、经污染的饲料和饮水以及物体传播、经污染的土壤传播、经活的媒介者传播
        - 垂直传播
          - 经胎盘传播、经卵传播、经产道传播
      - 畜禽群体的易感性
    - 疫源地和自然疫源地
      - 疫源地的概念
      - 疫源地的范围
      - 疫源地的存在时间
      - 自然疫源地的概念
    - 畜禽传染病流行过程的特征
      - 畜禽传染病的流行强度
        - 散发性、地方流行性、流行性、暴发、大流行性
      - 畜禽传染病流行的季节性
        - 严格季节性、季节性升高、无季节性
      - 畜禽传染病流行的周期性
    - 畜禽传染病流行过程的影响因素
      - 自然因素、社会因素
  - 畜禽传染病的流行病学调查和分析
    - 目的和意义
    - 调查种类
      - 个例调查、暴发调查、观察调查、回顾性调查、前瞻性调查
    - 调查方法
      - 询问调查、现场察看、实验室检查、统计学方法
    - 畜禽传染病的流行病学分析

复习思考题

1. 什么叫传染病？它有什么特征？

2. 畜禽传染病流行过程有哪些特征？影响流行过程的因素有哪些？

3. 畜禽传染病流行过程包括哪3个基本环节？在兽医实践中如何应用其原理防制畜禽传染病？

4. 简述畜禽传染病的分类。

5. 如何理解畜禽传染病的发展阶段？

6. 简述感染的类型，举例说明。

7. 畜禽传染病的流行病学调查与分析有什么意义？怎样进行？

实训一　畜禽传染病的流行病学调查

一、实训内容

畜禽传染病流行病学调查的内容与方法，畜禽传染病流行病学调查资料的初步统计。

二、实训目标

掌握畜禽传染病流行病学调查的一般方法和资料的初步统计。

三、实训材料

畜禽传染病流行病学的调查表、计算器、某饲养场的疫情资料等。

四、方法与步骤

1. 拟订调查提纲

(1)调查地点　包括单位及养殖户(场)名称和地址。

(2)单位概况　包括地理情况、地形特点、气象资料(季节、天气、雨量等)、耕地数量及性质、草原数量、土壤和植物特性、野生动物的种类及分布、单位职工情况、畜禽数目品种和用途、被调查的畜禽群概况(数量、品种、性别、年龄组成、补充来源等)。

(3)单位的兽医卫生状况　包括畜禽的饲养(共同的或是单个的)、护理和使役;畜舍及邻近地区状况;饲料的品质、来源地、保藏、调配和饲喂方法;水源的状况和饮水处(水井、水池、河流等)的情况;放牧场地的情况和性质;中间宿主和传播媒介存在和分布情况;畜舍内有无啮齿类动物;厩肥的清理、保存及贮存的位置和状况;预防消毒和一般预防措施的执行情况;尸体的处理和毁灭方法;尸体、废物利用场的位置、设备和卫生状况及兽医监督情况等;有无检疫室、隔离室、屠宰场、产房等及其兽医卫生状况,洗涤水的排泄情况。

(4)一般流行病学资料　包括农牧场补充畜禽的条件、预防检疫规则的执行情况;何时由该场运出畜禽和原料以及运往何处;该农牧场以往的疫情:畜禽何时患过疫病,有多少畜禽感染、发病、死亡,在所调查疫病发生之前,何时登记最后一个疫病的病例;邻近地区的疫情:畜禽发病死亡情况,营养状况、发病数、临床表现、死亡数,病死畜禽的剖检情况,发病和死亡时间,已采取的措施及效果。

2. 调查方法

按照调查提纲,采取询问,查阅各种记录(气象、畜禽生产、治疗等)和实地考察等方式进行。

3. 调查材料的整理与分析

对于所获得的资料,应进行数据统计(如发病率、死亡率、病死率等)和情况分析,提出规律性资料(如生产能力、发病季节、降雨量及水源与中间宿主和传播者的关系)。

五、实训报告

写出流行病学调查报告,并提出进一步工作的建议。

第二章　畜禽传染病的综合防制

知识目标

- 掌握畜禽传染病综合防制相关的名词概念。
- 掌握畜禽传染病综合防制的技术措施。
- 理解现代防疫工作的理念、畜禽传染病综合防制的原则。
- 了解检疫的对象、范围、类型、步骤和畜禽传染病的诊断与报告。

技能目标

- 学会对被检病料及畜禽尸体进行合理处理。
- 学会识别各种消毒药并根据不同消毒对象合理使用。
- 学会免疫接种的各种方法和编制畜禽传染病防疫计划。

第一节　畜禽传染病综合防制的原则和内容

一、现代防疫工作的理念

1. 群防群治的理念

在畜禽传染病的综合防制过程中应确立群体保健、防疫、诊断及治疗，而不是个体防治的观点，所采取的措施要从群体出发，要有益于群体。但这并不否认对畜禽个体的情况予以重视，因为在畜禽群体中，个体的价值虽然低，通过个体防治可以从中得到启发。因此,应根据本场实际,制订免疫程序,对一些重要细菌性畜禽传染病,应在畜禽传染病发生之前给予药物预防。

2. 长远规划的理念

集约化养殖场兽医防疫工作是一项长期的任务,必须有一个长远的计划,有计划地分期完成各项防疫措施,使疫病防疫体系不断完善。

3. 多病因论的理念

畜禽传染病的发生往往涉及多种因素,通常是多种因素相互作用的结果。因此,诊断畜禽传染病,不仅应查明致病的病原,还应考虑外界环境、管理条件、应激因素、营养状况、免疫状态等因素,用环境、生态及流行病学的观点进行分析研究,从设施、制度、管理等方面,采取综合措施,才能有效地控制畜禽传染病的发生。

4. 多学科协作的理念

兽医、畜牧、生态、机械设备等学科应密切配合,在场址选择、场舍建筑、种群引进、种源净化等方面,均应考虑防疫问题。

二、畜禽传染病综合防制的原则

1. 健全机构的原则

县以上农牧部门是兽医行政机构,县级人民政府和乡级人民政府应当采取有效措施,加强村级防疫员队伍建设,还可根据动物防疫工作需要,向乡、镇或者特定区域派驻兽医机构,共同担负畜禽传染病的预防与扑灭工作。兽医防疫工作是一项系统的工程,它与农业、商业、外贸、卫生、交通等部门都有密切的关系,只有依靠政府的统一领导、协调,从全局出发,大力合作,统一部署,全面安排,才能有效及时地把兽医防疫工作做好。

2. 预防为主的原则

畜禽生产过程中,搞好综合性的防疫措施是极其重要的。随着集约化畜牧业的发展,"预防为主"方针的重要性显得更加突出,否则兽医防疫工作将会陷入完全被动的局面,畜牧生产也会走向危险的境地。

3. 法规建设的原则

我国于1991年实施了《中华人民共和国进出境动植物检疫法》,1998年1月开始实施了《中华人民共和国动物防疫法》,2007年8月30日又进行了修订并于2008年1月1日执行。这些兽医法规对我国畜禽防疫和检疫工作的方针和基本原则做了明确而具体的叙述,它们是兽医工作者开展防疫、检疫工作的法律依据。

4. 调查监测的原则

由于不同传染病在时间、地区及畜禽群中的分布特征、危害程度和影响流行的因素有一定的差异，因此要制订适合本地区或养殖场的传染病防制计划或措施，必须在对该地区展开流行病学调查和研究的基础上进行。

5. 突出重点的原则

畜禽传染病的控制或消灭需要针对流行过程的3个基本环节采取综合性防制措施。但在实施和执行综合性措施时，必须考虑不同传染病的特点及不同时期、不同地点和畜禽群的具体情况，突出主要因素和主导措施，即使为同一种畜禽传染病，在不同情况下也可能有不同的主导措施，在具体条件下究竟应采取哪些主导措施要根据具体情况而定。

三、畜禽传染病综合防制的基本内容

畜禽传染病的流行是由传染源、传播途径和易感畜禽3个相互联系的环节形成的一个复杂过程。因此，采取适当的措施来消除或切断3个环节的相互联系，就可以使畜禽传染病的流行终止。在采取具体防疫措施时，必须从"养、防、检、治"4个方面采取综合性的防疫措施，方可控制畜禽传染病的发生和蔓延，具体包括以下内容：

1. 认真选址，合理规划与布局

养殖场场址应建在地势高，地面干燥，排水方便，水源充足，水质良好，交通和供电方便，离公路、河道、村镇、工厂500 m以外的上风处，尤其是应远离其他养殖场、屠宰场、畜产品加工厂。四周应有天然屏障或开挖防疫沟，种植防疫林带等。

2. 设置完善的消毒设施，建立严格的兽医卫生消毒制度

养殖场大门和生产区大门入口处，要设置宽同大门、长为机动车轮一周半的消毒池，并建立人员过往消毒通道。所有人员、车辆不经消毒严禁入门，非生产人员不得擅自进入生产区，工作服与胶鞋禁止穿出场外并在指定地点存放，工作服每周要清洗消毒一次。

清舍消毒，实行全进全出制。在每批畜禽出栏后，栏舍内墙壁、地面及房顶灰尘要彻底清扫冲洗干净，然后用2%氢氧化钠溶液、0.5%过氧乙酸或0.03%百毒杀等药液进行刷洗或泼洒消毒，并空舍1周后方可引进动物。

场区的消毒要求每半个月用2%～3%的氢氧化钠溶液喷洒消毒一次，不留死角，每栋舍内走道每5～7 d用3%氢氧化钠溶液喷洒消毒一次，必要时可增加消毒次数或用1∶300的农福带动物消毒。

养殖场一旦发现患病畜禽，要及时隔离治疗，对于处理的病死畜禽，要在指定的隔离地点烧毁或深埋，决不允许在场内随意处理或解剖。对患病畜禽接触过的地方，应清除粪便和垃圾，然后清除表土，再用2%～4%的氢氧化钠溶液进行

消毒。

养殖场产生的大量粪便可用发酵池法和堆积法消毒；对于污水可用25％漂白粉消毒，用量为6 g/m³，如水质较差可增至18 g/m³。

场区内禁养犬、猫等宠物，并禁止其他动物进入，要定期灭鼠、灭蚊蝇，饲养人员要认真遵守饲养管理制度，细致观察饲料有无霉变、畜禽的采食状况和排粪状况等，发现病情及时报告。

3. 搞好预防接种和药物预防

预防接种是畜禽传染病综合防制的重要技术环节，特别是对于病毒性畜禽传染病尤为重要，规模化养殖场预防接种应做到有计划地进行，制订出适合本地区或本养殖场的合理免疫程序。制订免疫程序的依据主要有：

①养殖场的发病史，依此确定疫苗免疫的种类和免疫时机。

②养殖场原有免疫程序和免疫使用的疫苗种类，是否能有效地防制畜禽传染病，若不能则要改变免疫程序或疫苗。

③搞好母源抗体监测，确立首免日龄，避免母源抗体的干扰。

④确定免疫途径。不同疫苗或同一疫苗使用不同的免疫途径，可以获得截然不同的免疫效果。

⑤季节与疫病发生的关系。对于一些受季节影响比较大的畜禽传染病应随着季节变化确定免疫程序。

⑥了解疫情，若有疫情存在，必要时应进行紧急预防接种。对于重大疫情，本场还没有的，也应考虑免疫接种，以防万一；对于烈性传染病，应考虑死苗和活苗兼用，同时了解死苗和活苗的优缺点及其相互关系，合理搭配使用。

⑦选用的疫苗应是正规厂家生产的疫苗，对于两次以上免疫疫苗，所用的疫苗要尽量不同，以增加疫苗免疫的覆盖性。

药物预防是动物群体保健的一项重要技术措施，通过在饲料或饮水中加入适量的抗生素或保健添加剂等药物，不仅可以起到预防传染病的目的，而且可以提高饲料的利用率，促进动物增长，这也是遵循群防群治原则的重要措施。常用的添加剂药物有杆菌肽、土霉素、喹乙醇、泰乐菌素等。

4. 建立疫情监测制度

建立疫情监测制度，是及时发现、预防、控制畜禽疫病的重要技术手段。兽医人员应每天定时深入栏舍巡视，检查内外的卫生状况，观察畜禽的精神状态、运动、采食、饮水等是否正常，再结合饲养员的饲养记录，及时发现有异常的动物，隔离观察，进行确诊和处理。对死亡的畜禽应及时解剖和化验，并做好记录分析，以了解疫情动态，对于某些重大疫病如鸡新城疫、猪瘟等应用血清学方法进行定期疫情监测，以便检出病畜禽，掌握疫情动态。从场外引进的畜禽，要严格进行检疫，隔离观察20～30 d，确认无病后方可合群饲养。

四、几个相关概念

（1）畜禽传染病的预防　是指采取各种措施将畜禽传染病排除于未受感染的畜禽群之外。通常采取的措施有隔离、检疫等，不让传染源进入目前尚未发生该病的地区；免疫接种，药物预防和环境的消毒等，使易感畜禽不受已存在于该地区的畜禽传染病的传染。

（2）畜禽传染病的控制　是指采取各种措施减少或消除畜禽传染病的病原，降低已出现于畜禽群中畜禽传染病的发病率。并将该种传染病限制在局部范围内加以就地扑灭的防疫措施。它包括患病畜禽的隔离、消毒、治疗、紧急免疫接种或封锁疫区、扑杀传染源等方法，以防止传染病在易感畜禽群中蔓延。

（3）畜禽传染病的消灭　是指在一定的地区范围内消灭某些畜禽传染病的病原微生物。畜禽传染病的消灭空间范围分为地区性、全国性和全球性3种类型，要在全球范围内消灭一种畜禽传染病是很不容易的，但在一定地区范围内消灭某些畜禽传染病，只要通过认真执行兽医综合性防疫措施，严格立法执行、对传染源进行选择屠宰、检疫隔离并宰杀淘汰患病畜禽、加强群体免疫接种、严格消毒、控制传播媒介等措施，经过长期不懈的努力，在限定地区内消灭某种畜禽传染病是完全能够实现的，并被许多国家的防疫实践证实。

（4）畜禽传染病的净化　是指通过采取检疫、消毒、扑杀或淘汰等技术措施，使某一地区或养殖场内的某种或某些畜禽传染病在限定时间内逐渐被清除。不同地区或养殖场同时进行传染病净化是传染病消灭的基础和前提条件，因此传染病净化是目前国际上许多国家消灭某些法定畜禽传染病的通用方法。

第二节　检　疫

一、动物检疫的概念

动物检疫是指国家法定的机构和人员，依照法定的方法和技术标准，对畜禽、畜禽产品的健康卫生状况实施定性检测和处理的一种具有强制性的技术性措施。动物检疫作为发现、预防、控制、扑灭畜禽传染病的重要手段，因而也是畜禽防疫的重要内容，是畜禽传染病防制的一个重要环节，它直接关系到畜牧业生产的发展，对外贸易的信誉以及人民身体健康等，应特别给予重视。

二、检疫的范围

1. 国内畜禽检疫的范围

国内畜禽检疫的范围包括畜禽和畜禽产品。畜禽是指家畜、家禽和人工饲养、合法捕获的其他动物。如猪、羊、牛、鸡、实验动物、观赏动物和演艺动物等；畜禽产品是指畜禽的生皮、胚胎、种蛋以及未经加工的胴体、脏器、血液、骨和蹄等。

2. 进出境畜禽检疫的范围

进出境畜禽检疫的范围包括畜禽、畜禽产品和其他检疫物。畜禽是指饲养、野生的活动物，包括畜、禽、兽、蛇、鱼和蜂等；畜禽产品是指来源于畜禽未经加工或者虽经加工但仍可能传播传染病的产品，如生皮、毛类和肉类等；其他检疫物是指疫苗、血清和诊断液等。

3. 运载饲养畜禽及其产品的工具

运载饲养畜禽及其产品的工具包括车、船、飞机、包装物以及饲料、铺垫材料和饲养工具等。

三、检疫的对象

畜禽检疫对象是指畜禽检疫中政府规定的畜禽传染病。畜禽传染病的种类很多，畜禽检疫只是把其中的一部分规定为畜禽检疫对象，而不是所有的畜禽传染病。《中华人民共和国动物防疫法》第十条规定，全国畜禽检疫对象的具体病种名录由国务院畜牧兽医行政管理部门规定并公布。《中华人民共和国进出境动植物检疫法》第十八条规定，进境畜禽检疫对象的名录由国务院农业行政主管部门制定并公布。

(一)重点检疫对象

(1)人畜和多种畜禽共患的传染病　如炭疽、结核病、布鲁氏菌病和狂犬病等。

(2)危害性大而目前预防控制困难的畜禽传染病　如口蹄疫、牛海绵状脑病、痒病和梅迪-维斯纳病等。

(3)急性、烈性畜禽传染病　如猪瘟、鸡新城疫等。

(4)我国尚未发现的国外传染病　如非洲猪瘟、非洲马瘟等。

(二)全国畜禽检疫对象

全国动物疫病检疫对象共分3类116种，其中一类畜禽传染病包括口蹄疫、猪水疱病、猪瘟、非洲猪瘟、非洲马瘟、牛瘟、牛传染性胸膜肺炎、牛海绵状脑病、痒病、蓝舌病、小反刍兽疫、绵羊痘和山羊痘、禽流行性感冒(高致病性禽流感)和鸡新城疫等共14种。

(三)进境畜禽检疫对象

为防止国外畜禽传染病的侵入,我国由国务院农业行政主管部门制定并公布了《中华人民共和国进境动物一、二、三类传染病、寄生虫病名录》,其中一类传染病包括口蹄疫、非洲猪瘟、猪水疱病、猪瘟、牛瘟、小反刍兽疫、蓝舌病、痒病、牛海绵状脑病、非洲马瘟、鸡瘟、新城疫、鸭瘟、牛肺疫和牛结节性疹共15种。

(四)国际畜禽检疫对象

1986年国际兽疫局委员会修订的《国际动物卫生法典》规定,国际畜禽检疫对象分2类,A类16种,B类79种,共95种。其中A类包括口蹄疫、水疱性口炎、猪水疱病、牛瘟、小反刍兽疫、牛传染性胸膜肺炎、牛结节性疹、裂谷热、蓝舌病、绵羊痘和山羊痘、非洲马瘟、非洲猪瘟、猪瘟、传染性脑脊髓炎、鸡瘟(A型流感)和鸡新城疫。

四、检疫的类型

根据畜禽及其产品的动态和运转形式,我国动物检疫在总体上分为国内检疫和国境检疫两大类,其大致分类与检疫步骤如下。

(一)国内检疫

国内检疫是指为有效地防止重要传染病的发生和传播,根据法律规定由法定机构或人员对境内畜禽及其产品实施的、具有法律效力和法律后果的技术措施和政府行为。国内检疫由县级以上农牧部门所属的动物检疫站和乡(镇)畜牧兽医站等部门负责执行。分为产地检疫、净化检疫、运输检疫、屠宰检疫和市场检疫。

(1)产地检疫　是指畜禽在离开饲养、生产地之前进行的畜禽检疫。通过产地检疫,能把畜禽传染病控制在原地,消灭在转移之前。产地检疫主要由乡(镇)畜牧兽医站具体负责,而出口畜禽的产地检疫应由当地县级以上畜牧兽医行政管理部门畜禽防疫监督机构负责。产地检疫合格的应出具《畜禽产地检疫合格证明》,不合格的应按有关规定处理。

(2)净化检疫　是指在国内某地发生规定的检疫对象流行时进行的检疫,又称疫区检疫。如发现为一类畜禽传染病,当地县级以上地方人民政府畜牧兽医行政管理部门应当立即派人到现场，划定疫点、疫区、受威胁区，并对疫区进行封锁。应根据疫情处理的要求及时提出净化检疫方案，明确疫区检疫的目的、达到的目标、采用的方法和依据的标准。进行人力、物力、技术等方面的准备。

(3)运输检疫　是指对运出县境的畜禽及其产品进行的检疫。运输检疫包括铁路检疫、公路检疫、水运检疫和空运检疫等。运输检疫的主要任务是监督检查，即验证、查物。

(4)屠宰检疫　包括宰前检疫和宰后检疫。宰前检疫是指对待宰畜禽活体进行的检疫。宰前检疫能检出宰后检疫难以检出的传染病，如破伤风、狂犬病、李氏杆菌病、乙型脑炎、胃肠炎、口蹄疫及某些中毒性传染病等；宰后检疫是宰前检疫的继续和补充。宰前检疫通常只能根据畜禽的体温反应和明显的临床症状等将患病畜禽检查出来，而对于那些不出现体温反应或临床症状不明显的畜禽则很难发现。在屠宰过程中，通过对肉尸和内脏病理变化及异常表现的直接观察和其他检测方法，则可以将该类患病畜禽检查出来。

(5)市场检疫　是指畜禽及其产品在进入市场商品交易时所实施的检疫。市场检疫包括集市检疫、交易检疫和采购检疫。市场是畜禽及其产品的集散地，集中时相互间接触机会多，易传播传染病，离散时又容易扩散传染病。做好市场检疫可以防止患有检疫对象的畜禽及其产品上市交易，保护畜牧业生产发展，保证消费者安全，促进经济贸易。

(二)国境检疫

国境检疫又称为进出境检疫或口岸检疫(简称外检)，是一项政策性和技术性相结合的兽医卫生防疫工作，对维护国家主权、控制畜禽重大传染病的传入和流行，保障养殖业的正常发展和人类的身体健康都有重要的意义。包括进境检疫、出境检疫、过境检疫、携带和邮寄物检疫、运输工具检疫等。

(1)进境检疫　是指对畜禽、畜禽产品和其他检疫物在进入国境过程中进行的畜禽检疫。进境检疫对防止国外畜禽传染病传入我国有着极其重要的意义。进境检疫包括签订双边检疫议定书、审批、报检、现场检疫、隔离检疫、处理与放行等程序。

在检疫过程中，若发现农业部颁布的《中华人民共和国进境动物一、二、三类传染病、寄生虫病名录》中的传染病或双边检疫协议书规定的传染病时，全群畜禽或畜禽遗传物质禁止进境，做退回或销毁处理；检出二类传染病的阳性畜禽应退回或销毁，同群的其他畜禽进行隔离观察，阴性时可以进境。

(2)出境检疫　是指对畜禽、畜禽产品和其他检疫物在输出国外前进行的检疫。出境检疫对维护我国的国际信誉，促进对外经济贸易有着重要的意义。畜禽、畜禽产品和其他检疫物经检疫合格或除害处理合格者，才准予出境。出境检疫包括报检、检疫和离境等程序。

(3)过境检疫　是指对载有畜禽、畜禽产品和其他检疫物的运输工具要通过我国国境时进行的畜禽检疫。过境检疫对防止畜禽传染病传入我国和传出国境都有重要的意义。

(4)携带和邮寄物检疫　携带物检疫是指对进入国境的旅客、交通员工携带的或托运的畜禽及其产品进行的畜禽检疫，简称为旅检。邮寄物检疫是指对邮寄入境的畜禽产品进行的畜禽检疫，简称为邮检。携带或邮寄的畜禽及其产品，未经检疫或检疫不合格者，不许进境。

(5)运输工具检疫　是指对来自畜禽疫区的进境运输工具，所有进出境、过境装载畜禽、畜禽产品及其他检疫物的运输工具(包括集装箱)进行的检疫。

第三节　消　　毒

消毒是指通过物理、化学或生物学方法杀灭或清除环境中病原体的技术或措施。目的是消灭被传染源散播于外界环境中的病原体，以切断传播途径，阻止畜禽传染病的蔓延。对于不同途径传播的畜禽传染病消毒的重点不一样，预防消化道传播的传染病应着重抓好草料、饮水、饲养用具和粪尿卫生管理；预防呼吸道传播的传染病应着重保持空气流通、多晒太阳、适时空气消毒和降低饲养密度等；预防虫媒性传播的传染病主要是改善环境卫生，采取杀虫、驱虫、灭虫的措施；预防经皮肤传播的传染病主要是搞好固定鞍、挽具消毒，防止外伤和及时处理外伤等。

一、消毒的种类

根据消毒的目的不同，可将消毒分为预防性消毒、随时消毒和终末消毒。

(1)预防性消毒　是指在平时的饲养管理过程中，对畜舍、空气、场地用具和饮水或畜禽群等进行定期消毒，以达到预防一般畜禽传染病的目的。

(2)随时消毒　是指在发生畜禽传染病后到解除封锁期间，疫源地内有传染源存在，为了及时消灭刚由传染源排出的病原体而进行的反复多次的消毒。消毒对象是患病畜禽及带菌(毒)畜禽的排泄物、分泌物以及被其污染的畜舍、用具、场地和物品等。

(3)终末消毒　是指疫源地内的患病畜禽解除隔离、痊愈或死亡后，或者在疫区解除封锁时，为了消灭疫区内可能残存的病原体而进行的一次全面彻底的消毒。消毒对象是传染源污染和可能污染的所有畜舍、饲料、饮水、用具、场地及其他物品等。

二、消毒的方法

消毒的方法可概括为物理消毒法、化学消毒法和生物学消毒法。

1. 物理消毒法

物理消毒法是指通过机械性清扫、冲洗、通风换气、高温、干燥、照射等物理方法对环境和物品中病原体的清除或杀灭。

(1)机械性清除　主要是通过清扫、洗刷、通风和过滤等机械方法消除病原体。本法是一种普通而又常用的方法，但不能达到彻底消毒的目的，作为一种辅助方法，须与其他消毒方法配合进行。

(2)日光、紫外线消毒　日光消毒是利用阳光光谱中的紫外线、热线及其他射线进行消毒的一种常用的方法。其中紫外线具有较强的杀菌能力，阳光的灼热和蒸发水分造成的干燥也有杀菌作用。本法对于牧场、草地、运动场、畜栏、饲养用具及环境等的消毒很有实际意义。在实际工作中常采用紫外灯产生紫外线进行空气消毒，消毒时灯管与污染物体表面的距离不超过 1.5 m。消毒时间应根据污染的程度确定，通常为 0.5～2 h，但随着照射时间的适当延长，能够增强消毒效果。各种病原体对紫外线的抵抗力由弱至强的顺序为革兰氏阴性菌、革兰氏阳性菌、病毒、细菌芽孢，抵抗力较强的病原体需要的照射量或照射时间应适当延长。

(3)焚烧　是一种简单、易行、可靠的消毒方法。常在发生烈性畜禽传染病，如炭疽、气肿疽时，对病畜尸体及其污染的垫草、草料等进行焚烧，对厩舍墙壁、地面可用喷灯进行喷火消毒。金属制品可用火焰烧灼和烘烤进行消毒。

(4)干热灭菌法　包括火焰烧灼灭菌法和烘烤灭菌法，这 2 种方法的灭菌效果明显，使用操作也比较简单。

当病原体抵抗力较强时，可通过火焰发射器对粪便、场地、墙壁、笼具、其他废弃物品进行烧灼灭菌，或将畜禽的尸体以及传染源污染的饲料、垫草、垃圾等进行焚烧处理。全进全出制畜禽圈舍中的地面、墙壁、金属制品也可用火焰烧灼灭菌。

烘烤灭菌也称热空气灭菌法，该法主要用于干燥的玻璃器皿，如烧杯、试管、培养皿、玻璃注射器等灭菌。灭菌时，将待灭菌物品放入烘烤箱内，使温度逐渐上升到 160℃维持 2 h，可以杀死全部细菌及其芽孢。

(5)湿热灭菌法　包括煮沸消毒、高压蒸汽消毒和间歇蒸汽消毒等。

①煮沸消毒。是日常最为常用而且效果显著的消毒方法。一般病原菌的繁殖型在 60～70℃经 30～60 min 或 100℃的沸水中 5 min 内即可死亡。多数芽孢

在煮沸 15～30 min 即可死亡，煮沸 1～2 h 可以消灭所有的病原体。常用于耐煮的金属器械、木质和玻璃器具、工作服等的消毒。在煮沸金属器械和玻璃器械时，可加 1%～2%苏打或 0.5%肥皂水等碱性物质，以提高沸点，增强杀菌效果。塑料、皮革制品易变形，不能煮沸消毒。

②高压蒸汽消毒。相对湿度 80%～100%的热空气消毒，能携带许多能量，遇到消毒物品时凝集成水，并放出大量热能，从而达到消毒的目的，其效果好。农村可用蒸笼进行。在实验室主要利用高压蒸汽消毒，通常在 121℃维持 30 min，就可杀死细菌和芽孢。此外，病死畜禽化制站也利用高压蒸汽消毒。

③间歇蒸汽消毒法。由于在 100℃时维持 30 min 可以杀死污染物品中细菌的繁殖体，因而将消毒后的物品置于室温下过夜，使其中的细菌芽孢和霉菌孢子萌发，第 2 天和第 3 天再用同样的方法进行处理和消毒，便可杀灭全部的细菌、真菌及其芽孢和孢子。此法常用于易被高温破坏物品如鸡蛋、血清、牛乳和各种糖类等培养基的灭菌。

2. 化学消毒法

化学消毒法是用化学药物杀灭病原体的方法，常用化学药品的溶液或蒸气进行消毒，在防疫工作中最为常用。选用消毒药应考虑杀菌谱广，有效浓度低，作用快，效果好；对人畜无害；性质稳定，易溶于水，不易受有机物和其他理化因素影响；使用方便，价格低廉，易于推广；无臭无味，不损坏被消毒物品；使用后残留量少或副作用小等。临床实践中常用的消毒剂种类很多，根据其化学特性分为：酚类、醛类、醇类、酸类、碱类、氯制剂、氧化剂、碘制剂、染料类、重金属盐和表面活性剂等。

3. 生物学消毒法

在兽医防疫实践中，常用该法将被污染的粪便堆积发酵，利用嗜热细菌繁殖时产生高达 70%以上的热量，经过 1～2 个月将病毒、细菌（芽孢除外）等病原体杀死，既达到消毒的目的，又保持了肥效。但本法不适用于炭疽、气肿疽等芽孢菌引起的畜禽传染病，这类畜禽传染病的粪便应焚烧或深埋。

三、消毒程序和制度

1. 消毒程序

根据消毒的类型、对象、环境温度、病原体性质以及传染病流行特点等因素，将多种消毒方法科学合理地加以组合而进行的消毒过程称为消毒程序。以全进全出制生产系统中的消毒为例，空栏消毒的程序通常为粪污清除、高压水枪冲洗、消毒剂喷洒、干燥后熏蒸消毒或火焰消毒、再次喷洒消毒剂、清水冲洗、晾干后再将畜禽群转入。

消毒程序应根据本场的生产方式、主要流行的传染病、消毒剂的特点和消毒设备及设施的种类等因素制订，但消毒前将畜禽圈舍内的粪便、污物清扫、冲洗干净是提高消毒效果的前提。条件较好的养殖场应在消毒后对生产的关键环节，如育雏舍、产仔舍等实施消毒效果的检查。

2. 消毒制度

养殖场通常应将各种消毒工作制度化，明确规定和记录消毒工作的管理者和执行者，使用消毒剂的种类、浓度和方法，消毒的时间间隔，消毒剂的轮换使用情况以及消毒设施、设备的管理和维护等内容。

四、消毒效果的检查

1. 房舍机械消毒效果的检查

房舍机械消毒效果的检查主要是对房舍及设备的清洁程度进行检查，其次是检查管理用具等的消毒程度以及消毒粪便所采取的方法（是否进行生物热消毒、焚烧等）。

2. 消毒药剂选择正确性的检查

了解消毒工作的记录，检查消毒药物的种类、浓度、温度及其用量。可从没有用完的消毒液中进行消毒药物浓度、杀菌力等方面的化学检查，如测定甲醛、有效氯的浓度等。

3. 灭菌器消毒效果的检查

通常用最高温度计、压力计等放在高压灭菌器中的不同部位，监测其运行过程中温度和压力的动态变化；也常用抵抗力比普通病原菌大的嗜热脂肪杆菌芽孢、枯草杆菌芽孢等做成试验菌纸片，经过待检灭菌器消毒处理后再检测这些细菌的活性。

4. 污染区消毒效果的检查

在实践中常以某些条件致病菌，如金黄色葡萄球菌和大肠杆菌等作为评价指标。一般规定检查 10 个样品，检测结果全部为阴性时表明消毒合格。畜禽圈舍地面和墙壁的消毒效果检验，一般是通过比较消毒前和消毒后被消毒物品上至少 5 块相等面积（10 cm×10 cm）中的细菌数，根据细菌数量减少的百分比进行效果的评价。

5. 空气消毒效果的检查

一般是以比较消毒前后空气中微生物的数量作为评价依据。空气中微生物样品的采集方法有 2 种，即自然沉降法和冲击采样法。

自然沉降法是将带有固体培养基的培养皿放置在待测空间中的不同位置，并打开平皿盖让其暴露于空气中一定时间，通过空气中微生物的自然沉降采集样品。但该方法只能捕获直径大于 10 μm 以上的颗粒，对体积更小、流行病学意义更大的传染性颗粒很难捕获，故准确性差。

冲击采样法是用空气采样器先抽取一定体积的空气，然后强迫空气通过狭缝直接高速冲击到缓慢转动的琼脂培养基表面，经过培养比较消毒前后的细菌数。该方法是目前公认的标准空气采样法。

第四节　畜禽传染病的诊断与疫情报告

一、畜禽传染病的诊断

畜禽传染病的诊断就是依靠人的感官或利用其他方法对患病畜禽进行检查，从而做出诊断。及时、准确、有效的诊断是扑灭畜禽传染病工作成败的关键。诊断畜禽传染病的常用方法有：临床诊断、流行病学诊断、病理学诊断、病原学诊断和免疫学诊断等。实际工作过程中，需根据某种畜禽传染病的特点采用几种方法进行综合诊断，有时仅需要采用其中一两种方法便可做出准确诊断。现将常用的诊断方法简介如下：

1. 临床诊断

这是最基本、最简便易行的方法，也是畜禽传染病诊断的起点和基础。它是利用人的感官或借助一些最简单的器械如温度计、听诊器等直接对患病畜禽进行检查，有时也需要结合血、尿和粪的常规检查方可做出诊断，对某些具有典型症状的病例，通过临床诊断一般可以确诊。如破伤风、猪气喘病等。但应当指出这种方法有一定的局限性和片面性，如对发病初期特征性症状尚不明显的病例和非典型病例，通过临床诊断难以确诊，只能提出可疑畜禽传染病的大致范围，必须结合其他方法才能确诊。在进行临床诊断时，应注意对整个发病畜禽群所表现的综合症状加以分析判断，不要单凭个别或少数病例的症状轻易下结论，以防误诊。

2. 流行病学诊断

流行病学诊断经常与临床诊断是联系在一起的。流行病学诊断是在流行病学调查(即疫情调查)的基础上进行的，疫情调查可在临床诊断过程中进行，如以座谈式向畜主询问疫情，并对现场进行仔细检查，取得第一手资料，然后对材料进行分析，作出诊断。由于畜禽传染病不同，流行病学诊断的重点也不一样。一般应调查本次流行的情况、疫情来源以及传播途径和方式等。

3. 病理诊断

大多数的畜禽传染病都有不同程度的特殊病理变化，对于诊断畜禽传染病具有重要价值。如鸡新城疫、猪瘟、禽巴氏杆菌病和猪支原体肺炎等。但有些病例，如最急性和非典型病例，其病理变化不太典型，尤其是非典型病例，需多剖检一些病例进行综合方可发现某病典型病理变化，如非典型鸡新城疫。病理组织学诊断是经典的诊断方法之一，主要是通过显微镜观察病料组织切片中的特征性显微病变和特殊结构，借以诊断或区别不同的传染病。目前病理组织学诊断对某些传染病仍是最主要和可靠的诊断方法，例如狂犬病和牛海绵状脑病。

4．病原学诊断

这是诊断畜禽传染病最重要的方法之一，是确诊畜禽传染病的重要依据。常用病原学诊断方法如下：

（1）病料涂片镜检　通常在有显著病变的不同组织器官和不同部位涂抹数片，进行染色镜检。此法对一些具有特征性形态的病原微生物如炭疽杆菌、巴氏杆菌等可以迅速作出诊断，但对大多数畜禽传染病来说，只能提供进一步检查的依据或参考。

（2）分离培养和鉴定　用人工培养方法将病原体从病料中分离出来。细菌、真菌和螺旋体等可选择适当的人工培养基，病毒可先用动物或组织培养等方法分离培养，分得病原体后，再进行形态学、培养特性、动物接种及免疫学试验等方法作出鉴定。

（3）动物接种试验　通常选择对该种畜禽传染病病原体最敏感的动物进行人工感染试验。将病料用适当的方法进行人工接种，然后根据对不同动物的致病力、症状和病理变化特点来帮助诊断。当实验动物死亡或经过一定时间杀死后，观察体内变化，并采取病料进行涂片检查和分离鉴定。

一般应用的实验小动物有家兔、小鼠、豚鼠、仓鼠、家禽和鸽子等，在实验小动物对该病原体无感受性时，可以采用有易感性的大动物进行试验，但费用高，而且需要严格的隔离条件和消毒措施，因此只有在非常必要和条件许可时才能进行。

从病料中分离出微生物，虽是确诊的重要依据，但也应注意畜禽的“健康带菌”现象，其结果还需与临床及流行病学、病理变化结合起来进行分析。有时即使没有发现病原体，也不能完全否定该种畜禽传染病的诊断。

（4）免疫组化技术　是指用标记的特异性抗体（抗原）对组织细胞内抗原（抗体）分布进行检测的方法。根据标记物的不同分为免疫荧光组化技术、免疫酶组化技术、免疫电镜技术等。不同的免疫组化技术各自具有独特的试剂和方法，包括抗体制备、组织材料处理、免疫染色、对照试验及显微观察等。在涉及病毒、细菌和原生生物等抗原的检测或鉴定中，该技术具有以下几方面的优点：样品运送方便，能够安全地控制对人类具有潜在致病作用的病原体，使样品的保存和回顾性研究成为可能，诊断快速，能够对无活性的病原体进行检测。

随着单克隆抗体技术的发展，免疫组化技术在畜禽传染病诊断方面的应用将愈来愈广泛。

分子生物学诊断技术畜禽传染病诊断方面的应用也愈来愈广泛，如多聚酶链式反应、限制性酶切片段长度多态性分析、核酸探针技术等。

5. 血清学试验

血清学试验是通过免疫学方法诊断畜禽传染病最常用的重要方法之一，包括血清学试验和变态反应 2 类。

（1）血清学试验　利用抗原和抗体特异性结合的免疫学反应进行诊断。可以用已知抗原来测定被检畜禽血清中的特异性抗体，也可以用已知的抗体（免疫血清）来测定被检材料中的抗原。血清学试验有中和试验（毒素抗毒素中和试验、病毒中和试验等）、凝集试验（直接凝集试验、间接凝集试验、间接血凝试验）、沉淀试验（环状沉淀试验、琼脂扩散沉淀试验）、溶细胞试验（溶菌试验、溶血试验）、补体结合试验、免疫荧光试验、免疫酶技术、放射免疫测定、单克隆抗体和核酸探针等。

（2）变态反应　变态反应是诊断某些畜禽传染病的重要免疫学方法之一。畜禽患某些传染病（主要是慢性畜禽传染病）时，可对该病病原体或其产物的再次进入产生强烈的反应。该种方法可用于结核病、布鲁氏菌病等多种畜禽传染病的诊断。

二、疫情报告制度

（一）国内疫情报告系统

按照《中华人民共和国动物防疫法》的规定，任何从事动物疫情监测、检验检疫、疫病研究与诊疗以及动物饲养、屠宰、经营、隔离、运输等活动的单位和个人，发现动物染疫或者可疑染疫的，应当立即向当地兽医主管部门、动物卫生监督机构或者动物疫病预防控制机构报告，并采取隔离等控制措施，防止动物疫情扩散。其他单位和个人发现动物染疫或者可疑染疫的，应当及时报告。任何单位和个人都不得以自身利益或其他原因为借口，瞒报、谎报或阻碍他人报告畜禽疫情。接到动物疫情报告的单位，应当及时采取必要的控制处理措施，并按照国家规定的程序上报。当畜禽突然死亡或怀疑发生传染病时，除立即报告畜禽防疫监督机构外，在兽医人员未到现场或未作出诊断前，应将患病畜禽进行隔离并派专人管理，对患病畜禽污染的环境和用具进行严格消毒，患病畜禽的尸体应保留完整，未经兽医检查同意不得擅自急宰和剖检，以便为传染病的准确、快速诊断提供材料，并防止病原体的扩散。动物疫情由县级以上人民政府兽医主管部门认定；其中重大动物疫情由省、自治区、直辖市人民政府兽医主管部门认定，必要时报国务院兽医主管部门认定。国务院兽医主管部门应当及时向国务院有关部门和军队有关部门以及省、自治区、直辖市人民政府兽医主管部门通报重大动物疫情的发生和处理情况；发生人畜共患传染病的，县级以上人民政府兽医主管部门与同级卫生主管部门应当及时相互通报。国务院兽医主管部门负责向社会及时公布全国动物疫情，也可以根据需要授权省、自治区、直辖市人民政府兽医主管部门公布本行政区域内的动物疫情。其他单位和个人不得发布动物疫情。

(二)国际疫情报告系统

为了限制重要畜禽传染病的扩散，在世界范围内更好地控制畜禽传染病，国际兽疫局对其成员国规定了畜禽疫情国际通报的权利和义务，其程序和内容简述如下：

①当某成员国或某地区出现国际兽疫局规定的 A 类疾病或其他国家具有重要流行病学意义的非 A 类疾病时，应在 24 h 内通过电传、电报、传真或电子邮件通报中央局(即国际兽疫局常设秘书处)。

②初次通报后，在疫情稳定或传染病根除之前应按上述方法每周上报一次疫情控制的进展情况。

③疫情扑灭后或未发生重大疫情的国家及地区，应对 A 类疾病和具有重要流行病学意义的非 A 类传染病，按月上报其存在和控制状况。

④所有 A 类、B 类及其他具有重要社会经济意义的传染病每年应上报一次。

在传染病发生时，各国兽医行政管理部门除上报上述内容外，还应通报为防止传染病传播所采取的措施，包括检疫措施、疫区内畜禽及其产品和其他物品等流通的限制措施、传播媒介的控制措施等。

第五节 畜禽传染病的控制与扑灭

畜禽传染病的控制与扑灭是畜禽传染病综合防制的重要内容。从技术和经济学角度考虑，传染病流行的不同时期应采取不同的措施，如在急性、烈性畜禽传染病流行的早期，疾病在畜禽群中还没有出现广泛的传播和扩散，此时应以临床检查，淘汰、扑杀感染或发病畜禽为主，同时进行污染场地的严格消毒处理和周围畜禽群的紧急免疫接种；慢性传染病的处理则应以检疫、淘汰感染畜禽为主。不同畜禽传染病的消灭及控制技术不同，对口蹄疫、高致病性禽流感、非洲猪瘟等危害性大的传染病，应采取以封锁疫区、检疫、隔离、扑杀和销毁为主的消灭措施；对鸡白痢、禽白血病、结核病、布鲁氏菌病、牛白血病、副结核病等传染病应采取以严格检疫、及早淘汰为主的消灭或净化技术，也可通过建立健康畜禽群等方法加以净化；对于大肠杆菌病和链球菌病等应以加强环境控制，结合敏感药物治疗为主的综合性控制措施；而对于病原体血清型单一、疫苗免疫效果良好的畜禽传染病如鸡产蛋下降综合征和禽痘等则应采取以疫苗接种为主的防制措施。

一、隔离

隔离是指将患病畜禽和可疑感染畜禽控制在有利于防疫和生产管理的环境中进行单独饲养和防疫处理的一种措施。它是控制和扑灭畜禽传染病的重要措施之一，一般适用于二、三类动物疫病的控制和扑灭，也是发生一类传染病实行强制性封锁前采取的措施。其目的是为了控制传染源，防止畜禽继续受到传染，控制畜禽传染病蔓延，以便将疫情控制在最小范围内加以就地扑灭。根据诊断检疫结果，可将全部受检畜禽分为患病畜禽群、可疑感染畜禽群和假定健康畜禽群 3 类，以便分别对待。

1. 患病畜禽群的隔离

患病畜禽群是指有典型症状或类似症状，或诊断方法检查为阳性的畜禽。对检出的患病畜禽应立即送往隔离栏舍或偏僻地方进行隔离。如患病畜禽数量较多时，可隔离于原畜禽舍内，而将少数可疑感染畜禽移出观察。对有治疗价值的，要及时治疗；对危害严重、缺乏有效治疗办法或无治疗价值的，应扑杀后深埋或销毁。对患病畜禽要设专人护理，禁止闲散人员出入隔离场所。饲养管理用具要专用，并经常消毒，粪便发酵处理，对人畜共患病还要做好个人防护。

2. 可疑感染畜禽群的隔离

可疑感染畜禽群是指在发生某种畜禽传染病时，与患病畜禽同群或同舍，并共同使用饲养管理用具、水源等的畜禽。这些畜禽有可能处在潜伏期中或有排菌(毒)危害，故应经消毒后转移隔离(应与患病畜禽分别隔离)，限制活动范围，仔细观察、及时分化。有条件时可进行紧急预防接种或药物预防。根据该种畜禽传染病潜伏期的长短，经一定时间观察不再发病后，要在畜禽消毒后解除隔离。

3. 假定健康畜禽群的隔离

假定健康畜禽群是指与患病畜禽有过接触或患病畜禽邻近畜舍的畜禽，临床上没有任何症状假定健康的畜禽。对假定健康畜禽应及时进行紧急预防接种，加强饲养管理和消毒等，以保护畜禽群的安全。

二、封锁

封锁是指当某地或养殖场暴发法定一类传染病和外来传染病时，为了防止传染病扩散以及安全区健康畜禽的误入而对疫区或其畜禽群采取划区隔离、扑杀、销毁、消毒和紧急免疫接种等强制性措施。

根据我国《动物防疫法》的规定，当确诊为一类动物疫病时，当地县级以上地方人民政府兽医主管部门应当立即派人到现场，划定疫点、疫区、受威胁区，调查疫源，及时报请本级人民政府对疫区实行封锁。疫区范围涉及两个以上行政区域的，由有关行政区域共同的上一级人民政府对疫区实行封锁，或者由各有关行政区域的上一级人民政府共同对疫区实行封锁。必要时，上级人民政府可以责成下级人民政府对疫区实行封锁。封锁的目的是保护广大地区畜禽群的安全和人类健康，把畜禽传染病控制在封锁区之内，发动群众力量就地扑灭。封锁行动应通报邻近地区政府采取有效措施，同时逐级上报国家畜牧兽医行政机关或国际兽疫局，并由其统一管理和发布国家畜禽疫情信息。

封锁区的划分，必须根据该畜禽传染病的流行规律、当时的流行情况和当地的条件，按"早、快、严、小"的原则进行。"早"是早封锁，"快"是行动果断迅速，"严"是严密封锁，"小"是把疫区尽量控制在最小范围内。封锁是针对传染源、传播途径、易感畜禽群3个环节采取的措施。根据我国有关兽医法规的规定，具体措施如下：

1. 封锁的疫点应采取的措施

①当某地暴发法定A类或一类传染病、外来传染病以及人畜共患病时，其疫点内的所有畜禽，无论其是否实施过免疫接种，在兽医行政部门的授权下，宰杀感染特定传染病的畜禽及同群可以感染畜禽，并在必要时宰杀直接接触畜禽或可能传播病原体的间接接触畜禽，尸体一律焚烧或深埋处理。扑杀政策是畜禽传染控制上采取的一项最严厉的强制性措施，也是兽医学中特有的传染病控制方法。

②严禁人、畜禽、车辆出入和畜禽产品及可能污染的物品运出。在特殊情况下人员必须出入时，需经有关兽医人员许可，经严格消毒后出入。

③对病死畜禽及其同群畜禽，县级以上农牧部门有权采取扑灭、销毁或无害化处理等措施，畜主不得拒绝。

④疫点出入口必须有消毒设施，疫点内用具、圈舍、场地必须进行严格消毒，疫点内的畜禽粪便、垫草、受污染的草料必须在兽医人员监督指导下进行无害化处理。

2. 封锁的疫区应采取的措施

①交通要道必须建立临时性检疫消毒卡，备有专人和消毒设备，监视畜禽及其产品进出，对出入人员、车辆进行消毒。

②停止集市贸易和疫区内畜禽及其产品的采购。

③未污染的畜禽产品必须运出疫区时，须经县级以上农牧部门批准，在兽医防疫人员监督指导下，经外包装消毒后运出。

④非疫点的易感畜禽，必须进行检疫或预防注射。农村城镇饲养及牧区畜禽与放牧水禽必须在指定疫区放牧，役畜限制在疫区内使役。

3. 受威胁区及应采取的措施

疫区周围地区为受威胁区，其范围应根据传染病的性质、疫区周围的山川、河流、草场、交通等具体情况而定。受威胁区应采取如下主要措施。

①对受威胁区内的易感畜禽应及时进行预防接种，以建立免疫带。

②管好本区易感畜禽，禁止出入疫区，并避免饮用疫区流过来的水。

③禁止从封锁区购买牲畜、草料和畜产品，如从解除封锁后不久的地区买进牲畜或其产品，应注意隔离观察，必要时对畜产品进行无害化处理。

④对设于本区的屠宰场、加工厂、畜产品仓库进行兽医卫生监督，拒绝接受来自疫区的活畜及其产品。

⑤解除封锁。疫区内(包括疫点)最后一头病畜禽扑杀或痊愈后，经过该病一个潜伏期以上的检测、观察，未再出现病畜禽时，经彻底消毒清扫，由县级以上农牧部门检查合格，经原发布封锁令的政府发布解除封锁令后，并通报毗邻地区和有关部门。疫区解除封锁后，病愈畜禽需根据其带毒时间，控制在原疫区范围内活动，不能将它们调到安全区去。

第六节　免疫接种和药物预防

一、免疫接种

免疫接种是给畜禽接种各种免疫制剂(菌苗、疫苗、类毒素及免疫血清)，使畜禽个体和群体产生对畜禽传染病的特异性免疫力。它是使易感畜禽转化为不易感畜禽的一种手段。有计划有组织地进行免疫接种，是预防和控制畜禽传染病的重要措施之一，在某些畜禽传染病如猪瘟、鸡新城疫等病的防制过程中，免疫接种更具有关键性的作用。根据免疫接种的时机不同，可分为预防接种和紧急接种2类。

(一)预防接种

预防接种是指在经常发生某些畜禽传染病的地区，或有某些畜禽传染病潜在的地区，或受到邻近地区某些畜禽传染病经常威胁的地区，为了防患于未然，在平时有计划地给健康畜禽群进行的免疫接种。预防接种常用的免疫制剂有疫(菌)苗、类毒素等。由于所用免疫制剂的品种不同,接种方法也不一样,有皮下注射、肌肉注射、皮肤刺种、口服、点眼、滴鼻和喷雾吸入等。随着集约化畜牧业的发展,饲养数量显著增加。因此,预防接种方向也由逐头打预防针改为简便的饮水免疫和气雾免疫,如鸡新城疫疫苗、猪肺疫弱菌苗的饮水免疫,牛羊布鲁氏菌菌苗的饮水免疫和气雾免疫等,均获得了良好的免疫效果,而且节省了大量的人力。接种后一般经1～3周产生免疫力,可获得持续数月至1年以上的免疫力。

1. 调查研究,做好宣传,进行有计划的预防接种

预防接种应首先对本地区近年来畜禽曾发生过的畜禽传染病流行情况进行调查了解。然后有针对性地拟订年度或周期预防接种计划,确定免疫制剂的种类和接种时间,按所制订的各种畜禽免疫程序进行免疫。例如,某地区为预防猪瘟、猪丹毒、猪肺疫等传染病,要求每年全面地定期接种两次,在两次间隔期间,每月或每半个月检查一次,对新生仔猪(1月龄以上)和新从外地引进的猪,进行及时补种,以提高防疫密度。

有时也进行计划外的预防接种。如输入或输出家畜时,为避免在运输途中或达到目的地后暴发某些传染病而进行的预防接种,可用疫苗、菌苗或类毒素,若时间紧迫也可应用免疫血清进行免疫。如果在某一地区过去从未发生过某种畜禽传染病,也没有从别处传染的可能时,则不需对该畜禽传染病进行免疫。

预防接种前,应对被接种的畜禽进行详细的检查和调查了解。根据具体情况确定接种的时机。成年的、体质健壮或饲养管理条件好的畜禽,接种后会产生较强的免疫力,可按计划进行接种;而对于幼年的、体质弱的畜禽,有慢性病的和妊娠后期的母畜禽,饲养管理条件不好的畜禽,进行预防接种的同时,必须创造条件改善饲养管理,如果是已经受感染的威胁,最好暂不接种。

预防接种前,还要对当时当地的畜禽传染病情况进行调查,如发现疫情,则应首先安排紧急防疫,如无特殊畜禽传染病流行则按原计划进行定期预防接种。接种后,应加强饲养管理,使机体产生较好的免疫力,减少接种后的反应。

2. 应注意预防接种反应

生物制剂对于畜禽机体来说,都是异物,经接种后总有一个反应过程,但反应的强度和性质有所不同。有的程度轻微,不会给机体造成危害,只要精心护理,就会恢复,但有些不良反应或剧烈反应则应引起注意。所谓不良反应就是指经预防接种后引起持久的或不可逆的组织、器官损害或功能障碍而致的后遗症。接种反应的类型可分为:

(1)正常反应　是指由制品本身的特性引起的反应,其性质和反应强度因制

品而异。如有些制品是活菌苗或活疫苗，接种后实际是一次轻度感染，也会发生某种局部反应或全身反应。

(2)严重反应　和正常反应没有本质上的区别，但程度轻重或发生反应的畜禽数量超过正常比例。引起严重反应的原因或是由于某一批生物制品质量较差，或是使用方法不当，如接种剂量过大、接种技术不正确、接种途径错误等，或是个别畜禽对某种生物制品过敏。这类反应通过严格控制制品质量和按照说明书使用可以减少到最低程度，只有个别特殊的畜禽才会发生。

(3)合并症　是指与正常反应性质不同的反应。主要包括超敏感(血清病过敏休克、变态反应)、扩散为全身感染和诱发潜伏感染等。

3. 几种疫苗的联合应用

这是预防接种工作的发展方向。由于一定地区、一定季节内某种畜禽流行的传染病种类较多，往往在同一时间需要给畜禽接种两种或两种以上不同的疫苗，以分别刺激机体产生保护性抗体。这种免疫接种可以大大提高工作效率，很受广大养殖者和基层兽医防疫人员的欢迎，但在当前仍以常规疫苗为主的形势下，疫苗联合使用时应考虑到疫苗的相互作用。从理论上讲，在增殖过程中不同病原微生物可通过不同的机制彼此相互促进或相互抑制，当然也可能彼此互不干扰。前两种情况对弱毒苗的联合免疫接种影响很大，主要是因为弱毒活苗在产生免疫力之前需要在机体内进行一定程度的增殖，因此选择疫苗联合接种免疫时，应根据研究结果和试验数据确定哪些弱毒苗可以联合使用，哪些疫苗在使用时应有一定的时间间隔以及接种的先后顺序等。生物制品厂生产的联合疫苗都经过实验检验，相互之间不会出现干扰作用。

近年来的研究表明，灭活疫苗联合使用时似乎很少出现相互影响的现象，甚至某些疫苗还具有促进其他疫苗免疫力产生的作用。但考虑到畜禽体的承受能力、传染病危害程度和目前的疫苗生产工艺等因素，常规灭活苗无限制累加联合也会影响主要传染病的免疫防制。其原因是因为畜禽机体对多种外界因素刺激的反应是有限度的，同时接种疫苗的种类或数量过多时，不仅妨碍畜禽体针对主要传染病高水平免疫力的产生，而且有可能出现较剧烈的不良反应而减弱机体的抗病能力。因此，对主要畜禽传染病的免疫防制，应尽量使用单独的疫苗或联合较少的疫苗进行免疫接种，以达到预期的接种效果。

4. 制订合理的免疫程序

所谓免疫程序，就是对某种畜禽，根据其常发的各种畜禽传染病的性质、流行病学，母源抗体水平，有关疫(菌)苗首次接种的要求以及免疫期长短等，制订该种畜禽从出生经青年到成年或屠宰配套的接种程序。目前国际上还没有一个可供统一使用的疫(菌)苗免疫程序,各国都在实践中总结经验,制订出合乎本地区、本牧场具体情况的免疫程序,而且还在不断研究改进中。

制订免疫程序通常应遵循如下原则:

(1)畜禽群的免疫程序是由传染病的分布特征决定的　由于畜禽传染病在地区、时间和畜禽群中的分布特点和流行规律不同,它们对畜禽造成的危害程度也会随着发生变化,一定时期内兽医防疫工作的重点就有明显的差异,需要随时调整。有些传染病流行时具有持续时间长、危害程度大等特点,应制订长期的免疫防制对策。

(2)免疫程序是由疫苗的免疫学特性决定的　疫苗的种类、接种途径、产生免疫力需要的时间、免疫力的持续期等差异是影响免疫效果的重要因素,因此在指定免疫程序时要根据这些特性的变化进行充分的调查、分析和研究。

(3)免疫程序应具有相对的稳定性　如果没有其他因素的参与,某地区或养殖场在一定时期内畜禽传染病分布特征是相对稳定的。因此,若实践证明某一免疫程序的应用效果良好,则应尽量避免改变这一免疫程序。如果发现该免疫程序执行过程中仍有某些传染病流行,则应及时查明原因(疫苗、接种、时机和病原体变异等),并进行适当的调整。

(4)幼畜幼禽的母源抗体水平　免疫过的妊娠母畜所产仔畜体内在一定时间内有母源抗体存在,对建立自动免疫有一定的影响,因此对幼龄畜禽进行免疫接种往往不能获得满意的效果。以猪瘟为例,母猪于配种前后接种猪瘟疫苗者,所产仔猪由于从初乳中获得母源抗体,在20日龄以前对猪瘟具有极强的免疫力,30日龄以后母源抗体急剧衰减,至40日龄时几乎完全丧失,哺乳仔猪如在20日龄左右首次免疫接种猪瘟弱毒疫苗,至65日龄左右进行第2次免疫接种,这是我国目前公认的较合适的猪瘟免疫程序,另据国内外一些报道认为,初生仔猪在吃初乳前接种猪瘟弱毒疫苗,可免受母源抗体的影响而获得可靠的免疫力,这种免疫有一些优越性,但也存在一些困难,饲养人员和兽医人员必须随时观察。产后立即进行免疫接种,再者接种与哺乳的时间间隔亦应注意,据丘惠深(2001)报道认为产后1 h进行免疫为宜。

5. 实行免疫监测制度,合理免疫

在影响疫(菌)苗免疫效果的因素中,接种畜禽体内原有抗体(母源抗体和自动免疫抗体)是主要因素之一。实践证明,免疫过的母畜所生的仔畜,可从初乳中获得母源抗体;免疫过的种禽卵所孵出的雏禽,也可获得母源抗体。如初免时机选择不当,就可影响免疫效果。因此,为了使免疫接种获得可靠的免疫效果,必须建立免疫监测制度,排除对畜禽免疫的干扰因素,以保证免疫程序的合理实施。

所谓免疫监测，就是利用血清学方法，对某些疫（菌）苗免疫畜禽在免疫接种前后的抗体跟踪监测，以确定接种时间和免疫效果。在免疫前，监测有无相应抗体及其水平，以便掌握合理的免疫时机，避免重复和失误；在免疫后，监测是为了了解免疫效果，如不理想可查找原因，进行重免。实行免疫监测制度，有时还可及时发现疫情，尽快采取扑灭措施。如鸡新城疫的免疫监测手段是鸡新城疫血凝抑制试验。

6. 预防接种失败的原因

预防接种失败是指经某病疫苗接种的畜禽群，在该疫苗有效免疫期内，仍发生该畜禽传染病；或在预定时间内经检测免疫力达不到预期水平，即预示着有发生该畜禽传染病的可能。造成疫苗接种失败的原因如下：

①幼畜禽体内存有高度的被动免疫力（母源抗体），可能中和了疫苗。

②环境条件恶劣、寄生虫侵袭、营养不良等应激因素，影响了畜禽的免疫应答。

③传染性法氏囊病、传染性贫血、马立克氏病、霉菌素中毒等引起了免疫抑制。

④畜禽群中已潜伏着传染病。

⑤活苗因保存、运输或处理不当而死亡，或使用超过有效期的疫苗。

⑥可能疫苗不含激发该畜禽传染病保护性免疫所需的相应抗原，即疫苗的毒（菌）株或血清型不对。

⑦使用饮水法或气雾法接种时，疫苗分布不匀，使部分畜禽未接触到或因剂量不足而仍然易感。

（二）紧急接种

紧急接种是指在发生畜禽传染病时，为了迅速控制和扑灭畜禽传染病的流行，而对疫区和受威胁区尚未发病的畜禽进行的应急性免疫接种。紧急接种从理论上讲应使用免疫血清，或先注射血清，2 周后再接种疫（菌）苗，即所谓共同接种较为安全有效。但因免疫血清用量大，价格高，免疫期短，且在大批畜禽急需接种时常常供不应求，因此在防疫中很少应用，有时只用于种畜场、良种场等。实践证明，在疫区和受威胁区有计划地使用某些疫（菌）苗进行紧急接种是可行而有效的。如在发生猪瘟、鸡新城疫和口蹄疫等急性畜禽传染病时，用相应疫苗进行紧急接种，可收到很好的效果。

应用疫（菌）苗进行紧急接种时，必须先对畜禽群逐头逐只地进行详细的临床检查，逐头测温，只能对无任何临床症状的畜禽进行紧急接种，对患病畜禽和处于潜伏期的畜禽，不能接种疫（菌）苗，应立即隔离治疗或扑杀。但应注意，在临床检查无症状而显示健康的畜禽中，必然混有一部分处于潜伏期的畜禽，在接种疫（菌）苗后不仅得不到保护，反而促进其发病，造成一定的损失，这是一种正常的不可避免的现象。但由于这些急性畜禽传染病潜伏期短，而疫（菌）苗接种后又能很快产生免疫力，因而发病后不久疫情会得到控制，多数畜禽得到保护。

紧急接种是综合防制措施的一个重要环节，必须与封锁、检疫、隔离、消毒等环节密切配合，才能取得较好的效果。

（三）建立环状免疫带

建立环状免疫带通常指某些地区发生急性、烈性传染病时，在封锁疫点和疫区的同时，根据该病的流行特点对封锁区及其外围一定区域内所有易感染畜禽进行免疫接种。建立免疫带的目的主要是防止传染病扩散，将传染病控制在封锁区内，就地扑灭。

（四）建立免疫隔离屏障

建立免疫隔离屏障通常是指为防止某些传染病从有传染病的国家向无该病的国家扩散，而对国界线周围地区的畜禽群进行免疫接种。

二、药物预防

（一）药物预防的概念及意义

药物预防是为了预防某些畜禽传染病，在畜禽群的饲料或饮水中加入某种安全的药物进行群体的化学预防，在一定的时间内可以使受威胁的易感畜禽不受畜禽传染病的危害，这也是预防和控制畜禽传染病的有效措施之一。这种群体利用药物预防的方法又称为化学预防。

群体防制对某些畜禽传染病在一定条件下采用，可收到良好的效果。在饲料或饮水中添加化学药物对预防畜禽传染病具有重要的意义：一是能够对整个养殖场的传染病进行群防群治，便于宏观调控；二是经济方便，对于细菌感染性传染病，不需要兽医花很多时间和精力对每头（只）畜禽进行注射或内服给药；三是可以减少应激，降低应激性疾病的发生；四是通过长期连续或定期间断性混饲或混饮用药，能将在养殖场扎根的某些顽固性细菌性传染病根治。

（二）药物内服给药剂量与饲料或饮水中添加给药剂量的换算

内服剂量通常是以每千克体重使用药物重量来表示，饲料添加剂是以单位饲料重量中添加药物的重量来表示。畜禽一次内服剂量的多少与畜禽的体重成正比关系。而饲料添加给药剂量与畜禽每日耗饲量相关，消耗饲料多，药物在饲料中的比例减小，如果每日消耗饲料少，则药物在饲料中的比例增大。现以猪为例作简要说明：实践中，如果已知猪口服某种药物的剂量，即可估算出药物在饲料或饮水中的添加剂量。设 D 为猪每千克体重每次内服某种化学药物的重量(mg)，T 为每日内服药物的次数，W 为猪每日每千克体重的饲料消耗量(kg)，肥育猪每日饲料消耗量占体重的 5%，即每日平均每千克体重的饲料消耗量为 $W=1$ kg 体重 ×5%(饲料与体重之比)＝0.05 kg，则肥育猪每千克饲料中添加药物的量(R)为：$R=DT/W$(mg)。

仔猪与母猪饲料添加药物量可稍作调整。一般情况下，仔猪的每日饲料消耗量可以其体重的 6%～8%计算；种母猪以其体重的 2%～4%计算，哺乳期以其体重的3%～5%计算。

例 1：猪内服痢菌净的剂量为每千克体重 5～10 mg，每日 2 次，换算成饲料添加剂为多少？

已知　$D=5\sim10$ mg，$T=2$，$W=0.05$ kg

则　猪痢菌净混饲治疗剂量为每千克饲料中 $R=(5\sim10\text{ mg})\times2/0.05\text{ kg}=200\sim400$ mg，即每吨饲料中添加痢菌净 200～400 g。

例 2：猪内服诺氟沙星的剂量为每千克体重 10 mg，每日 2 次，换算成混饲给药剂量为多少？

已知　$D=10$ mg，$T=2$，$W=0.05$ kg

则　混饲给药剂量为每千克饲料中 $R=10\times2/0.05=400$(mg)，即每吨饲料中添加诺氟沙星 400 g(治疗剂量)。

(三)药物预防的注意事项

为了保证在饲料或饮水中添加的药物安全有效，必须注意以下问题：

1. 预防剂量的控制

预防剂量一般为治疗剂量的 1/4～1/2，在多数情况下，饲料添加药物是作为预防传染病使用，一般添加的时间较长，所以必须严格控制药物剂量，以免用药剂量过大造成蓄积中毒。特别值得提出的是不要将用于治疗的口服剂量换算成饲料添加量用于长期预防。

2. 配合饲料中原本添加药物的确认

现代配合饲料生产中大多数加有一定量的化学药物。所以在向饲料厂家生产的配合饲料中添加自己拟订防制某一传染病的药物品种时，必须十分谨慎，避免同一药物重复添加造成畜禽药物中毒。

3. 药物与饲料混合

将药物添加到饲料中预防或治疗传染病，药物的量较饲料量低得多，每千克饲料中药物的量通常为 1～500 mg。相对饲料来讲，药物所占的比例极小，要将这"小量"的药物均匀地混合到"大量"的饲料中去，并不是一件容易的事情。生产实践中，因药物与饲料混合不均匀造成中毒或防制无效的事故时有发生，这给养殖业造成极大的经济损失。因此，混合时必须严格依照生产工艺执行。通常采用的方法是"等量递升"法，即先取与药物等量的饲料和药物混合，再逐渐加饲料量混合，直至完全、反复混合完毕。对于某些药物原粉，应先将药物与适量的饲料混合制成预混料，然后再与全价料混合。

4. 添加方式

可以将药物添加到饲料中用药，也可以添加到饮水中用药。添加到饲料中用药比较适合于传染病的预防，添加到饮水中用药比较适合于传染病的治疗。畜禽在发生传染病时，由于病情原因致使食欲下降，严重时废绝，此时通过饲料给药，进入到畜禽体内的药量不足，达不到理想的治疗效果。但病畜禽的饮水有时略有增加，此时通过饮水添加用药常能达到预期效果。应该说明的是，在生理条件下，猪的饮水量约为饲料摄入量的 2 倍，依此推理，饮水中添加药物剂量(比例)应为饲料中添加剂量的 1/2。例如，治疗猪病诺氟沙星添加到每千克饲料中的剂量为 200～400 mg，则添加到饮水中的剂量应为 100～200 mg，即 1 000 L 饮水添加诺氟沙星 100～200 g。通过饮水添加用药，其药物应是水溶性的制剂，否则，药物会在饮水中沉积下来，造成用药不均匀而引起中毒或治疗无效。

5. 掌握一次给药的化疗药物在饲料中的添加方法

某些化疗药物特别是抗寄生虫药物如左咪唑、苯丙咪唑类药物(如丙硫咪唑、甲苯咪唑)、伊维菌素类药物在防制传染病时多是内服或注射给药 1 次，即按规定剂量使用 1 次就可以达到防制传染病的效果。前面介绍的混饲给药方法是将药物按照一定的比例添加到饲料中，治疗传染病时添加用药 1 个疗程(3～7 d)，预防传染病时则是长时间添加或使用(几周至几个月)。这种长时间混饲添加用药方法要求药物的毒性较小，安全范围大，不易发生蓄积中毒。对于一次给药的抗寄生虫药物混饲添加方法为：首先根据体重计算畜禽所需要的药量，然后将药物(一次量)均匀地拌入畜禽日量的日粮中喂给，有时，也可将一次量的药物拌入 2～3 d 的日粮中喂给。

6. 注意防止产生耐药性

长期使用化学药物预防，容易产生耐药性菌株，而影响防制效果。因此，必须根据药物敏感试验结果，选用高度敏感的药物。另外，长期使用抗生素等药物进行畜禽传染病的预防，形成的耐药性菌株将会使治疗难度增大，某些人畜共患病病菌一旦感染人，将会对人类健康造成危害。因此，使用药物预防必须严格遵守有关法规合理使用。

（四）常用的药物种类

随着现代畜牧业向工厂化生产的发展，要求做到畜禽群无病、无虫、健康。而密集式的饲养制度，又易使畜禽群发生和流行传染病，因而保健添加剂在近10多年来发展很快。常用于生产的有呋喃类、氟喹诺酮类、磺胺类和抗生素等药物，可应用于预防、治疗鸡和猪的沙门氏菌病、大肠杆菌病、鸡传染性鼻炎、鸡败血支原体病、猪传染性萎缩性鼻炎以及一些寄生虫病。

利用生态制剂进行生态预防，是药物预防的一条新途径。所谓生态制剂，即利用对病原菌具有生物拮抗作用的非致病性细菌，经过严格选择和鉴定后制成的活菌制剂，如EM（有效微生物群）、乳康生、促菌生和调痢生等均属生态制剂范畴。畜禽内服后，可抑制病原菌或条件致病菌在肠道的增殖和生存，调整肠道内菌群的平衡，从而预防仔猪黄痢、仔猪白痢、雏鸡下痢和犊牛腹泻等消化道传染病发生，以及促进畜禽生长发育的作用。应当注意，在内服生态制剂时，禁服抗菌药物。

利用中草药饲料添加剂，由于具有低药残、少副作用和不易产生耐药性等优点，而越来越受到重视。

第七节　畜禽传染病的治疗

一、治疗原则

畜禽传染病的治疗与一般普通病不同，特别是那些流行性强、危害严重的畜禽传染病，必须在严格封锁或隔离的条件下进行，务必使治疗的患病畜禽不致成为散播病原的传染源。对畜禽传染病的治疗，一方面是为了挽救患病畜禽，减少损失；另一方面在某种情况下也是为了消除传染源，是综合性防疫措施中的一个组成部分。治疗中，在用药方面坚持因地制宜，勤俭节约的原则。既要考虑针对病原体，消除其致病作用，又要帮助畜禽机体增强一般抗病能力和调整、恢复生理机能，采取综合性的治疗方法。患病畜禽的治疗必须及早进行，不能拖延时间。还应尽量减小诊疗工作的次数和时间，以免经常惊扰而使患病畜禽得不到安静的休养。不能单靠药物治疗,而应尽力扶持和增强患病畜禽本身的抵抗力。

二、治疗方法

(一)针对病原体的疗法

在畜禽传染病的治疗方面,应用能够抑制病原体的繁殖或杀灭病原体的药物或制品帮助畜禽机体杀灭或抑制病原体,或消除其致病作用的疗法是很重要的,一般可分为特异性疗法、抗生素疗法和化学疗法等。

1. 特异性疗法

应用针对某种畜禽传染病的高免血清、痊愈血清(或全血)等特异性生物制品进行治疗,因为这些制品只对某种特定的畜禽传染病有效,而对其他病无效,故称为特异性疗法。

高免血清由于代价高、生产少、难购买而使应用受到限制,一般用于某些急性畜禽传染病或珍贵畜禽传染病的治疗。诊断确实的基础上在病的早期注射足够剂量的高免血清,常能取得良好的疗效。如缺乏高免血清,可用耐过畜禽或人工免疫畜禽的血清或血液代替,也可起到一定的作用,但用量须加大。使用血清时如为异种畜禽血清,应特别注意防止过敏反应。最近几年,高免卵黄液的开发应用,在畜禽传染病的特异治疗中得到较多的应用。因为卵黄中的抗体与血清中的抗体基本上相同(最多差一个滴度),所以可用某种畜禽传染病(如新城疫和法氏囊病等)的疫苗对鸡进行强化免疫,当抗体水平达到要求(用血清学方法监测)时,即可采集鸡蛋制备高免卵黄液应用于生产。

2. 抗生素疗法

抗生素主要用于由细菌引起的畜禽传染病的治疗。合理地应用抗生素是发挥抗生素疗效的重要前提,不合理的应用或滥用抗生素往往引起多种不良后果,一方面可能使敏感的病原微生物产生耐药性;另一方面可能对机体造成不良反应,甚至引起中毒,再就是可能使药效降低或抵消。使用时一般需注意以下几个问题。

(1)掌握抗生素的适应症(最好结合药敏试验结果选药) 每一种抗生素都有其固定的抗菌谱,应根据临诊诊断确定或估计出病原微生物种类,选择最敏感的药物进行治疗。但是随着抗生素在生产中的广泛应用,耐药菌株越来越多,有的甚至找不到敏感的药物。鉴于这种情况,最好是先分离病原菌,做药敏试验,然后根据药敏试验结果选用高敏药物进行治疗。这样既可有效地治疗患病畜禽,又可防止由于抗生素无效或效果差而延误治疗时机造成药物的浪费。

(2)要考虑用量、疗程、给药途径、不良反应、经济价值等问题 关于剂量,开始宜大,以便使血液中抗生素的浓度快速升至有效水平,以后再据病情酌减。疗程应以发病的具体情况而定，急性传染病病例，在药物效果较好时 3 d 后即可停药。慢性传染病由于病程缓慢，疗程一般较长，可控制在 5～7 d，若有必要继续治疗，可适当延长或换另一种药物。用药途径最好根据药物的特点、疾病的特点和病情来确定。如消化道传染病最好经饲料拌药途径给药，食欲下降或废绝的患病畜禽可经饮水途径给药，食欲、饮水均废绝的患病畜禽则应注射给药；饮水途径给药只能用水溶性好的药物，易被消化道破坏的药物最好注射给药，有的药物有不良反应（如硫酸庆大霉素、先锋霉素Ⅱ、洁霉素等对肾脏有损害作用），应用时应加以注意。当药物价格总值超过患病畜禽本身价值时则不应进行治疗。

(3)不要滥用　用量既要充足，又不能超量，否则都会带来不良的后果。用量不足易导致耐药菌株的出现；用量大，一是造成浪费，二是易引起中毒，如痢特灵的用量超过 0.04％，经过一定时间便会使鸡中毒。用量大小与细菌对药物的敏感性有关，对于中度敏感的细菌，药物剂量应适当增加。另外，肉鸡于出售前 15 d 禁止用抗生素，以防止药物残留。

(4)抗生素的联合应用　有些抗生素联合应用，通过协同作用可以增进疗效。如青霉素与链霉素主要表现出协同作用，抗生素和磺胺类药物多数都有协同作用，如青霉素和磺胺、链霉素与磺胺嘧啶等均有协同作用。另外，应防止有拮抗作用的抗生素联合应用，如土霉素与链霉素合用会产生拮抗作用，反而影响治疗效果。

抗生素的联合应用，取得成功的实例很多，但临床上不能无原则地盲目应用，必须有明确的特征。一般适合用于下列情况：病因不明，病情危险的严重感染或败血症；单一抗菌药不能有效控制的感染或混合感染；需长期用药的传染病；对某些抗生素不易渗入的感染病灶，如中枢神经的感染；毒性较大，联合用药减少剂量后可降低不良反应的抗生素。

3. 化学疗法

使用化学药物帮助机体消灭或抑制病原微生物的治疗方法，称为化学疗法。治疗畜禽传染病常用的化学药物有以下几种：

(1)磺胺类药物　这是一类化学合成的抗菌药物，可抑制大多革兰氏染色阳性和部分阴性细菌，对放线菌和一些大型病毒也有一定作用；个别磺胺类药物还能选择性地抑制某些原虫（如球虫等）。除用于消化道抗菌作用的磺胺脒（SG）以外，其他许多磺胺类如磺胺嘧啶（SD）、磺胺双甲嘧啶（SM2）等，在口服（饲料）给药时应加等量的小苏打，以助其溶解、吸收，并防止它在泌尿系统结晶析出，造成严重后果。

(2)抗菌增效剂　这是一类广谱抗菌药物，与磺胺类药或某些抗生素并用能显著增加疗效，故称为抗菌增效剂。临诊上常用的抗菌增效剂有三甲氧苄氨嘧啶（TMP）和二甲氧苄氨嘧啶（DVD，又称敌菌净）等。

(3)硝基呋喃类药　本类药物是广谱抗菌药,对多种革兰氏染色阴性及阳性细菌具有抗菌作用。常用的为呋喃唑酮(痢特灵)。由于存在一定的毒性,使用时应注意,尤其给鸡拌料饲喂时一定要拌匀。

(4)氟喹诺酮类药物　这是一类分子结构中含有4-喹诺酮环结构的药物,属于广谱抗菌药,对绝大部分革兰氏染色阴性细菌抗菌效果好。主要品种有诺氟沙星、培氟沙星、依诺沙星、氧氟沙星、环丙沙星、乙基环丙沙星、单诺沙星、洛美沙星、氧罗沙星等。其中以环丙沙星、乙基环丙沙星、氧氟沙星的抗菌作用较强。

(5)其他抗菌药　如有黄连素、痢菌净、喹乙醇等,这些药物抗菌谱广,抗菌活性强,多用于畜禽肠道感染。异烟肼(雷米封)、对柳氨酸等,对结核病有一定疗效。

抗病毒感染的药物近年来有所发展,但仍远比抗菌药物少,毒性一般较大。目前在人医临床上试用的药物有碘苷(疱疹净)、三氮唑核苷(病毒唑)、吗啉胍(病毒灵)、阿昔洛韦和干扰素等10余种,但在兽医临床上应用的还很少。

(二)针对畜禽机体的疗法

在畜禽传染病的治疗中,除针对病原微生物进行治疗外,还要采取针对畜禽机体的疗法,以增强机体抵抗力,调整和恢复畜禽机体的生理机能,促使机体战胜传染病,恢复健康。

1. 加强护理

对患病畜禽护理是治疗工作的基础。对患传染病畜禽的治疗应在严格隔离的条件下进行,冬季应注意防寒保暖、阳光充足,夏季应注意防暑降温、通风良好,供给优质的饲料和饮水,并经常消毒,亦可经注射、灌服或饮水给以葡萄糖、维生素或其他营养性物质以维持生命,帮助患病畜禽渡过难关。

2. 对症疗法

在畜禽传染病的治疗过程中,为了减缓或消除某些严重的症状,调节和恢复机体的生理机能所采取的疗法,称为对症疗法。如使用退热、止痛、止血、镇静、兴奋、强心、利尿、清泻、止泻、防止酸中毒和调节电解质平衡等的药物,以及采取某些急救手术或局部治疗等,都属于对症治疗的范畴。

(三)微生态制剂调整治疗

微生态制剂是利用正常微生物群中对病原菌有生物拮抗作用的非致病性细菌制成的活菌制剂,它具有补充和调整充实微生物群落的内涵,维持和调整微生态平衡,达到治疗传染病、增进健康的目的。例如调痢生,主要用于仔猪黄痢、仔猪白痢等。

(四)、中药制剂治疗

中药制剂的治疗作用主要是通过调整畜禽机体的整体功能，直接或间接起治疗作用。

①中药制剂的一些有效成分对畜禽机体直接起缓解症状的作用，即对症治疗作用。如柴胡的有效成分柴胡甙，有显著的镇静作用和较强的镇咳作用。

②有些中草药被畜禽机体吸收后，通过从不同方面对畜禽机体的功能进行综合调整，可增强机体的免疫功能和抗病力。如党参、黄芪、白术、何首乌、熟地等具有增加营养、增强体质、提高机体免疫机能和抗病力的作用。

③有些中草药的有效成分可直接具有抗菌和抗病毒的作用。如金银花的含氯原酸类等具有抑制金黄色葡萄球菌、痢疾杆菌、伤寒杆菌和肺炎球菌等的作用。

中药的治疗作用，往往是以上几种兼而有之，这就是中药治疗疾病的独到之处。

第八节　畜禽传染病防疫计划的制订

一、制订畜禽传染病防疫计划的意义

各级兽医防疫机关及养殖场、农牧场等基层兽医部门，都应制订畜禽传染病防疫计划，将防疫工作纳入计划中。防疫工作能否正确、及时和顺利开展，在很大程度上决定于防疫计划的拟订是否富有预见性和切合实际。防疫计划应正确地指导全盘防疫工作和体现流行病学的地区特点。通过计划性的工作安排，促使现有的疫情尽快地缩小和消灭，并准确地防止将要发生的新疫情。防疫计划既要反映最新科学成就，又要切合实际。防疫工作在正确的防疫计划指导下，应当用最起码的物质力量收到最理想的防疫效果。当缺乏防疫计划或脱离实际时，防疫工作往往杂乱无章，漫无头绪，形成跟在疫情后面打被动仗的局面。储备的生物制剂和药品毫无用场而又缺乏急需的生物制品，临时乱抓，结果浪费了巨大的人力、物力和财力，疫情却不能得到有效的控制，日益严重。由此看出，防疫计划的有无或优劣，实际体现着有关防疫部门及基层兽医人员的工作质量和业务水平。

二、畜禽传染病防疫计划的内容和范围

畜禽传染病防疫计划的内容包括一般性畜禽传染病的预防、某些慢性畜禽传染病的检疫及控制、遗留疫情的扑灭等项工作。编写计划时可以分成：基本情况、预防接种、诊断性检疫、兽医监督和兽医卫生措施、生物制品和抗生素药物的贮

备、耗损及补充计划、普通药械补充计划、经费预算等部分。

1. 基本情况

基本情况应简述所属地区与流行病学有关的自然概况和社会、经济因素；畜牧业的经济管理水平，畜禽数目及饲养条件；兽医工作条件，包括人员、设备、基层组织和以往的工作基础等；本地区及其周围地带目前和最近两三年的疫情，对来年疫情的估计等。

2. 预防接种计划

预防接种计划应考虑预防接种畜禽传染病的种类，使用疫苗的种类、数量、畜禽种类，地区范围以及选用的免疫程序等内容，可列表表示，格式见表 2-1。

表 2-1　______年预防接种计划表

接种名称	地区范围	畜别	应接种头数	计划接种头数				
				第一季	第二季	第三季	第四季	合计

制表人______　　审核人______　　年　月　日

3. 诊断性检疫计划

诊断性检疫计划包括检疫畜禽传染病的种类、地区范围、畜禽种类、检疫的头数等内容，列表格式同表 2-1，只是将表中"接种"改为"检疫"即可。

4. 兽医卫生监督和兽医卫生措施计划

兽医卫生监督和兽医卫生措施计划包括除了预防接种和检疫以外的，以消灭现有畜禽传染病及预防出现新疫点为目的的一系列措施实施计划，如改善饲养管理的计划，建立隔离地、产房、药浴池、贮粪池、尸坑、畜禽墓地及畜产品加工厂的计划，实施预防消毒和驱虫灭鼠的计划，加强对畜禽及其产品买卖运输时的消毒和检疫的计划等。

5. 生物制剂和药品计划

生物制剂和药品计划包括生物制品和药物名称、计算单位、全年需用量、库存情况、需要补充的情况等，可列表表示，格式见表 2-2。

表 2-2　______年生物制剂及药品计划表

药剂名称	计量单位	全年需要量					库存情况		需补充量					附注
		第一季	第二季	第三季	第四季	合计	数量	失效期	第一季	第二季	第三季	第四季	合计	

制表人______　　审核人______　　年　月　日

6. 普通药械计划

普通药械计划包括药械名称、用途、现有数量、需补充数量、规格和使用时间等，格式见表 2-3。

表 2-3 ______年普通药械计划表

药械名称	用途	单位	现有数量	需补充数量	要求规格	代用规格	使用时间	备注

制表人______ 审核人______ 年 月 日

7. 经费预算

可以根据预防接种使用的生物制品和抗生素药物的储备、损耗及补充计划、普通药物补充计划等分项列表汇总进行经费预算。

三、畜禽传染病防疫计划的编制方法

编制畜禽传染病防疫计划时，首先要进行充分的调查研究写好计划的"基本情况"部分，为整个计划提出依据，在此基础上，编制好预防接种计划，诊断性检疫计划和兽医监督、兽医卫生措施计划等部分的具体内容。再进行生物制剂和抗生素计划、普通药械计划的制订，最后进行经费预算。

编制畜禽传染病防疫计划的"基本情况"时，需要熟悉本地区（或养殖场）的地理、地形、植被、气候条件及气象学资料，了解各区域、农牧场、养殖场等经营畜牧业的发展方向。尤其是要研究与明确目前和以往畜禽传染病在本地区的流行情况。为此，需要搜集和阅读本地区以往的、有关畜禽传染病的统计报表资料、畜禽传染病流行地图、化验室的资料及尸体剖检报告等。当对上述资料发生疑问时，应亲自到现场做详细的调查。这种调查可以在日常工作中进行，在拟订计划时，也可进行专门的补充调查。应深入地分析本地区有哪些有利或不利于某些畜禽传染病发生和传播的自然因素及社会经济因素，充分考虑到避免或利用这些因素的可能性。

为了正确地拟订计划，掌握本地区各种畜禽现有的以及一两年内可能达到的数量，并充分考虑到现有兽医人员的力量及其技术水平。不要把不可能办到的事情勉强订入计划中去；另外，也应估计到在开展防疫工作过程中培养基层技术力量的可能性，或某些工作方面利用畜牧工作者和群众力量的可能性。如果当地的技术力量及设备条件等不允许将所有应该采取的防疫措施同时实施时，应当把最重要而又有把握按计划实施的措施列为重点，较次要而又可以结合重点工作进行的措施项目，应考虑配合重点工作来实施。

拟订防疫计划时还要考虑应用新的科学成就。但推广新成果前应经过试点，只有那些效果良好而又符合经济原则的新成果才有推广价值。不可脱离当地的实际情况去追求新成果的应用和推广。

在各种防疫措施的时间安排上，必须充分考虑到生产活动的季节性，务必使措施的实施和生产实际密切配合，避免互相冲突。当然，也应当考虑畜禽传染病的季节性。

在计划使用的药械时，应坚持经济有效的原则，尽量避免使用贵重而不易获得的药械。

计划初稿拟订以后，首先应在本单位讨论，修订通过后，再征求有关行政机关、农牧场的意见，最后报请上级审核批准定案。

四、大型养殖场的畜禽传染病防疫计划

当前，随着畜牧业生产逐渐向集约化发展，防制畜禽传染病的工作愈加重要，在大型养殖场中，饲养数量多、畜群密集，如果畜禽传染病预防不严格，引起传染蔓延，必然导致重大损失。要控制大型养殖场的畜禽传染病，不仅要掌握当地畜禽传染病的流行情况及规律，还必须了解环境卫生因素与畜禽传染病的关系，制订切实可行的卫生防疫制度，搞好检疫、免疫消毒和药物防治，严格控制传染源。关于大型养殖场的畜禽传染病防疫计划及其实施程序，各养殖场都在实践中积累了经验，摸索出各自行之有效的计划程序，各有其特点。但总的来说，一个完整的畜禽传染病防疫计划，应根据各自场（区）畜禽传染病流行情况、畜禽饲养管理的方式和水平、经济状况等实际情况来制订。它应包括免疫接种、药物防治及环境消毒等几方面的内容。

本章小结

- 畜禽传染病的综合防制
  - 畜禽传染病综合防制的原则和内容
    - 现代防疫工作的理念：群防群治的理念、长远规划的理念、多病因论的理念、多学科协作的理念
    - 畜禽传染病综合防制的原则：健全机构的原则、预防为主的原则；法规建设的原则；调查监测的原则；突出重点的原则
    - 畜禽传染病综合防制的基本内容：认真选址，合理规划与布局；设置完善的消毒设施，建立严格的兽医卫生消毒制度；搞好预防接种和药物预防；建立疫情监测制度
    - 几个相关概念：畜禽传染病的预防、畜禽传染病的控制、畜禽传染病的消灭、畜禽传染病的净化
  - 检疫
    - 动物检疫的概念
    - 检疫的范围：国内畜禽检疫的范围、进出境畜禽检疫的范围、运载饲养畜禽及其产品的工具
    - 检疫的对象：重点检疫对象、全国畜禽检疫对象、进境畜禽检疫对象、国际畜禽检疫对象
    - 检疫的类型
      - 国内检疫：产地检疫、净化检疫、运输检疫、屠宰检疫和市场检疫
      - 国境检疫：进境检疫、出境检疫、过境检疫、携带和邮寄物检疫、运输工具检疫
  - 消毒
    - 消毒的概念
    - 消毒的种类：预防性消毒、随时消毒和终末消毒
    - 消毒的方法：物理消毒法、化学消毒法和生物学消毒法
    - 消毒程序和制度
    - 消毒效果的检查：房舍机械消毒效果的检查、消毒药剂选择正确性的检查、灭菌器消毒效果的检查、污染区消毒效果的检查、空气消毒效果的检查
  - 畜禽传染病的诊断与疫情报告
    - 畜禽传染病的诊断：国内疫情报告系统、国际疫情报告系统
    - 疫情报告制度：临床诊断、流行病学诊断、病理诊断、病原学诊断、血清学试验
  - 畜禽传染病的控制与扑灭
    - 隔离：患病畜禽群、可疑感染畜禽群和假定健康畜禽群的隔离
    - 封锁：封锁的疫点应采取的措施、封锁的疫区应采取的措施、受威胁区及应采取的措施

本章小结

- 畜禽传染病的综合防制
  - 免疫接种和药物预防
    - 免疫接种
      - 概念
      - 种类
        - 预防接种
        - 紧急接种
        - 建立环状免疫带
        - 建立免疫隔离屏障
    - 药物预防
      - 药物预防的概念及意义
      - 药物内服给药剂量与饲料或饮水中添加给药剂量的换算
      - 药物预防的注意事项
      - 常用的药物种类
  - 畜禽传染病的治疗
    - 治疗原则
    - 治疗方法
      - 针对病原体的疗法
        - 特异性疗法、抗生素疗法和化学疗法
      - 针对畜禽机体的疗法
        - 加强护理、对症疗法
      - 微生态制剂调整治疗
      - 中药制剂治疗
  - 畜禽传染病防疫计划的制订
    - 制订畜禽传染病防疫计划的意义
    - 畜禽传染病防疫计划的内容和范围
    - 畜禽传染病防疫计划的编制方法
    - 大型养殖场的畜禽传染病防疫计划

复习思考题

1. 如何理解现代防疫工作的理念与畜禽传染病综合防制应遵循的原则？
2. 试述畜禽传染病综合防制的基本内容。
3. 对畜禽传染病流行病学进行调查和分析有什么意义？常用的方法有哪些？
4. 简述动物检疫的范围、种类和对象。
5. 举例说明制订畜禽传染病防疫计划的意义、内容和范围。
6. 怎样才能搞好预防接种工作？
7. 制订合理的畜禽传染病免疫程序应考虑哪些问题？
8. 什么叫免疫程序？如何制订一个合理的免疫程序？
9. 发生畜禽传染病时进行紧急接种有何意义？

10. 对畜禽传染病进行药物预防有什么意义？应注意哪些问题？

11. 简述消毒的种类、方法及意义。

12. 简述畜禽舍空气消毒的方法。

13. 发生畜禽传染病时及时报告和诊断有何意义？

14. 怎样理解治疗畜禽传染病的意义？如何合理治疗？

15. 畜禽传染病的诊断方法有哪些？

16. 畜禽传染病的控制与扑灭包括哪些技术环节？

17. 如何理解隔离与封锁的意义？发生畜禽传染病后怎样根据不同的情况进行隔离与封锁？

实训二　病理材料的采取与送检

一、实训内容

病料的采取，病料的保存，病料的记录与包装和运送方法。

二、实训目标

学会被检病料的采取、保存、包装和记录的方法。

三、实训材料

载玻片、解剖器械一套、试管、棉签、平皿、显微镜、注射器、针头、30%甘油缓冲液（或50%甘油缓冲液或10%饱和盐水或10%甲醛）、木箱、油布或油纸、纱布、新鲜病死动物（牛、马、猪或家禽）。

四、方法与步骤

1. 病料的采取

(1)解剖前检查　凡发现患病畜禽（包括马、牛、羊及猪等）有急性死亡时，未解剖之前，必须用显微镜检查其血液抹片或脾脏触片中是否有炭疽杆菌存在。如怀疑是炭疽时，则不可随意解剖，可采取患病畜禽的血液或脾脏（局部解剖）检查。只有在确定不是炭疽后，方可进行剖检。解剖时，采取有病变之脏器或组织送往实验室，以便证明其病因。

(2)取材时间　内脏病料的采取须于患病畜禽死亡后立即进行，最好不超过6 h，否则时间过长，致使尸体腐败，有碍于正确检出病原菌。

(3)器械 采取病料的器械都要经过消毒灭菌,病料采取的全过程都要注意无菌操作。每采一种病料,应使用一套灭菌器械,不得反复使用或混用一套器械。

(4)采取病料的病例 在一般情况下,应选取临床表现比较明显而典型的病例,流行后期症状不明显病例的病料,往往不易得出正确的结果。

(5)各种脏器及组织材料的采取 采取病料应根据不同的疫病,采取相应的脏器或内容物。在无法估计是哪种疫病时,可进行全面的采取。为了避免污染杂菌,检查病变应待取材完毕后再进行。

①脓汁:用灭菌注射器无菌操作,抽取未破溃的脓肿深部的脓汁,置灭菌试管中。若为开口的化脓灶或鼻腔时,则用无菌棉签浸蘸后,放在灭菌试管中。

②淋巴结及内脏:将淋巴结、肺、肝、脾及肾等有病变的部位,各采取 1～2 cm^3 的小方块,分别置于灭菌试管或平皿中。

③血液:无菌采取全血 10 mL,立即注入盛有 5%柠檬酸钠 1 mL 的灭菌试管内。如畜禽已死,可无菌采取右心房的血液,同样置于试管内。如要分离血清,可无菌采取血液 10 mL,注入灭菌试管内,分离血清。

④乳汁:乳房先用消毒药水洗净(取乳者的手亦应事先消毒),并把乳房附近的毛刷湿,弃去最初所挤的 3～4 股乳汁,然后采集 10 mL 左右乳汁于灭菌试管中。如仅供显微镜直接染色检查,可于其中加入 0.5%的甲醛液。

⑤胆汁:先用烧红的刀片或铁片烙烫胆囊表面,再用灭菌吸管或注射器刺入胆囊吸取胆汁,盛于灭菌试管中。

⑥肠:用烧红刀片将欲采取的肠表面烙烫后穿一小孔,持灭菌棉签插入肠内,采取肠管黏膜或内容物;亦可用线扎紧一段肠道(约 6 cm)两端,将两端以外切断,置于灭菌器皿内。

⑦皮肤:取大小约 10 cm×10 cm 的皮肤一块,保存于 30%甘油缓冲溶液中,或 10%饱和盐水溶液中,或 10%甲醛液中。

⑧胎儿:将流产后的整个胎儿,用塑料薄膜、油布或数层不透水的油纸包装,装入木箱内,立即送往实验室。

⑨小家畜及家禽:将整个尸体包在不透水塑料薄膜、油纸或油布中,装入木箱内,送往实验室。

⑩骨头:剔除表面肉、韧带,表面撒上食盐,然后用浸有 5%石炭酸或 0.1%升汞的纱布包扎,装入木箱或其他容器内。

⑪脑、骨髓:如作病毒检查,可将脑、脊髓浸入 50%甘油盐水液中或将整个头部割下,包在浸过 0.1%升汞的纱布或油布中,装入木箱或铁桶中送检。

⑫供显微镜检查用的脓、血液及黏液抹片:在剖检或采取病料时,取脓汁、血

液、渗出液等病料用载玻片制作涂片；脏器等病料可用载玻片制成触片，干燥后包装好待检。做成的抹片、触片上应注明号码，并另附说明。

2. 病料的记录

采取病料时应详细填写病料送检单，内容包括单位、病料名称、畜禽种类、检验目的、采样日期、发病畜禽的主要临诊症状和剖检变化、治疗情况、流行情况等，以供检验人员综合分析。

3. 病料的保存和运送

(1)细菌检验病料　通常保存在灭菌液体石蜡、30%甘油缓冲盐水或饱和氯化钠溶液内。细菌检验的液体病料，可封存在灭菌的细玻璃管、试管或小瓶中运送；肠道病料，应先用灭菌盐水洗去内容物后，将肠管置于盛有上述保存液的灭菌容器内运送。

(2)病毒检验病料　通常用50%甘油缓冲盐水或加有青霉素、链霉素的磷酸缓冲盐水中或培养病毒用的维持液中保存、送检。

(3)血清学检验病料　如为固形病料(肝、脾、肾、皮肤、小块胃肠等)，可用硼酸或食盐处理后包装运检；液体病料(血清、渗出液)可在每毫升中加入3%～5%石炭酸溶液1～2滴，包装好后运送。

(4)运送　于广口保温瓶(冰瓶)内放冰块，冰块上撒一些盐，然后将装有病料的塑料袋置于冰块上，将盖盖紧，用胶布密封送检。派专人运送。

(5)常用保存剂及其配制方法

① 30%甘油缓冲盐水溶液：纯中性甘油30 mL，氯化钠0.5 g，碱性磷酸钠1.0 g，0.02%酚红溶液1.5 mL，中性蒸馏水加至100 mL。混合后，在15磅(约为1.034×10^5 Pa)高压灭菌器中灭菌30 min。

② 50%甘油缓冲盐水溶液：氯化钠2.5 g，酸性磷酸钠0.46 g，碱性磷酸钠10.74 g，纯中性甘油150 mL，中性蒸馏水50 mL(氯化钠、酸性磷酸钠、碱性磷酸钠溶于100 mL中性蒸馏水内)。混合分装后，在15磅高压灭菌器内灭菌30 min。

③ 饱和食盐水溶液：取一定量的蒸馏水加入纯氯化钠，不断搅拌至不能溶解为止(一般为38%～39%)，然后用滤纸过滤。

五、实训报告

根据实训课的内容写一份畜禽传染病病料送检单。

实训三 消 毒

一、实训内容

常用消毒器械的使用，畜舍、土壤、粪便及饲养环境等的消毒，常用消毒药物配制的方法。

二、实训目标

掌握畜舍、土壤、粪便及饲养环境等的消毒方法，学会常用消毒器械的使用和配制消毒药物。

三、实训材料

喷雾器（各种类型）、铁铲、锄头、火焰喷灯、天平或台秤、盆、桶、清扫及洗刷用具、高筒胶鞋、工作服、橡胶手套、漂白粉、氢氧化钠（苛性钠）、甲醛（福尔马林）、氧化钙（生石灰）、高锰酸钾、氯化铵、克辽林（克辽林）、盐酸、食盐、燃料。

四、方法与步骤

（一）器械的消毒及使用

1. 喷雾器

用于喷洒消毒液的器具称为喷雾器，是消毒常用的器械，主要有以下 2 种。

（1）压力式喷雾器　使用时，药液不要装得太满，一方面不易打气，另一方面因空间小，喷雾器易爆炸。打气时，手上感觉有一些抵抗力时，就停止打气。放气时，不要一下子打开桶上盖，应先拧开旁边的小螺丝放完气后再开盖。

（2）单管式喷雾器　又称手压式喷雾器，适宜于大规模的消毒。

喷雾器使用前，应对各部分仔细检查，尤其注意喷头部分有无堵塞现象。消毒液必须充分溶解并进行过滤，避免药液中的不溶性颗粒堵塞喷头，影响消毒工作的进行。消毒完毕后，应立即将剩余的消毒液倒出，并用清水冲洗干净。喷雾器的打气筒应注意维修与保养。

2. 火焰喷灯

火焰喷灯是利用汽油或煤油做燃料的一种工业用喷灯，因喷出的火焰具有很高的温度，所以在兽医实践中常用以消毒各种被病原体污染了的金属制品。但在消毒时不要用喷灯喷烧过久，以免将被消毒物品烧坏。在消毒时还应有一定的次序，以免发生遗漏。

（二）畜禽舍的消毒

畜禽舍的消毒分两个步骤进行，第一步先进行机械清扫，第二步是化学消毒液消毒。

首先，对畜禽舍的地面、饲槽等进行彻底清扫。清扫前用清水或消毒液喷洒，以免灰尘及病原微生物飞扬。然后扫除粪便，垫草及残余的饲料等污物（扫除的污物按粪便消毒法处理）。水泥地面的畜舍，在扫除污物后，再用清水冲洗，效果更好。

然后，用化学消毒剂进行喷洒消毒或蒸气消毒。预防消毒常用的消毒液为10%～20%石灰乳、10%漂白粉乳剂、2%～4%粗制氢氧化钠、5%来苏儿或福尔马林蒸气消毒。喷洒消毒液的用量一般按每平方米 1 L 计算。消毒时，先由离门远处开始，对墙壁、地面、天棚、饲槽等按一定顺序均匀地喷洒，然后打开门窗通风至干燥，并用清水洗饲槽及饮水槽，以除去消毒药味。

福尔马林蒸气消毒所用的药品有福尔马林和高锰酸钾，按畜禽舍空间计算用量，每立方米空间用福尔马林 25 mL、高锰酸钾 25 g。消毒前将家畜（禽）赶出畜舍，畜舍内需消毒的用具和物品摆开，门窗密闭，室温不得低于 15℃，先将福尔马林与水倒于金属桶内，最后加入高锰酸钾，福尔马林被汽化发热而蒸发产生甲醛气体。消毒 12～24 h 后，将门窗打开，充分通风换气数日，使药味消失后才能将畜禽迁入，以免发生中毒现象。若急需使用畜舍，可按每 100 m^3 用氯化铵 500 g、生石灰 1 g 及 75℃左右的热水 750 mL，混合置于桶内，产生氨气来中和福尔马林蒸气；也可用氨水来代替氯化铵，按每 100 m^3 用 25%氨水 1 250 mL，中和 20～30 min 后，打开畜舍门窗通风 20～30 min，即可迁入畜禽。

当发生传染病时，进行随时消毒或终末消毒，应视传染病不同而选择不同的消毒液。一般在发生炭疽及梭菌性传染病时，必须使用消毒力强的药物，如10%～20%漂白粉乳剂等。一般发生病毒性传染病多用碱性消毒剂，如 2%～4%热氢氧化钠溶液、10%～20%石灰乳、20%～30%草木灰水，也可使用 5%～10%漂白粉乳剂。

在畜禽舍及隔离的入口处，应设置消毒槽（坑），消毒槽的宽及长应以车辆通过时，车轮能消毒一周为宜。坑内放置浸有消毒液的草垫或麻片，并须经常添加消毒液。消毒液一般用 10%克辽林溶液或 2%～4%粗制氢氧化钠溶液，冬季为防止冻结，可在消毒液中加入 5%～10%食盐。

在患病畜禽舍、隔离舍的出入口处应放置浸有消毒液的麻袋片或草垫，如为病毒性传染病(猪瘟、口蹄疫等),则消毒液可用2%～3%氢氧化钠,而对其他的一些传染病则可浸以10%克辽林溶液。

(三)地面土壤的消毒

患病畜禽的排泄物(粪、尿)和分泌物(鼻液、唾液、奶汁和阴道分泌物等)内常常含有病原微生物,可污染地面、土壤,因此应对地面、土壤进行消毒,以防疫病继续发生和蔓延。消毒土壤表面可用含2.5%有效氯的漂白粉溶液、4%甲醛液或10%氢氧化钠溶液。

停放过芽孢杆菌所致疫病(如炭疽、气肿疽)患病畜禽尸体的场所,应进行严格的消毒处理。首先用含2.5%有效氯的漂白粉溶液喷洒地面,然后将表层土壤掘起30 cm左右,撒上干漂白粉并与土混合,将此表层土运出掩埋。在运出时应用不漏土的车以免沿途漏撒,如果无条件将表层土运出,则应多加干漂白粉(用量为1 m^2 面积用漂白粉5 kg),将漂白粉与土混合,加水湿润后原地压平。

其他疫病污染的地面土壤消毒,如为水泥地,则用消毒液仔细刷洗,如为土地,则可将地面翻一下,深度约30 cm,在翻地的同时撒上干漂白粉(用量为0.5 kg/m^2),然后以水湿润、压平。

如果放牧地区被某种病原体污染,一般利用自然条件(如阳光、种植某些对病原微生物起有害作用的植物如黑麦、小麦、葱等)使土壤发生自净作用来消除病原体。但在土壤自净之前,或是被接种疫苗的畜禽产生免疫之前,畜禽不应再在这些地区放牧。如果污染的面积不大,则应使用化学药剂消毒。

(四)粪便的消毒

1. 掩埋法

掩埋法是指将污染的粪便与漂白粉或新鲜的生石灰混合,然后深埋于地下,掩埋的深度应达2 m左右。此种方法简单易行,在目前条件下实用。但病原微生物可经地下水散布且损失肥料。

2. 生物热消毒法

这是一种最常用的粪便消毒法。应用这种方法,能使非芽孢病原微生物污染的粪便变为无害,且不丧失肥料的应用价值。粪便的生物热消毒方法通常有2种,一为发酵池法,一为堆粪法。

(1)发酵池法　此法适用于饲养大量家畜的农牧场,多用于稀薄粪便(如牛、猪粪)的发酵。其设备为距农牧场院200～250 m、无居民、河流、水井的地方挖筑两个或两个以上的发酵池(池的数量与大小决定于每天运出的粪便数量)。池可筑成方形或圆形，池的边缘与池底用砖砌后再抹以水泥，使之不透水。如果土质干硬、地下水位低，可以不必用砖和水泥。一般高 3 m，宽 3 m，长度依实际情况而定。

使用时先在池底倒一层干粪，然后将每天清除出的粪便、垫草等倒入池内，直到快满时，在粪便表面铺一层干粪或杂草，上面盖一层泥土封好。如条件许可，可用木板盖上，以利于发酵和保持卫生。粪便经用上述方法处理后，经过 13 个月即可作肥料用。在此期间，每天所积的粪便可倒入另外的发酵池，如此轮换使用。

(2)堆粪法　此法适用于干燥粪便（如马、羊、鸡粪等）的处理。在距农牧场 100～300 m 的地方设一堆粪场。堆粪的方法如下：在地面挖一浅沟，深约 20 cm，宽 1.5～2 m，长度随粪便多少而定，先将非传染性的粪便或秸秆等堆至 25 cm 厚，其上堆放欲消毒的粪便、垫草等，高 1～1.5 m，然后在粪堆外面再铺上 10 cm 厚的非传染性的粪便或谷草，并覆盖 10 cm 厚的沙子或土，堆放 3 周到 3 个月，即可用以肥田。

当粪便较稀时，应加些杂草，太干可倒入稀粪或加水，使其不稀、不干，以促进其迅速发酵。通常处理牛粪时，因牛粪比较稀不易发酵，可以掺入马粪或干草，其比例为 4 份牛粪加 1 份马粪或干草。

3. 焚烧法

焚烧法常用于处理被炭疽、气肿疽等芽孢菌污染的粪便、饲料、污物等。

(五)污水的消毒

兽医院、牧场、产仔舍、隔离室、病厩以及农村屠宰家畜的地方，经常有被病原体污染的污水排出，如果这种污水不经处理地随便使其外流，很容易散播疫病。常用的处理方法是化学处理法，即加入化学药品（如漂白粉或生石灰）进行消毒，消毒药的用量视污水而定（一般 1 L 污水用 2～5 g 漂白粉），消毒后再使其外流。

(六)肉类加工厂、屠宰场的消毒

肉类加工厂、屠宰场、库房的消毒方法不同于畜牧场、医院或其他公共场所，因为在这些处所食品或副食品油脂较多，工具和场地易粘上油污，由于油污较多，不但加工操作时不方便，而且消毒效果也将事倍功半。此外，毒性较强或有公害的化学药品不能长期用于消毒，因为上述药品对产品质量和工人健康均有影响，除发生烈性疫病外，一般尽量少用化学药品消毒。常用的消毒方法如下：

(1)流动蒸汽或热水喷射消毒　利用蒸汽设备，安装安全管道，分送各车间供各项设备进行消毒，也可用 82℃ 的热水喷射消毒。采用这些措施消毒，必须严格注意安全操作，以防发生烫伤事故。通常加工场地、设备和工具等均可用此法消毒。

(2)化学药品消毒　定期的大消毒或发生烈性疫病后，均可采用高效药液消毒。油污严重的地方，先用热碱水冲扫洗净，而后用化学药液消毒，以增强消毒效果。常用的消毒药有漂白粉、新洁尔灭、克辽林和过氧乙酸等。

(3)刀具等消毒　屠宰或剔骨等用的刀具、刀锉和钩子等，必须经常消毒。所有车间内设有刀具热水消毒槽，水温维持在80℃。

(4)工作衣、帽等的消毒　主要用煮沸消毒法，必要时可加0.5%氢氧化钠。

(5)皮张的消毒　以1%盐酸加8%食盐配成消毒液，把皮张浸泡48 h，或2%甲醛溶液浸泡数分钟，再置碱水池内中和，然后用清水洗后出厂。

(6)粪便和胃肠内容物的消毒　方法同前所述。

(七)常用消毒药物的配制方法

1.3%来苏儿溶液的配制方法

取来苏儿5份加清水95份(最好用50～60℃温水配制)，混合均匀即成。

2.石灰乳的配制方法

1 g生石灰加5 g水即为20%石灰乳。配制时最好用陶缸或木桶、木盆。首先把等量水缓慢加入石灰内，稍停，石灰变为粉状时，再加入余下的水，搅匀即成。

3.漂白粉乳剂及澄清液的配制方法

(1)20%漂白粉乳剂　每1 000 mL水加漂白粉200 g(含有效氯25%)，混匀所得混悬液即是。

(2)20%漂白粉澄清液　把20%漂白粉乳剂静置一段时间，上液即为20%漂白粉澄清液，使用时可稀释成所需浓度。

4.福尔马林溶液的配制方法

福尔马林为40%甲醛溶液(市售商品)。取10 mL福尔马林加90 mL水，即成10%福尔马林溶液。如需其他浓度的溶液，同样按比例加入福尔马林及水。

5.粗制氢氧化钠溶液的配制方法

称取一定量的氢氧化钠，加入清水中(最好用60～70℃热水)搅匀溶解。如配制4%氢氧化钠溶液，则取40 g氢氧化钠加1 000 mL水即成。

五、实训报告

写一份发生一般畜禽传染病时，疫区内如何消毒的工作报告。

实训四 免疫接种

一、实训内容

免疫接种前的准备,免疫接种的方法,免疫接种后的护理和观察,免疫接种用生物制剂的保存、运送和用前检查,免疫接种的注意事项。

二、实训目标

结合生产实践,掌握免疫接种的方法与步骤;熟悉兽医生物制剂的使用、保存、运送和检查方法;熟练掌握各种疫苗的使用、鉴别。

三、实训材料

金属注射器(5、10、20 mL 等规格)、玻璃注射器(1、2 和 5 mL 等规格),金属皮内注射器(螺口),针头(兽用 12～14 号,人用 6～9 号,螺口皮内 19～25 号),煮沸消毒锅,镊子,毛剪,体温计,气雾免疫器,脸盆,毛巾,纱布,脱脂棉,搪瓷盆,出诊箱,工作服,登记册,卡片,保定家畜用具,5%碘酒,70%酒精,来苏儿,新洁尔灭等消毒剂,各种疫苗和免疫血清。

四、方法与步骤

本次实训的内容较多,实际教授过程中可分成 3 次进行训练,可以根据情况在农牧场或养殖专业户进行。

(一)免疫接种

1. 免疫接种前的准备

①了解受免畜禽的种类、数量和年龄。计算及准备好所需疫(菌)苗的数量(比实际需要适当多些),并检查疫(菌)苗的质量。

②与饲养单位协商,确定接种日期、地点、保定人员及接种头数。向饲养单位交代清楚接种后的注意事项及可能出现的接种反应。

③准备足够的器材及消毒药品。

④接种前对畜禽进行健康检查,完全健康的畜禽可进行免疫接种;衰弱、妊娠后期的畜禽不能进行免疫接种。

⑤作好接种操作人员的消毒工作。免疫接种人员的指甲应剪短,用消毒液洗

刷后，再用75%酒精消毒全手，穿消毒工作服，再与消毒过的器械接触。

2. 免疫接种的方法

(1)注射免疫法 有皮下、皮内、肌肉和静脉注射等方法。

①皮下注射法。本法最为常用，如炭疽芽孢苗、破伤风类毒素、马传染性贫血弱毒疫苗及灭活油乳苗等。接种部位：马、牛、羊在颈侧1/3处，猪在耳根后方，禽在颈背侧1/3处或胸部、大腿内侧。方法是：注射部位消毒后，右手持注射器，左手食指与拇指将皮肤提起呈三角形，沿三角形基部刺入皮下约注射针头长度的2/3，将左手放开后，再推动注射器活塞将疫苗徐徐注入，然后用酒精棉球按住注射部，将针头拔出。

皮下接种的优点是操作简单、吸收较皮内接种为快。但使用剂量较大，使机体反应也较皮内注射大。

②皮内注射法。常用于结核、鼻疽、羊布氏杆菌病的变态反应检疫，有时也用于羊痘弱毒疫苗、炭疽芽孢苗的预防接种。接种部位：马、牛常在颈侧、眼睑部位；羊除颈侧外，可在尾根或肩胛中央部位；猪大多在耳根后；鸡在肉髯部位。方法是：用左手将皮肤夹起一皱褶或以左手绷紧固定皮肤，右手持注射器，将针头在皱褶上或皮肤上斜着使针头几乎与皮面平行轻轻刺入皮内0.5 cm左右，放松左手，左手在针头与针筒交接处固定针头，右手持注射器，徐徐注入药液。如针头确在皮内，则注射时感觉有较大的阻力，同时注射处形成一个圆丘，突起于皮肤表面。

③肌肉注射法。如猪瘟兔化弱毒疫苗、猪副伤寒弱毒菌苗、狂犬病疫苗及各种灭活油乳苗等，多用肌肉注射法。肌肉注射法选择肌肉丰满、血管少，远离神经干的部位。马、牛、猪和羊的肌肉注射接种，一律采用臀部或颈部2个部位，鸡可在胸部或大腿肌肉部接种。

接种部位要严格消毒，大、中家畜消毒方法为：首先剪毛，再用2%～5%碘酊棉球螺旋式由内向外消毒接种部位，最后用75%酒精棉球脱毒(接种弱毒疫苗时不能用碘酊消毒接种部位，只用75%酒精消毒，然后再接种)。

肌肉注射的方法有2种，一种方法是：左手固定注射部位皮肤，右手持注射器垂直刺入肌肉后，改用左手夹住注射器和针头尾部，右手回抽下一活塞，如无回血，即可慢慢注入药液。另一种方法是：把注射针头取下，以右手拇指、食指和中指紧持针尾，对准注射部位垂直刺入肌肉，然后接上注射器，注入药液。

根据畜禽大小和肥瘦程度掌握刺入深度，以免刺入太深(常见于小畜禽)刺伤骨膜、血管和神经，或因刺入太浅(常见于大猪)将疫苗注入皮下脂肪而不能吸收，注射剂量应严格按照规定的剂量注入，同时避免药液外漏。

肌肉注射接种的优点是药液吸收快，操作简单；缺点是在一个部位不能大剂量注射，同时臀部注射接种如部位不当，易引起跛行。

④静脉注射法。多用于血清治疗，如破伤风抗毒素，抗炭疽血清的注射等多采用此法。接种部位：马、牛、羊在颈静脉部位，猪在耳静脉部位。

静脉注射接种的优点是可使用大剂量，奏效快，可以及时抢救患病畜禽。缺点是操作麻烦，如设备与技术不完备时，难以进行。此外，如用异种畜禽血清，可能引起过敏反应。

(2)滴鼻、滴眼免疫法　按疫苗说明书注明的羽份和稀释方法，用蒸馏水或生理盐水进行稀释后，用干净、灭菌的吸管吸取疫苗，滴入鸡的鼻内或眼内进行免疫。

(3)刺种免疫法　疫苗说明书注明的稀释方法稀释疫苗，充分摇匀，然后用接种针或笔尖蘸取疫苗，刺种于鸡翅膀内侧无血管处皮下进行免疫。

(4)经口免疫法　分饮水免疫和喂食免疫2种。前者是将疫苗混于水中，畜禽通过饮水获得免疫，后者是将疫苗用冷的清水稀释后拌入饲料，畜禽通过消化道获得免疫。经口免疫时，应按畜禽头数和每头畜禽平均饮水量或采食量，准确计算需用的疫苗剂量。饲料和饮水温度要适当(一般要求15～25℃)，酸碱度要适中。免疫前，一般应停饮或停喂半天，以保证饮喂疫苗时，每头畜禽都能饮用一定量的水或采食一定量的饲料，并注意足够料位、水位，以保证所有畜禽能同时采食或饮水。稀释疫苗，应当用冷的清水，不含任何毒性。已经稀释好的疫苗，应迅速饮喂。鸡传染性法氏囊病弱毒疫苗、鸡新城疫弱毒疫苗，巴氏杆菌菌苗及布氏杆菌病猪2号弱毒菌苗等的免疫可用此法。

经口免疫法具有省时、省力的优点，适于大群畜禽的免疫。其缺点是由于畜禽的饮水量或摄食量有多有少，因而每头畜禽体内接种的疫苗数量不能像其他方法那样完全、准确、一致。

(5)气雾免疫法　此法是用压缩空气通过气雾发生器，将稀释疫苗喷射出去，使疫苗形成直径10 μm以下的雾化粒子，均匀地浮游在空气之中，通过呼吸道吸入肺内，进行免疫。目前已用于布氏杆菌病羊型5号弱毒菌苗和鸡新城疫弱毒疫苗等。其优点是节省人力和时间，适于大群畜禽的免疫。

气雾发生器由喷头及动力机械组成。喷头有对口式、平行式2种。压缩空气的动力可因地制宜，利用各种气泵、电动机或柴油机带动空气压缩泵。无论何种方法做动力，都要保持每平方厘米有2 kg以上的压力，才能达到疫苗雾化的目的。

①室内气雾免疫法。免疫时，疫苗用量主要根据房舍的大小而定。如对羊只免疫，可按下式计算：

$$\text{疫苗用量} = DA \times 1\,000 / tVB$$

式中：D 为免疫剂量，A 为免疫室容积，B 为疫苗浓度，t 为免疫时间，V 为常数 3～6(羊每分钟吸入空气量为 3 000～6 000 mL，故以 3～6 作为羊气雾免疫时的常数)。

疫苗用量计算好以后，用生理盐水将其稀释，装入雾化器械瓶中，即可将畜禽赶入室内，关闭门窗。操作者将喷头保持与畜禽头部同高，均匀喷射。喷射完毕后，让畜禽在室内停留 20～30 min。操作人员要注意防护，戴上大而厚的口罩。如操作人员出现发热、关节酸痛等症状，应及时就医。

②野外气雾免疫法。疫苗用量主要依据畜禽数量而定。以羊为例，如为1 000只，每只羊免疫剂量为 50 亿活菌，则需 5 万亿，如果每瓶菌苗含活菌 4 000 亿，则需 12.5 瓶，用 500 mL 灭菌生理盐水稀释。实际应用时，往往要比计算用量略多一些。免疫时，将畜禽群赶入四周有矮墙的围栏内，操作人员手持喷头，站在畜禽群中，喷头与畜禽头部同高，朝畜禽头部方向喷射。操作人员要随时走动，使每一畜禽都有机会吸入。如遇微风，还应注意风向，操作者站在上风，以免雾化粒子被风吹走。喷射完毕，让畜禽在圈内停留数分钟即可放出。进行野外气雾免疫时，操作者更应注意个人防护。

(二)免疫接种用生物制剂的保存、运送和用前检查

1. 保存

各种生物制剂应保存在低温、阴暗及干燥的场所，灭活疫苗、致弱菌苗、类毒素等应保存在 2～15℃防止冻结；弱毒疫苗，如鸡新城疫弱毒疫苗、猪瘟兔化弱毒疫苗等，应在 0℃以下冻结保存。

2. 运送

运送要求包装完善，防止碰坏瓶子、散播活的弱毒病原体。运输途中避免日光直接照射和高温，尽快送到保存地点或预防接种地点。弱毒疫苗应放在装有冰块的广口瓶内运送，以免降低或丧失生物制剂的性能。

3. 用前检查

各种生物制剂在使用前，均需详细检查，如有下列情况之一者，不得使用：

①没有瓶签、瓶签模糊不清或没有经过合格检查的。

②过期失效的。

③生物制剂的质量与说明书不符者，如色泽、沉淀有变化，药品内有异物，发霉，有臭味的。

④瓶塞不紧或玻璃破裂的。

⑤经过检查，确实不能使用的生物制剂应立即废弃、煮沸或予以深埋。

(三)接种后的护理和观察

畜禽接种疫苗后可发生暂时性的抵抗力降低现象。所以应有较好的护理和管理条件,避免一切应激因素的产生,同时必须特别注意控制家畜的使役,以免过度劳累而产生不良后果。此外,由于畜禽在接种疫苗后,有时可能会发生反应,故在接种以后,要认真地观察,观察期限一般为 7～10 d。如有反应,可根据情况给予适当的治疗(注射血清或对症治疗)。反应极为严重者,可予屠宰。接种后的一切反应情况应记载于专门的表册中。

(四)免疫接种时的注意事项

①参加免疫接种的工作人员应分工明确并紧密配合。事先指定牵出牵入畜禽的路线,注射过的畜禽立即牵出场外,以免重复或遗漏。

②工作人员需穿着工作服及胶鞋,必要时戴口罩。工作前后均应洗手消毒,工作中必须保持手指清洁,禁止吸烟和吃食物。

③注射器、针头经严格消毒后方可使用。注射时每头畜禽须调换一个针头,在针头不足时,至少应每吸液一次调换一个针头。

④生物药品的瓶塞上应固定一个消毒过的针头,上盖酒精棉球。吸液时必须充分振荡疫苗,使其均匀混合。

⑤针筒排出溢出的药液,应吸积于酒精棉球上,并将其收集于专用瓶内。用过的酒精、碘酊棉球应放入专用瓶内,集中处理。

⑥进行注射时应向饲养员询问每头畜禽的恶习,以保证人畜安全。

⑥免疫接种时还应认真做好登记工作。

五、实训报告

根据实训课的内容写出免疫接种的方法与步骤,制订一份免疫接种计划。

第三章　多种畜禽共患传染病

知识目标

- 掌握下列名词：炭疽，狂犬病，破伤风，疯牛病，“虎斑心”，“珍珠病”。
- 掌握口蹄疫、炭疽、结核病、狂犬病的流行特点、临床症状及防制措施。
- 理解布鲁氏菌病、破伤风、传染性海绵状脑病、衣原体病的流行病学特点和诊断方法。

技能目标

- 能够正确操作口蹄疫乳鼠接种试验、布鲁氏菌病检验技术。
- 学会口蹄疫血清中和试验、布鲁氏菌病的检疫方法。
- 熟练掌握牛结核菌素变态反应的诊断方法及布鲁氏菌病试管凝集试验的操作。

第一节　口　蹄　疫

一、简介

口蹄疫俗称“口疮”、“蹄癀”，是由口蹄疫病毒引起偶蹄动物的一种急性、热性、高度接触性传染病，以口腔黏膜、蹄部及乳房皮肤发生水疱和溃烂（烂斑）为特征。尤为牛患病时口、蹄部病变最明显。本病具有强烈的传染性，一旦发病传播速度很快，易造成大流行，不易控制和消灭。因此，国际兽疫局将本病列为A类动物疫病名单之首，我国也把口蹄疫列为一类动物疫病。

本病是世界性的传染病，只有新西兰无本病流行史。目前，发达国家和岛国消灭或控制了本病，发展中国家，特别是接壤较多的大陆国家流行严重。

二、病的发生

1. 病原

本病的病原为口蹄疫病毒（FMDV），是小RNA病毒科口蹄疫病毒属中的唯一成员，病毒呈球形，无囊膜。本病毒可在胎牛肾、胎猪肾、乳仓鼠肾原代细胞及其传代细胞培养中生长繁殖，常用于生产疫苗。本病毒具有多型性和变异性。根据其血清学特性，现已知有7个血清主型，即A、O、C、SAT_1（南非1型）、SAT_2（南非2型）、SAT_3（南非3型）及AsiaⅠ型（亚洲Ⅰ型）。各型内又有亚型，现已知的有80多个。世界各地型别分布情况不同，欧洲主要是O、A和C型，近年来O_1和A_{22}型较多发生；亚洲主要是O、A、C和AsiaⅠ型，中东曾发生过A_{22}型；非洲主要是SATⅠ型、SATⅡ型和SAT Ⅲ型；南美洲主要是O、A和C型。各型之间抗原性不同，彼此不能交叉免疫，感染了一种血清型口蹄疫病毒后还可以感染其他型口蹄疫病毒而发病。同一型的不同亚型之间有部分交叉免疫性，口蹄疫病毒在不同条件下容易发生变异，疫苗毒株与当地流行毒株不同，不呈现交叉免疫性；甚至流行初期与末期毒型不同，这有可能是流行过程中通过免疫或部分免疫动物、非易感动物后，病毒在动物体内发生变异。

口蹄疫病毒在患病动物的水疱液、水疱皮、淋巴液及发热期血液内的含量最高，退热后病毒可以出现于乳、粪、尿、泪、涎水及各脏器中。本病毒在外界的存活力很强，耐干燥，在污染的饲料、用具、毛皮、土壤中可保持传染性达数月之久。水疱液中的病毒60℃经5～15 min可灭活，80～100℃很快死亡。鲜奶中的病毒37℃可生存12 h，高温和紫外线对病毒具有很好的杀灭作用。阳光曝晒、一般加热都可杀灭口蹄疫病毒，2%～4%氢氧化钠、0.2%～0.5%过氧乙酸、10%石灰乳、20%漂白粉、3%～5%福尔马林等常用消毒剂溶液均能杀灭口蹄疫病毒，但碘酊、酒精、石炭酸、来苏儿、新洁尔灭、季铵盐类消毒药对口蹄疫病毒无杀灭作用。

2. 易感动物

口蹄疫病毒可感染的动物多达33种，自然感染主要发生于偶蹄动物，家畜中以黄牛（奶牛）为最易感，水牛、牦牛、绵羊、山羊次之，猪也易感，骆驼的易感性较低，野生偶蹄兽也能感染，黄羊、麋、野猪和大象均有感染的报道，实验动物中豚鼠、小鼠、仓鼠和兔均可感染，犬、猫、鸡和鸭等可人工感染发病，马具有极强的抵抗力，人对本病也具有易感性。

3. 传染源

患病动物是本病的主要传染源，甚至在出现临床症状之前就能排毒，病毒存在于破溃的水疱皮、水疱液内。发热期粪、尿、乳、精液、组织液和唾液均可带毒。感染动物特别是猪、牛呼（喷）出的气溶胶，也是病毒的重要传播方式。患病动物病后可在一定的时期内带毒。将病后数月到1～5年的牛羊运到非疫区而引起发病，病牛有50%可能带毒4～6个月，少数2～3年。猪一般不带毒或带毒时间很短（不超过10 d）。

4. 传播途径

本病可通过呼吸道、消化道、损伤的黏膜和皮肤感染。动物产品如肉、血、骨、皮、蹄、乳等可能长期带有病毒，如处理不当，可将疫病传入另一地区或国家。

5. 流行特点

①本病传播迅速、流行猛烈、发病率高、死亡率低。

②不同种间可互相传播，但有时只感染某一种动物（如1997年口蹄疫仅猪发病，牛、羊不发病）。新疫区的发病率可达100%，老疫区的发病率为50%左右。牛最易感，最先发病，症状最典型，俗称"指示器"；猪经气源排毒是牛的20倍，一些牛源毒经猪体后再返回牛体毒力有增强倾向，俗称"放大器"；羊症状不典型，难以发现，但带毒时间长，俗称"贮存器"。

③本病的发生在不同的地区流行具有一定的季节性差异，有淡旺季之分，每年秋末开始，冬季加剧，春季减缓，夏季平息（11月份到次年2月份最剧烈），6～8月份为淡季，但大型猪场及猪集中的仓库可四季发生，发生呈跳跃式，集中于大型猪场仓库、城郊猪场、交通沿线。

④本病的发生具有一定的周期性，一般大动物比较明显，因群体更新，高易感性的后代不断增多，常隔1～2年或3～5年流行1次，猪往往不明显。

三、临床症状

口蹄疫临床症状以发热和口、蹄部出现水疱为共同特征。表现程度与动物种类、品种、免疫状态和病毒毒力有关。幼畜常突然死于急性心肌炎。

（1）牛　潜伏期2～4 d，最长1周左右。病牛体温升高至40.5～41℃，精神沉郁，食欲不振，反刍停止，口腔黏膜潮红，几分钟后在唇内面、齿龈、舌面和颊部黏膜上出现黄豆大至核桃大的水疱。这时病牛流涎增多，线状口涎挂满口角及唇边。水疱约经1 d后破溃形成红色糜烂，体温降至正常。在口腔水疱出现的同时或稍后，趾间及蹄冠的皮肤上也出现水疱，迅速破溃，出现糜烂，或干燥结成硬痂，甚至蹄匣脱落。乳头皮肤有时也可出现水疱,很快破裂形成烂斑。如无继发感染,溃疡逐渐愈合;如波及乳腺可引起乳房炎,泌乳量显著减少,甚至泌乳停止。孕牛可发生流产。本病一般多呈良性经过,经约1周即可痊愈,如果蹄部出现病变时,则病期可延至2周或更久,病死率低。病愈后可获得1年左右的免疫力。吮乳犊牛患病时,水疱症状不明显,表现为出血性肠炎和心肌麻痹,突然倒地死亡,病死率很高。

(2)羊　症状与牛大致相同。发病率低且症状较轻,水疱以蹄部为主,病羊跛行。绵羊蹄部症状明显,山羊口腔多见弥漫性口腔炎,水疱生于硬腭舌面,蹄部症状较轻。羔羊常因出血性胃肠炎和心肌炎死亡。

(3)猪　潜伏期1～2 d。以蹄部水疱为主。在蹄冠、蹄踵、蹄叉等处皮肤有米粒大、蚕豆大的水疱,不久水疱破裂后形成出血性糜烂面,1周左右痊愈。如继发感染,严重者可侵害蹄叶,使蹄壳脱落,患肢不能着地,常卧地不起。哺乳仔猪多呈急性胃肠炎和心肌炎而突然死亡,病死率达60%～80%。

(4)鹿　体温升高达40～40.6℃,有时可持续6～8 d。口腔黏膜、舌面的水疱、烂斑小而少,恢复快,7 d可痊愈,采食减少,有时拒食。蹄部水疱、烂斑多见于蹄叉、蹄冠和蹄踵部,病鹿不能站立,有明显的蹄裂,重则蹄匣脱落,发病率高,可达100%,妊娠期的鹿患此病可发生流产,成年鹿发病死亡率10%左右。

四、病理变化

除口腔和蹄部的水疱和烂斑外,在咽喉、气管、支气管和反刍动物前胃黏膜可见圆形烂斑和溃疡,真胃和肠黏膜有出血性炎症。心肌病变具有特征性,心包膜有弥散性或点状出血,心肌松软似煮肉样,心内外膜、心肌切面有灰白色、淡黄色斑点或条纹,好似老虎身上的斑纹,俗称“虎斑心”。

五、诊断

本病多侵害偶蹄动物,传播迅速,呈流行性或大流行性发生,多为良性经过。患病动物的口腔和蹄部有水疱和烂斑,死后剖检可见虎斑心病变等特点,可做出初步诊断。确诊需要进行实验室诊断。酶联免疫吸附试验(ELISA)反应灵敏、特异性强、操作快捷,可直接鉴定病毒的亚型,并能同时检测水疱性口炎病毒和猪水疱病病毒,广泛用于动物口蹄疫的监测。猪口蹄疫与水疱性口炎、猪水疱病、猪水疱性疹等疫病的临诊症状相似,应注意进行鉴别(表3-1)。

表 3-1　猪口蹄疫、猪传染性水疱病、猪水疱性疹和水疱性口炎等 4 种水疱性传染病的鉴别诊断

鉴别点	猪口蹄疫	猪水疱病	猪水疱疹	水疱性口炎
病原	口蹄疫病毒	猪水疱病病毒	猪水疱疹病毒	水疱性口炎病毒
易感动物	偶蹄动物	猪	猪	牛、猪、马等
流行形式	流行性	流行性	地方流行性或散发	散发
病死率	成年猪低，仔猪高	一般不死	一般不死	一般不死
水疱的部位	蹄部多，口腔少	蹄部多，口腔少	蹄部、口腔都有	口腔多，蹄部无
动物接种：猪唇皮内	＋	＋	＋	＋
动物接种：牛舌皮内	＋	－	－	＋
动物接种：马舌皮内	－	－	＋/－	＋
动物接种：绵羊舌皮内	＋	－	－	＋/－
动物接种：豚鼠足踵	＋*	－	－	＋
动物接种：2 日龄小鼠腹腔或皮下	＋	－	－	＋
动物接种：9 日龄小鼠腹腔或皮下	＋	＋	－	
抗酸试验	对 pH 5.0 敏感	对 pH 5.0 耐受		

注："＋"表示阳性，"－"表示阴性，"＋/－"表示不规则或轻度反应，"*"表示少数例外。

六、防制

口蹄疫的防制需要根据不同国家和地区的流行情况及防制状况，应用疫病区划原理将其划为不同的地区分别采取相应的防制策略。按照《国际动物卫生法典》的要求，口蹄疫的控制一般分为非免疫无口蹄疫国家、免疫无口蹄疫国家、口蹄疫感染国家，非免疫无口蹄疫地区、免疫无口蹄疫地区、口蹄疫感染地区。各控制区之间要求具有监控带、缓冲带、自然屏障及地理屏障隔离。不同控制区内部的兽医卫生措施具有较大的差异，但由于该病毒血清型的复杂性和传播的快速广泛性，为了防止病原体侵入，建立定期和快速的动物疫病报告及记录系统，严禁自流行地区或国家进口动物和动物产品，对来自非疫区的动物及其产品以及各种装运工具进行严格的检疫和消毒，则是所有国家和地区应遵循的共同原则。

1. 非免疫无口蹄疫国家

非免疫无口蹄疫国家必须具备下列条件：

①通过有效的常规监测体系表明，至少在 1 年内没有发生过口蹄疫，且没有进行过免疫接种。

②停止免疫接种后未曾进口过口蹄疫免疫接种动物。

2. 免疫无口蹄疫国家

免疫无口蹄疫国家必须具备下列条件：

①在过去2年时间内没有发生过口蹄疫，有文献证明正在实施有效的疫病监测体系，并执行一切预防和控制口蹄疫的常规措施；为了预防口蹄疫的流行进行了常规免疫接种，所用疫苗符合国际兽疫局标准。

②具有强有力的病毒检测监督体系。免疫无口蹄疫国家要转变为非免疫无口蹄疫国家，必须在停止免疫接种12个月后申请。

3. 口蹄疫感染国家

口蹄疫感染国家是指有口蹄疫流行的国家。

4. 非免疫无口蹄疫区

在免疫无口蹄疫国家或部分地区仍有口蹄疫感染的国家内，可建立非免疫无口蹄疫地区，非疫区与国内其他地区或相邻感染国家之间应有监测带以及自然/地理屏障隔离开，并实施有效控制口蹄疫病毒入侵的兽医卫生措施。此时除应该具有定期和快速的动物疫病报告记录外，还应具有下列条件：

①在过去2年内没有暴发过口蹄疫，且在过去12个月内没有进行过免疫接种，该地区在停止免疫接种后没有引进免疫接种过的动物。

②在非免疫无口蹄疫区具有有效的监测体系及监测带。

③详细说明不实施免疫接种无口蹄疫地区和监测带的边界，以及防止口蹄疫病毒入侵无疫区的体系和所有防制口蹄疫的常规措施。

5. 免疫无口蹄疫区

存在非免疫无口蹄疫区的国家，或仍有部分地区感染的国家都可建立免疫无口蹄疫地区。免疫无口蹄疫区与国内其他地区或相邻感染国家之间应具有缓冲带或自然/地理屏障隔离开，以有效防止病毒的入侵。建立无口蹄疫区时应该具备下列条件：

①具有定期和快速的动物疫病报告记录。

②在过去2年中没有暴发过口蹄疫。

③实施有效的监测体系及适宜的缓冲带，无疫区及缓冲带内实行常规免疫接种，所用疫苗应符合国际兽疫局标准。

④详细说明免疫无口蹄疫区和适宜缓冲带的边界，以及防制口蹄疫入侵的体系和所有防制口蹄疫的常规措施。

⑤在实施免疫接种的无口蹄疫区存在强有力的病毒活性检测监督系统。若免疫无口蹄疫区所在的国家要将该地区转变为非免疫无口蹄疫区，则要求在免疫接种停止12个月后进行申请。

6. 口蹄疫感染地区

口蹄疫感染地区是指在某国家范围内存在口蹄疫感染的地区。感染区与无口蹄疫病区之间应有监测带、缓冲带或地理屏障隔离开，并采取有效的兽医卫生措施防止病毒向外扩散。符合下列条件的易感动物只能运往缓冲区或监测区内指定的屠宰场屠宰。

①原产地动物在调运前至少 30 d 内没有出现临床症状。

②调运前至少 3 个月内，原场地周围半径 10 km 范围内没有发生过口蹄疫。

③动物必须在兽医当局的监督下用消毒车辆直接运至屠宰场，不得与其他易感动物接触。

④屠宰后的动物产品必须视作被感染产品，需经无害化处理才能应用。

⑤使用后的运输车辆及屠宰场必须立即进行彻底的清洗及消毒。

7. 原无疫区或国家暴发口蹄疫时的处理措施

非免疫无口蹄疫国家或地区发生口蹄疫时，需要满足下述条件之一才能重获无疫状态认可。

①通过采取扑杀措施处理后，最后一头动物被处理 3 个月后。

②采取扑杀措施，血清学监测及紧急免疫情况下，最后一头免疫动物屠宰 3 个月后。

免疫无口蹄疫国家或地区发生口蹄疫时，需要满足下述条件才能重获无疫状态认可。

①采取扑杀措施时，最后一头动物被处理 12 个月后。

②不采取扑杀措施时，在最后一个病例发生 2 年后，通过有效的疫情监测体系证明无口蹄疫发生。

有口蹄疫感染的国家和地区可对易感动物每年接种疫苗 1～2 次。我国对口蹄疫实行强制免疫，免疫密度必须达到 100%。平时要做好口蹄疫的免疫接种工作，选择与流行毒株相同血清型的口蹄疫疫苗用于牲畜的预防接种。目前用于预防口蹄疫的疫苗有弱毒苗和灭活苗。弱毒苗有 A 型、O 型弱毒苗和 A-O 双价弱毒苗，对牛、羊均安全有效，但对猪有致病力。猪可肌肉注射 O 型口蹄疫 BEI(二乙烯亚胺)灭活油佐剂苗，免疫期可达 6 个月。仔猪、羔羊在 28～35 日龄时进行初免，犊牛在 90 日龄时进行初免，间隔 1 个月进行一次强化免疫，以后每隔 6 个月免疫一次，种公猪每年接种 2 次，妊娠母猪分娩前 1 个月接种，母牛分娩前 2 个月接种，母羊分娩前 4 周接种。牛、羊使用 O 型亚洲 Ⅰ 型口蹄疫二价灭活疫苗进行免疫，猪使用 O 型口蹄疫灭活疫苗进行免疫。

发生口蹄疫时，应立即上报疫情，及时采取病料，迅速送检确诊定型，划定并封锁疫点、疫区，扑杀患病动物及同群动物，尸体焚烧或化制。对污染的环境和用具进行彻底消毒。疫区内的假定健康动物及受威胁区的易感动物应进行紧急免疫接种。待最后1头病畜消灭之后，3个月内不再出现新的病例，报上级机关批准，经终末大消毒后解除封锁。

第二节 狂 犬 病

一、简介

狂犬病俗称“疯狗病”、“恐水症”，是由狂犬病病毒引起的一种人畜共患的急性、接触性传染病，以中枢神经高度兴奋而致狂暴和意识障碍，最后全身麻痹而死亡为特点。本病在世界大多数国家仍有不同程度的发生。目前，世界重点流行地区仍在亚洲，以东南亚国家为主，我国是狂犬病的高发区，现在该病发病数量虽然已经明显减少，但是危害仍然很大。国际兽疫局将本病列为B类动物疫病，我国将其列为二类动物疫病。

二、病的发生

1. 病原

本病的病原为狂犬病病毒，属弹状病毒科狂犬病病毒属，病毒粒子呈弹状，有囊膜，为单链RNA病毒。狂犬病病毒在动物体内主要存在于中枢神经组织、唾液腺和唾液中，其他脏器、血液和乳汁中也可能有少量的病毒存在，病毒可在中枢神经组织(尤其在脑海马角、大脑皮层等)和唾液腺细胞的胞浆内形成特异性的包涵体，叫内基氏小体。

在自然情况下分离的狂犬病流行毒株称为“街毒”，街毒经过在家兔脑和脊髓内的一系列传代，对家兔的潜伏期缩短，但对犬的毒力下降，这种具有固定特性的狂犬病病毒则称为“固定毒”。固定毒对人和犬的毒力已完全丧失而保持免疫原性，已用于制作狂犬病弱毒疫苗。

狂犬病病毒可被各种理化因素灭活，不耐湿热，56℃经15～30 min或100℃经2 min均可使之灭活，但在冷冻或冻干状态下可长期保存病毒。在50%甘油缓冲溶液保存的感染脑组织中病毒至少存活1个月，在4℃以下低温可保存数月之久。

2. 易感动物

多种动物和人对本病均易感，尤其是犬科野生动物(野犬、狐、狼等)更易感，在自然界中，犬科和猫科中的很多动物常成为狂犬病的自然带毒者。此外，吸血的蝙蝠以及某些食虫和食果的蝙蝠也可成为该病毒的自然贮存宿主。

3. 传染源

患病动物是本病的主要传染源，无症状带毒动物和顿挫型感染动物可长期通过唾液排毒，并成为更危险的传染源。患狂犬病的犬是使人感染的主要传染源，其次是猫。

4. 传播途径

本病主要通过被患病动物咬伤、抓伤、舔舐而感染。此外，还存在着非咬伤性的传播途径，人和动物都有经由呼吸道、消化道和胎盘感染的病例，值得注意。

5. 流行特点

本病散发，无季节性，四季均可发生，病的发生具有明显的连锁性，致死率高达 100%。

三、临床症状

本病的潜伏期不一，一般为 2～8 周，最短的 8 d，长的可达数月，犬、猫、狼、羊和猪平均为 20～60 d，牛、马平均为 30～90 d，人平均为 30～60 d。

(一)犬

临床上见有狂暴型和麻痹型 2 种类型。典型的狂暴型可分为前驱期、兴奋期（狂暴期）和麻痹期。

1. 前驱期

前驱期 1～2 d。病犬精神沉郁，常躲在暗处，不听呼唤，强迫牵引则咬主人。食欲反常，异食。喉头轻度麻痹，吞咽时颈部伸展。瞳孔散大，反射机能亢进，轻度刺激即易兴奋，有时望空扑咬。性欲亢进，唾液分泌增多，后躯软弱。

2. 兴奋期（狂暴期）

兴奋期 2～4 d。病犬高度兴奋，表现狂暴并常攻击人畜。狂暴发作常与沉郁交替出现。病犬疲惫卧地不动，但不久又站起，表现一种特殊的斜视和惶恐表情。再次受到外界刺激时，又可出现一次新的发作，狂乱攻击，自咬四肢、尾及阴部等。病犬在野外游荡，到处咬伤人畜。随着病程发展，陷于意识障碍。

3. 麻痹期

麻痹期 1～2 d。麻痹急剧发展，下颌下垂，舌脱出口外，流涎显著，不久后躯及四肢麻痹，卧地不起，最后因呼吸中枢麻痹或衰竭而死亡。

整个病程 6～8 d，少数病例可延长到 10 d。

麻痹型病犬的沉郁期、兴奋期很短或轻微表现即转入麻痹期。表现喉头、下颌、后躯麻痹，流涎，张口，吞咽困难和恐水等，经 2～4 d 死亡。

(二)牛

潜伏期 4～8 周。病初见精神沉郁，反刍、食欲降低，不久表现起卧不安，冲撞墙壁、饲槽，磨牙，性欲亢进，流涎等。一般少有攻击人畜现象。当兴奋发作后，往往有短暂停歇，以后再度发作。并逐渐出现麻痹症状，如吞咽麻痹、伸颈、流涎、臌气、里急后重等，最后倒地不起，衰竭而死。

(三)羊

病例少见。症状与牛相似，但兴奋期较短或不明显。表现起卧不安，性欲亢进，并有攻击其他动物的现象。常舔咬伤口，使之经久不愈，末期发生麻痹。

(四)猪

兴奋不安，惊恐，闻声冲撞，攻击人畜。在发作间歇期间，常钻入垫草中，稍有声响即一跃而起，无目的地乱跑，最后发生麻痹症状，2～4 d 后死亡。

(五)猫

多呈狂暴型，症状似犬，但病程短，兴奋不安，出现症状后 2～4 d 死亡。在疾病发作时攻击其他动物和人。因常接近人，且行动迅速，常从暗处忽然跳出，咬伤人的头部，因此猫得病后可能比犬更为危险。

四、病理变化

常见尸体消瘦，体表有伤痕，口腔和咽喉黏膜充血或糜烂。胃黏膜充血、出血，胃内空虚或有石块、泥土等异物。典型的病理变化为非化脓性脑炎，在大脑海马角或小脑皮层的神经细胞浆内可见内基氏小体。

五、诊断

根据发病特点、临诊症状，结合有被咬伤病史，可作出初步诊断。确诊需做实验室诊断，包括以下内容：

1. 病理组织学检查

采取病畜的大脑海马角或小脑作触片或组织切片染色检查，显微镜下观察有无内基氏小体。约 95％病犬可检出内基氏小体。牛、猪检出率较低。若检查结果为阴性时，还不能完全确定不是狂犬病，为慎重起见，还可进一步用其他诊断方法。

2. 动物接种

取病畜脑组织做成乳剂，按常规方法处理后，给30日龄小鼠（3日龄内乳鼠更敏感）脑内接种，每只0.01～0.03 mL，如有狂犬病病毒，一般在接种后1～2周内小鼠出现兴奋和麻痹症状而死亡，或于接种后第5～7天可扑杀1只小鼠检查内基氏小体。为缩短检查时间，可取脑触片，用荧光抗体法检查。

3. 荧光抗体法

取可疑病畜脑组织或唾液腺制成触片或冰冻切片，用荧光抗体染色，在荧光显微镜下观察，出现阳性反应即可确诊。

此外，酶联免疫吸附试验（ELISA）、核酸探针等技术也可用于本病的诊断。

六、防制

加强对犬的检疫，防止引进带毒犬；建立并实施有效的疫情监测体系，及时发现并扑杀病犬；认真贯彻执行养犬管理规定，合法养犬；对犬、猫等动物进行狂犬病疫苗的强制性免疫。

国内使用的狂犬病疫苗有狂犬病弱毒苗和与其他疫苗联合制成的多联苗可供选用。对犬实行强制性免疫，每年1次。经免疫接种过的动物发放统一的动物免疫证明，佩戴免疫标记。国内异地引进动物时，应从非疫区引进，引进的动物出生或装运前至少12个月没有报告发生过狂犬病；经当地动物防疫监督机构检疫，装运之日无临床症状。引进犬和猫时，在装运前1年内还应接种过狂犬病疫苗；从国外引进动物时，按国家有关规定实施检疫，检出的阳性动物全部扑杀，并做无害化处理。

狂犬病目前尚无特殊疗法。发现患有本病或者可疑本病的动物，都应当立即上报疫情，隔离可疑患畜，限制其活动，进行调查核实、诊断，并根据诊断结果采取相应的措施。

七、公共卫生

人的狂犬病主要是由带狂犬病病毒的犬咬伤所致。人感染后潜伏期多为1～3个月，最短3 d，最长可达数十年。病初表现中度发热、不适、食欲消失、头痛、恶心等症状，2～14 d出现应激高热、胸痛及气流恐惧症，即风吹面部会引起咽部肌肉痉挛。有的病人对光、噪声和感觉刺激的应激敏感性高，有的出现多汗、流涎、狂躁行为，肌肉痉挛性收缩，而且怕饮水，故称“恐水症”。在症状出现后的14 d

后，出现继发性呼吸和心脏衰竭，昏迷而死亡，一旦发病即无治疗办法，病死率高达100%。人被犬、猫等动物咬伤后，应立即对受伤部位用20%肥皂水、清水冲洗伤口至少20 min，然后用2%碘酊或70%酒精涂擦伤口，以清除或杀灭局部的病毒。及时到当地卫生防疫机构注射狂犬病疫苗，以减少狂犬病的危害。

第三节 痘 病

一、简介

痘病是由痘病毒引起人畜共患的一种急性、热性、接触性传染病。哺乳动物痘病的特征是在皮肤上发生痘疹，禽痘则在皮肤产生增生性和肿瘤样病变。痘病是一种古老的传染病，对人引起天花，我国于1961年消灭了天花，但畜禽的痘病还时有发生。

二、病原

痘病的病原是痘病毒，属于痘病毒科脊椎动物痘病毒亚科，与痘病有关的有6个属(正痘病毒属、山羊痘病毒属、禽痘病毒属、兔痘病毒属、猪痘病毒属和副痘病毒属)，痘病毒为双股DNA病毒，有囊膜，病毒粒子呈砖形或椭圆形。

各种禽痘病毒与哺乳动物痘病毒间不能交叉感染或交叉免疫，但各种禽痘间在抗原上极为相似，其他属的同属病毒的各成员之间也存在着许多共同抗原和广泛的交叉中和反应。

病毒对低温和干燥的抵抗力较强，对温度敏感，55℃经20 min灭活。病毒对直射阳光、碱和消毒剂敏感，常用消毒剂如0.5%福尔马林、0.01%碘溶液数分钟内可将其杀死。

三、类型

(一)绵羊痘

1. 简介

绵羊痘是由绵羊痘病毒引起的，特征是皮肤和黏膜上发生特异性的痘疹，可见斑疹、丘疹、水疱、脓疱和结痂的病理过程。该病被国际兽疫局定为A类传染病，我国也将其列入一类动物疫病。

2. 流行病学

本病多发生于冬末春初。气候恶劣、饲养管理不良等条件都可促进本病的发生。不同品种、性别、年龄的绵羊均易感,但细毛羊最易感,羔羊比成年羊易感,病死率也较高。病毒主要经呼吸道感染,也可通过损伤的皮肤、黏膜感染。饲养管理人员、护理用具、毛皮、饲料、垫草和体外寄生虫都可成为本病的传播媒介。

3. 临床症状

本病潜伏期平均为 6～8 d,冬季较长。病初,病羊体温升高到 41～42℃,食欲减退,精神不振,眼睑肿胀,结膜潮红,有浆液性分泌物,鼻腔也有浆液、黏液或脓性分泌物流出,呼吸和脉搏增速。经 1～4 d 后开始发痘,在唇、鼻、颊、眼周围、四肢和尾的内侧、乳房和腿的内侧最常见。1～2 d 后红斑突起,形成丘疹。几天之内变成水疱,继而发展为脓疱。如果无继发感染则在几天内脓疱干缩而结成褐色痂。痂块脱落遗留一个红斑,以后颜色逐渐变淡。病程 3～4 周。

非典型病例不呈现上述典型临诊症状或经过,有的仅出现体温升高和呼吸道、眼结膜的卡他性炎症;有的甚至不出现或仅出现少量痘疹,或在局部皮肤上仅出现结节,很快便干燥脱落而不形成水疱和脓疱,呈良性经过。但有些病羊的痘疱内出血,称“黑色痘”;有些皮肤发生化脓和坏疽,形成深的溃疡,发出臭味,称为“臭痘”和“坏疽痘”,呈恶性经过,病死率高达 25%～50%。

4. 病理变化

本病死亡病例在前胃和真胃黏膜有大小不等圆形或半球形坚实的结节,有的病例还形成糜烂或溃疡。咽、食道和支气管黏膜常有痘疹。在肺见有干酪样结节和卡他性肺炎区。另外,常见细菌性败血症变化,如肝脂肪变性、心肌变性、淋巴结急性肿胀等。

5. 诊断

本病典型病例可根据皮肤、黏膜发生特异性痘疹,结合流行特点做出诊断,非典型病例可进行包涵体检查。

6. 防制

平时加强饲养管理,抓好秋膘,冬季注意补饲、防寒。常发地区每年定期接种,目前常用的疫苗是绵羊痘鸡胚化弱毒苗,不论羊只大小,一律在尾根皱褶处或尾内侧进行皮内注射接种,剂量 0.5 mL,4～6 d 产生免疫力,免疫期 1 年。发病后应立即隔离病羊,封锁疫点,对疫区内未发病的羊及受威胁区的羊群进行紧急免疫接种。

本病尚无特效药。对病羊可注射免疫血清。痘疹可用 0.1%高锰酸钾冲洗,擦干后涂碘甘油、1%龙胆紫、硼酸软膏或磺胺软膏等,防止继发感染。

(二)山羊痘

山羊痘是由山羊痘病毒引起的,其特征是在皮肤和黏膜上形成痘疹,其症状和病变与绵羊痘相似。我国西北、东北和华北地区呈流行性,少数地区疫情较重。该病被国际兽疫局定为A类传染病,我国也将其列入一类动物疫病。目前由于广泛应用我国研制的山羊痘细胞弱毒疫苗,免疫效果确实,0.5 mL皮内或1 mL皮下接种效果很好,已推广应用。结合有力的防制措施,疫情可以得到控制。

(三)猪痘

1. 简介

猪痘由两种病毒引起:一是由猪痘病毒引起的猪痘,主要由猪血虱传播,其他昆虫如蚊、蝇等也有传播作用,多发生于4～6周龄仔猪及断奶仔猪,成年猪有抵抗力;二是由痘病毒引起的猪痘,各种年龄的猪均可感染发病,常呈地方流行性。

2. 临床症状

本病的潜伏期4～7 d。病猪体温升高,精神沉郁,食欲不振,眼结膜和鼻黏膜潮红、肿胀,并有分泌物。痘疹主要发生于腹下、股内侧、背部或体侧部皮肤。开始为深红色突出于皮肤表面的坚硬结节,以后见不到水疱即转为脓疱,并很快结痂,脱落后遗留白色斑块而痊愈。病程10～15 d,多取良性经过。病死率不高。

3. 诊断

根据病猪典型痘疹,结合流行病学可以作出诊断。区别猪痘由何种病毒引起,可将病料接种家兔,痘病毒可在接种部位引起痘疹,而猪痘病毒不感染家兔。必要时可进行病毒的分离鉴定。

4. 防制

加强猪群的饲养管理,搞好卫生,消灭猪血虱、蚊和蝇。对新购入猪隔离观察1～2周,防止带入病原。发现病猪要及时隔离治疗,可试用康复猪血清或痊愈猪全血治疗,剥去痘痂,用0.1%高锰酸钾溶液洗涤患处,再涂龙胆紫或碘甘油。病猪康复后可获得极强的免疫力。对病猪污染的环境及用具要彻底消毒,垫草焚毁。

(四)禽痘

1. 简介

禽痘是由禽痘病毒引起禽类的一种接触性传染病。其特征是在无毛或少毛的皮肤上发生痘疹,或在口腔、咽喉部黏膜形成纤维素性坏死性假膜,又名禽白喉。有的病禽,两者可同时发生。禽痘病毒和哺乳动物痘之间无交叉免疫。各种禽痘病毒之间抗原性极相近。病毒接种鸡胚,在鸡胚绒毛尿囊膜上可形成痘斑。该病被国际兽疫局定为B类传染病,我国也将其列入二类动物疫病。

2. 流行病学

本病一年四季均可发生，以春、秋两季和蚊子活跃的季节最易流行。大中型鸡场流行较为严重。不分性别、年龄和品种，以雏鸡和中雏鸡最易感，常引起大批死亡。其次是火鸡。鸭、鹅也可发病，但症状轻微。主要通过接触传播，也可经损伤的皮肤、黏膜传染。吸血昆虫如蚊、刺蝇和跳蚤等也可传播本病。饲养密度过大、通风不良、体表寄生虫寄生、饲养管理条件差等可使病情加重。如有葡萄球菌病、传染性鼻炎和慢性呼吸道病混合感染，可造成大批死亡。

3. 临床症状

本病潜伏期 4～8 d。根据发病部位不同，可分为皮肤型、黏膜型（白喉型）及混合型。

(1)皮肤型　在鸡冠、眼睑、喙角、耳球、腿、脚、泄殖腔以及翅内侧形成特异的痘疹。起初为细薄的灰色麸皮样覆盖物，迅速形成结节。结节增大相互融合，形成粗糙、坚硬、凸凹不平的褐色痂块，眼部出现痘疹时致使鸡眼难睁开。幼龄鸡精神委顿，食欲减退，体重减轻。蛋鸡产蛋减少或停止。

(2)黏膜型（白喉型）　多发于幼雏和中雏。病初呈鼻炎症状，鼻炎出现后 2～3 d，口腔、咽喉等处黏膜发生痘疹，初为圆形黄色斑点，逐渐扩大融合成一层黄白色的假膜（故称白喉型），随后变厚而成棕色痂块，痂块不易脱落，强行撕脱则引起出血。如痘疹蔓延至喉部，病鸡出现吞咽困难，严重时窒息死亡；如痘疹发生在眼及眶下，则眼睑肿胀，结膜上有多量脓性或纤维素性渗出物，甚至引起角膜炎而失明。

(3)混合型　皮肤、黏膜均受侵害，发生痘疹。

4. 诊断

皮肤型鸡痘，根据临诊症状可以确诊。黏膜型鸡痘，可采取病料（痘痂或假膜）做成 1∶5 的悬浮液，通过划破冠、肉髯或皮下注射等途径接种易感鸡，如有痘病毒存在，被接种鸡在 5～7 d 内出现典型的皮肤痘疹。此外，也可进行包涵体检查或用血清学方法进行诊断。

5. 防制

平时加强饲养管理，做好卫生消毒和定期预防接种工作。我国目前使用鸡痘鹌鹑化弱毒苗，100 倍稀释后，在翅膀内侧无血管三角区内皮下刺种，1 月龄以上鸡刺种 2 针，20 日龄鸡刺种 1 针。200 倍稀释后，6 日龄以上鸡刺种 1 针。引进家禽应隔离观察，确认健康方可混群。发病时，应立即隔离病鸡，轻者治疗，重者淘汰。对其他鸡进行紧急免疫接种。尸体深埋或焚烧。污染场所要严格消毒。存在于皮肤病灶中的病毒对外界环境的抵抗力很强，因此隔离的病鸡应在完全康复后 2 个月方可合群。

第四节 炭 疽

一、简介

炭疽是由炭疽杆菌引起的多种家畜、野生动物和人类共患的一种急性、热性、败血性传染病，以败血症变化、天然孔出血、血液凝固不良、脾脏显著肿大、皮下和浆膜下有出血性胶样浸润为特点。在世界各国几乎都有分布，我国近年不断有该病发生，对养殖业生产和一些从事家畜生产与产品加工的人员身体健康造成了严重影响。国际兽疫局将本病列为B类动物疫病，我国将其列为二类动物疫病。

二、病的发生

1. 病原

炭疽是由炭疽杆菌引起的。该菌为革兰氏染色阳性产芽孢大杆菌，菌体两端平直，呈竹节状，无鞭毛。在病料检样中多散在或呈2～3个短链排列，有荚膜；在培养基中则形成较长的链，一般不形成荚膜；在普通琼脂平板上生长成灰白色，表面粗糙的菌落，放大观察菌落有花纹，呈卷发状，中央暗褐色，边缘有菌丝射出。本菌在病畜体内和未剖开的尸体中不形成芽孢，但暴露于充足氧气和适当温度下能在菌体中央处形成芽孢。细菌的繁殖体对外界的抵抗力不强，一旦形成芽孢则表现出较强的抵抗力。

2. 易感动物

各种家畜、野生动物和人类都有不同程度的易染性，不分年龄大小。草食动物对炭疽杆菌最易感，其次是肉食动物。野生动物，如狼、狐狸、豹等吞食炭疽尸体而发病，并可成为本病的传播者。人主要通过被炭疽杆菌污染的畜产品而感染。家禽一般不感染。

3. 传染源

本病的传染源主要是病畜和带菌尸体。病畜的排泄物、分泌物和尸体中的病原体一旦形成芽孢污染环境，可在土壤中长期存活而成为长久的疫源地，随时可以传播给易感家畜。

4. 传播途径

本病可以通过消化道、呼吸道及伤口感染，主要是经采食受污染的饲料、饲草及饮水或饲喂带菌的肉类而感染。

5. 流行特点

本病多为散发，偶尔呈地方流行性，一年四季都可发生，洪水及干旱季节多发。

三、临床症状

本病自然感染的潜伏期一般为1～5 d,最长可达14 d。

(1)最急性型　常见于绵羊和山羊,山羊比绵羊更为敏感。羊群中常引起大批死亡,病羊病程很短,常见突然倒地,全身痉挛,瞳孔散大,磨牙,天然孔出血,约数分钟即死亡。有时是晚上入圈羊健康如常,次日早上发现死亡。羊群放牧外出时,病羊常掉群、喜卧,不爱吃草,行走摇摆,可视黏膜暗紫色,战栗,心跳加快,呼吸困难,突然倒地,头向后背,咬牙,瞳孔散大,0.5～2 h死亡。

(2)急性型　多见于牛,病牛常突然发病,体温升高,可视黏膜发紫,肌肉震颤,步行不稳,呼吸困难,心悸亢进,濒死时可见天然孔流血。可于数小时内死亡。

(3)慢性型　多发生于猪、马等,猪多表现为慢性咽炎和咽周炎。马多表现为肺痈和肠痈。

本病最急性型和急性型病死率高,可达100%,慢性型也常导致急性发作而死亡,猪则较少死亡。

四、病理变化

怀疑为炭疽的病畜尸体在一般情况下,禁止剖检。必须进行剖检时,应在专门的剖检室进行,或离开生产场地,准备足够的消毒药剂,人员应有安全的防护装备。

(1)急性型　常表现败血症的病理变化,尸体迅速腐败而膨胀,尸僵不全,天然孔流出带泡沫的血液。黏膜呈暗紫色,有出血点,剥开皮肤可见皮下、肌肉及浆膜有红色或黄色胶样浸润,并有数量不等的出血点。血液黏稠,颜色为黑紫色呈煤焦油样,不易凝固。脾脏高度肿大,比正常大3～5倍,包膜紧张,切面脾髓软如泥状,黑红色,用刀可大量刮下。淋巴结肿大,出血。肺充血、水肿。心、肝和肾也有变性。胃肠有出血性炎症。

(2)慢性型　慢性炭疽常见于肠、咽及肺等局部形成坏疽样病理变化,病灶周围呈胶冻样浸润。

五、诊断

炭疽病畜的经过很急,死亡较快,根据临诊症状诊断比较困难,确诊要靠实验室诊断。

1. 细菌学诊断

简便的方法是采取死畜耳静脉或四肢末梢的浅表血管血液作涂片,用姬姆萨或瑞氏染色液染色，用显微镜检查，若观察到单个或短链有荚膜的、两端呈平截竹节状的大杆菌，即可确诊。猪体局部炭疽涂片的菌体形态常不典型。如果尸体不新鲜时，要注意与类炭疽杆菌相区别，所以，腐败病料不适于镜检。

2. 动物感染试验

将病料用无菌生理盐水稀释5～10倍，对小白鼠皮下注射0.1～0.2 mL，或豚鼠0.2～0.5 mL，经2～3 d死亡。死亡动物的脏器、血液等抹片，经瑞氏染色镜检，可见多量短链有荚膜的炭疽杆菌。也可用病料进行培养及炭疽沉淀反应检查。

3. 炭疽沉淀反应(Ascoli氏反应)

取病死动物的组织数克，剪碎或捣烂，加5～10倍生理盐水，煮沸10～15 min，冷却后过滤或离心沉淀，用毛细吸管吸取上清液，沿管壁慢慢加入已装有炭疽素血清(成品)的细玻璃管内，形成整齐的两层液面，在两液的接触面出现白色的沉淀环判为阳性(反应在1～2 min内出现，最好在10～15 min内观察)。这个反应特异性高，操作简便、迅速，检出率高，即使腐败的炭疽材料，仍可表现阳性反应。这种方法在基层及时确诊本病有现实意义。

六、防制

1. 定期预防接种

对炭疽常发地区或威胁地区的家畜，每年应定期进行预防接种，是预防本病的根本措施。目前常用的疫苗有以下2种：一是无毒炭疽芽孢苗，1岁以上马、牛皮下注射1 mL，1岁以下马、牛0.5 mL；绵羊、猪皮下注射0.5 mL(对山羊不要应用)。接种后14 d产生免疫力，免疫期为1年；二是Ⅱ号炭疽芽孢苗，各种家畜均皮下注射1 mL，接种后14 d产生免疫力，免疫期为1年。不满1个月的幼年动物，临产前2个月的母畜，瘦弱、发热及其他患病家畜不宜接种。应用时应严格执行兽医卫生制度。

2. 合理治疗

抗炭疽血清是治疗炭疽的特效药，病初应用可获良好效果。马、牛一次量为100～300 mL，大猪为50～100 mL，绵羊、山羊和小猪为30～80 mL。可1/2量静脉注射，1/2量皮下注射。必要时可在12或24 h重复注射1次。为避免过敏反应，最好使用同种动物的抗炭疽血清。如用异种动物的血清，应先皮下注射0.5～1 mL，观察0.5 h后无特殊反应再注射全量。

抗生素和磺胺类药物治疗有效，以青霉素疗效最好，马、牛每次为300万～400万IU，肌肉注射每日2次，连用2～3 d。绵羊、山羊、猪每次肌肉注射40万～

80 万 IU，每日注射 2 次，连续 2～3 d。土霉素 1～2 g，静脉注射或肌肉注射。或青霉素与土霉素、四环素同时使用。链霉素也有效。

磺胺噻唑、磺胺二甲基嘧啶等，每千克体重可用 0.1～0.2 g，分 6 次口服，间隔 4 h，连续 3～5 d。或用 10%～20%磺胺嘧啶钠或磺胺噻唑钠溶液，马、牛为 100～150 mL 静脉注射或肌肉注射，每日 2 次。青霉素与磺胺合用，疗效更好。

肠炭疽还需配合口服克辽林(克辽林)，每日 3 次，马、牛每次为 15～20 mL，羊、猪每次为 2～5 mL。

3. *妥善处理病死畜尸体，全场彻底消毒*

尸体及排泄物、患病动物污染的褥草、饲料和表土等，在指定的地点覆盖生石灰或 20%漂白粉深埋或焚烧。患病动物污染的圈舍、饲养管理用具、车辆等用 10%～20%漂白粉、3%～5%热氢氧化钠溶液消毒。患病动物污染和停留地的表土要铲除 15～20 cm，与 20%漂白粉液混合再深埋。污染的饲料、粪便、垫草和废弃物焚烧。

被炭疽杆菌污染的毛皮可用 2%盐酸或 10%食盐溶液浸泡 2～3 d 消毒，或用福尔马林熏蒸消毒。

七、公共卫生

人感染炭疽有 3 种类型：皮肤炭疽、肺炭疽和肠炭疽。皮肤炭疽主要经皮肤伤口感染，伴有头痛、发热、关节痛和呕吐等症状；肺炭疽多为羊毛、皮革厂工人，因吸进带有炭疽芽孢的尘埃而感染。病情急骤，伴有恶寒、发热、咳嗽、咯血和呼吸困难等症状，救治不及时可引起死亡；肠炭疽常因吃进病畜肉类所致，发病急，伴有发热、呕吐、腹泻、血样便和腹痛等腹膜炎症状。以上 3 型均可继发败血症及脑膜炎。本病病情严重，尤其是肺型和肠型。一旦发病要及早送医院治疗。

人炭疽的预防应着重于与家畜及其产品频繁接触的人员。在炭疽流行地区的人群、畜牧兽医人员，应在每年的 4～5 月份前接种“人用皮上划痕炭疽减毒活菌苗”连续 3 年。发生疫情时，病人应住院隔离治疗，与病人或病死畜接触者要进行医学观察，皮肤有损伤的用青霉素预防，局部用 2%碘酊消毒。

第五节　结　核　病

一、简介

结核病是由结核分枝杆菌引起的一种人畜共患的慢性传染病，其病理特征是在多种组织器官中形成结核性肉芽肿（结核结节），结节中心干酪样坏死或钙化。结核病是一种古老的传染病，广泛流行于世界各地，目前已有不少国家有效控制了本病，但在防制措施不健全的国家和地区，仍有散发或地方性流行。该病造成的经济损失是巨大的。牛结核病被国际兽疫局定为B类传染病，我国也将其列入二类动物疫病。

二、病的发生

1. 病原

本病的病原为结核分枝杆菌，为分枝杆菌属的一群细菌，主要有3个种，即结核分枝杆菌、牛分枝杆菌和禽分枝杆菌。本菌无荚膜、无芽孢、无鞭毛，单在或成对，偶尔排列成簇，革兰氏染色阳性。其形态因种不同而稍有差异，结核分枝杆菌呈直或稍弯的细长棒状，有时呈分枝状；牛分枝杆菌短粗，着色不均；禽分枝杆菌短小，具有多形性。本菌一般染色不易着色，能抵抗3%盐酸酒精的脱色作用，故称“抗酸菌”。常用Ziehl-Neelsen二氏抗酸染色法染成红色，其他细菌和组织细胞染成蓝色。

本菌对外界环境抵抗力很强，在干燥痰液中能存活10个月，在病变组织和尘埃中能存活2～7个月，在土壤和粪便中可存活6个月。但对热敏感，70～80℃经5～10 min即可死亡。一般消毒剂对结核杆菌杀菌力不大，碘化物消毒效果甚佳，但无机酸、有机酸、碱性物和季铵盐等对结核分枝杆菌无效。对链霉素、异烟肼、对氨基水杨酸钠和环丝氨酸等敏感。磺胺类药物、青霉素及其他广谱抗生素对结核菌无效，白芨、百部、黄芩等中草药对结核分枝杆菌有一定的抑菌作用。

2. 易感动物

约50种哺乳动物，25种禽类可感染发病。家禽中以奶牛最易感，其次为黄牛、牦牛、水牛，猪和家禽也可发病，而绵羊、山羊较少发病，罕见于单蹄兽。野生动物猴、鹿较常见，狮、豹等也可发生。

3. 传染源

本病的传染源主要是患病动物和人，尤其是开放性患病动物和患者，可以通过各种途径向外排菌，肺部病灶的结核菌可以随痰排出，肠结核病灶的病菌可随粪便排菌，乳房结核可随乳汁排出。排出的病原菌可污染周围空气、地面、土壤、饲料、畜舍及其他用具，由此传染给易感动物。

4. 传播途径

本病主要经呼吸道和消化道感染，也可经生殖道、胎盘和损伤的皮肤黏膜感染。饲养管理不当与本病的传播有着密切关系，特别是在舍饲条件下，舍内饲养的畜禽过密，而且拥挤，畜舍通风不良，潮湿，阳光不足，缺乏运动，最易患病。

5. 流行特点

结核病是一种慢性传染病，一般呈散发，流行有一定的周期性。

三、临床症状

潜伏期长短不一，一般为 10～45 d，长的达数月至 1 年以上。通常呈慢性经过，初期症状不明显，日渐消瘦，倦怠无力。

(1)牛　最常见的是肺结核、乳房结核和淋巴结核，也可发生肠结核、生殖器结核、脑结核、浆膜结核及全身性结核。牛患肺结核时，病初易疲劳，常发生短而干的咳嗽，尤其当起立、运动和吸入冷空气或尘埃时易咳嗽。随病情进展，转为痛性湿咳，咳嗽频繁，病情加重。病牛呼吸加快或气喘，肺部听诊有干性或湿性啰音，严重的可听到胸膜摩擦音，叩诊有浊音区。有的病牛体表淋巴结肿大，常见的是肩前淋巴结、股前淋巴结、腹股沟淋巴结、下颌淋巴结、咽淋巴结及颈淋巴结肿大。病势恶化可发生全身性结核，即粟粒性结核。胸膜腹膜出现结核病灶即所谓的"珍珠病"，胸部听诊可听到摩擦音。乳牛常发乳房结核，主要表现为乳房上淋巴结肿大，乳腺上有大小不等的局限性或弥漫性硬块，无热无痛，泌乳量减少，严重时呈水样稀薄。肠道结核多见于犊牛，主要表现为消化不良，顽固性下痢和迅速消瘦。生殖器官结核，可见性机能紊乱，发情频繁，性欲亢进，慕雄狂与不孕，孕畜流产，公畜附睾肿大，阴茎前部可发生结节或糜烂等。中枢神经系统主要是脑与脑膜发生结核病变，常引起神经症状，癫痫样发作、运动障碍等。

(2)猪　猪对禽分枝杆菌、牛分枝杆菌、结核分枝杆菌都有易感性，但对禽分枝杆菌的易感性比其他菌型高。主要经消化道感染，常在颌下、咽部、肠系膜淋巴结及扁桃体、肺部出现结核病灶。主要临床症状为消瘦、咳嗽、气喘和腹泻等。养猪场里养鸡或者养鸡场里养猪，都可能增加猪感染禽结核的机会。

(3)禽　主要危害鸡和火鸡，成年鸡和老年鸡多发，其他家禽和野禽也可感染。主要经消化道感染。临床表现为消瘦、贫血、鸡冠萎缩、跛行、产蛋减少或停止、腹泻等。病禽多衰竭死亡或因肝、脾破裂而死亡。

四、病理变化

主要病变是在患病组织器官出现增生性结核结节、渗出性炎症、干酪样坏死或钙化灶。

(1)牛　牛结核病灶常见于肺、肺门淋巴结、纵隔淋巴结，其次为肠系膜淋巴结。切面有突起的白色或黄色结节，切开后有干酪样的坏死，有的钙化，切时有沙砾感，有的坏死组织溶解和软化，排出后形成空洞。“珍珠病”时，胸腔或腹腔浆膜可出现密集的结核结节或溃疡。乳房结核多发生于进行性病例，切开乳房可见大小不等的病灶，内含干酪样物质。

(2)猪　猪结核病灶多见于头颈部淋巴结和腹腔淋巴结，表现为干酪样坏死和钙化。

(3)禽　禽结核病灶多见于肠道、肝、脾、骨骼和关节。

五、诊断

根据畜禽不明原因的渐进性消瘦、咳嗽、气喘，肺部听诊异常，顽固性下痢，体表淋巴结肿胀等，可怀疑为本病，剖检有特异性结核结节病变，可以做出初步诊断，确诊需进行实验室检查。

1. 细菌学诊断

采取活畜禽的痰液、乳汁、粪便或其他分泌物（最好采取集菌处理），死后采取病变组织涂片，经抗酸染色后镜检，见红色的小杆菌可确诊，或做分离培养和动物接种实验。

2. 血清学检查

可采用荧光抗体技术和酶联免疫吸附试验（ELISA）检查病原或检测抗体，诊断快速、准确、检出率高。

3. 变态反应诊断

变态反应是指利用结核菌素对动物结核病进行检疫的主要方法，以往使用的结核菌素有老结核菌素（OT）和提纯结核菌素（PPD）2 种。PPD 比 OT 特异性高，非特异性反应低，检出率高。

六、防制

健康牛群，每年春秋各进行 1 次检疫。检出阳性牛，立即隔离或淘汰，其他牛群按假定健康牛群处理。引入牛时需严格进行产地检疫，检疫结果阴性方可引进，运回后隔离观察 1 个月以上，再进行 1 次检疫，确认健康方可混群。

污染牛群，应反复多次检疫，阳性反应牛应立即淘汰。可疑反应牛隔离观察、复检，如仍为可疑，按阳性牛处理。其余牛按假定健康牛处理。病牛分娩前对后躯和乳房进行消毒。犊牛出生后立即送往预防室隔离饲养。病牛所产犊牛，出生后只吃 3～5 d 初乳，以后喂以消毒乳或健康牛乳。犊牛出生后 1 月龄、3～4 月龄、6 月龄进行 3 次检疫，呈阳性反应的立即淘汰，阴性者放入假定健康牛群中饲养。

对于假定健康牛群，1年进行4次检疫，直到没有阳性牛检出为止。然后在1～1.5年进行3次检疫，如果3次检疫结果均为阴性，即为健康牛群。

加强消毒工作，每年进行2～4次预防性消毒，饲养用具每个月定期消毒1次。检出病牛后进行临时彻底的大消毒，粪便喷洒消毒剂后堆积发酵，尸体深埋或化制。

七、公共卫生

人感染动物结核病多由牛型结核杆菌所致，特别是小孩饮用带菌的生牛奶而患病，所以饮用消毒牛奶是预防人患结核病的一项重要措施。为了消灭传染源，应对牛群采取检疫、淘汰并扑杀结核病牛，净化污染群，培育健康牛群；婴儿注射卡介苗；与病人、病畜禽接触时应注意个人防护。治疗人结核病有多种有效药物，以异烟肼、链霉素和对氨基水杨酸钠等最为常用。我国结核病疫情还具有感染率高、患病率高、死亡率高、耐药率高、农村疫情高于城市、疫情递降速度缓慢等特征。

第六节　布鲁氏菌病

一、简介

布鲁氏菌病（简称布病）是由布鲁氏菌引起的人畜共患慢性传染病。各种动物临床表现不完全一致，常见于牛、羊和猪等家畜，并由它们传给人和其他家畜。以生殖器官和胎膜发炎，引起流产（临床上主要是流产）、不育和各种组织局部病状为特征。该病被国际兽疫局定为B类传染病，我国也将其列入二类动物疫病。

本病广泛分布于世界各地。我国分布较广，曾经在某些地区的流行相当严重，通过多年的检疫淘汰，目前该病已基本得到控制，发病率逐年下降。

二、病的发生

1. 病原

本病的病原是布鲁氏菌，为细小的球杆菌，一般不形成荚膜，革兰氏染色阴性。布鲁氏菌属共有6个种，18个生物型。6个种是马尔他布鲁氏菌（3个生物型）、流产布鲁氏菌（8个生物型）、猪布鲁氏菌（4个生物型）、犬布鲁氏菌、沙林鼠布鲁氏菌和绵羊布鲁氏菌。马尔他布鲁氏菌主要感染绵羊、山羊，也能感染牛、猪、鹿和骆驼等；猪布鲁氏菌主要感染猪，也能感染鹿、牛和羊；流产布鲁氏菌主要感染牛、马和犬，也能感染水牛、羊和鹿；其他3种布鲁氏菌除感染本属动物外，对其他动物致病力很弱或基本无致病力。

本菌对外界环境有较强的抵抗力。在污染的土壤中能存活2个月以上，粪尿中可存活45 d，羊毛上可存活3～4个月，在冷暗处的胎儿体内能存活6个月左右。对热较敏感，巴氏灭菌法10～15 min杀死，煮沸立即死亡。常用的消毒剂如3%来苏儿、2%氢氧化钠可在1 h内将其杀死，5%石灰乳需2 h、2%福尔马林需3 h将其灭活。对盐酸四环素、利福平、卡那霉素、硫酸链霉素等敏感。

2. 易感动物

本病的易感动物种类很多，羊、牛、猪最易感，其次是水牛、牦牛、羚羊、鹿、骆驼、野猪、犬、猫、狐、狼、野兔和猴等，鸡、鸭及一些啮齿类动物也有感染的报道。在一般情况下，初产动物最为易感，流产率也最高，随着产仔胎次的增加易感性也逐渐降低。

3. 传染源

本病的传染源主要是发病及带菌的羊、牛、猪和犬。患病畜禽的分泌物、排泄物、乳汁和流产胎儿等含有大量病菌。家畜感染后，可终身带菌，成为传染源。

4. 传播途径

本病的传播途径包括皮肤黏膜、消化道、呼吸道以及苍蝇携带和吸血昆虫叮咬等。感染畜禽首先在同种畜禽间传播，造成带菌或发病，随后波及人类。

5. 流行特点

本病一年四季都有发生，但产仔季节发病，牧区发病率明显高于农区。母畜感染后一般第一胎流产的多，以后多不再流产（带菌免疫）。新疫区流产率高。检疫制度不健全、集市贸易、频繁的流动、毛皮收购与销售等都能促进本病的传播。

三、临床症状

(1)牛　潜伏期2周至6个月。母牛最明显的症状是流产，流产可发生于妊娠后的任何时期，通常在妊娠后的第6～8个月。流产前表现出分娩的征兆，如阴道黏膜潮红肿胀，有粟粒大的结节，阴道流出灰白色或灰色黏性分泌物。阴唇及乳房肿胀，不久即发生流产。流产胎儿多为死胎、弱胎，弱胎于生后不久死亡。多数母牛流产后发生胎衣滞留（尤其是在妊娠后期流产）和子宫内膜炎。从阴道流出污秽不洁的红褐色恶臭分泌物，持续1～2周后消失。有的病例长期不愈，导致不孕。未发生胎衣滞留者，病牛可迅速康复，再次受孕，但可能再次流产。公牛感染后主要发生睾丸炎和附睾炎。除以上明显症状外，还常见关节炎、滑液囊炎，偶见腱鞘炎和乳房炎。

(2)羊　流产多发生于妊娠后3～4个月。流产前症状一般不明显。有的病羊在流产前表现精神沉郁、食欲减退、胃肠迟缓，喜伏卧，阴道流出黏液性或带血的分泌物。此外，还可能有乳房炎、关节炎、滑膜炎及支气管炎。公羊感染后常发生睾丸炎、附睾炎及多发性关节炎。

(3)猪　流产多发生于妊娠后的4～12周。流产前病猪体温升高，食欲减退，阴唇和乳房肿胀，阴道流出黏液性或黏液脓性分泌物。流产后很少发生胎衣滞留，少数病例因胎衣滞留造成子宫内膜炎，引起不育。公猪常见睾丸炎和附睾炎。有的病猪发生皮下脓肿、关节炎、腱鞘炎。个别病例出现后肢麻痹。

四、病理变化

牛、羊的病变大致相同，可见胎衣水肿增厚，并有出血点，呈黄色胶样浸润，表面覆以纤维蛋白絮片和脓液。绒毛叶贫血，覆有纤维素性、脓性渗出物或黄色脂样渗出物。胎儿皮下及肌间结缔组织出血性浆液性浸润，胸腹腔有淡红色液体。真胃内有淡黄色或白色黏液絮状物，胃肠黏膜出血。淋巴结肿大，多发生于颌下、颈部、腹股沟和咽淋巴结，灰黄色、较为坚硬。流产胎儿和胎衣的病变不明显，偶见胎衣充血、水肿及斑状出血，少数胎儿皮下有出血性液体，腹腔液增多，有自溶性变化。公牛睾丸、附睾和前列腺等处有脓肿。母牛子宫黏膜的脓肿为灰黄色，呈粟粒状。

猪的病变与牛、羊基本相似，但流产猪的子宫可见多发性黄白色高粱粒大小的结节病变，病变位于黏膜深层，并向黏膜面凸起，称为子宫粟粒性病变。

五、诊断

根据流行病学调查，孕畜发生流产，第一胎流产多，胎衣不下，子宫内膜炎，不孕；公畜发生睾丸炎、附睾炎，不育；同群家畜中有发生关节炎、腱鞘炎。结合胎儿、胎衣的病理变化，可怀疑为本病，确诊需进行实验室诊断。

1. 细菌学检查

通常取胎儿、胎衣、阴道分泌物、乳汁等作为病料，直接镜检(柯氏染色)如反应为红色，可以确诊。同时接种于含10%马血清的马丁琼脂斜面，如病料有污染可以用选择性培养基。

2. 血清学试验

试管凝集试验、平板凝集试验是牛、羊、猪检疫的常用方法；全乳环状试验常用于无污染牛群布鲁氏菌病的监测。此外，还可用反向间接血凝试验、抗球蛋白试验、荧光抗体试验、酶联免疫吸附试验(ELISA)、DNA探针及聚合酶链反应

(PCR)诊断技术等。

六、防制

加强畜禽群的保护措施,不从疫区引进可能被病菌污染的饲草、饲料和畜禽产品;尽量减少畜禽群的移动,防止误入疫区。加强检疫措施,对易感畜禽群每2~3个月进行一次检疫,检出的阳性畜禽及时清除淘汰,直至全群获得两次阴性结果为止。如果畜禽群经过多次检疫并将患病动物淘汰后仍有阳性畜禽不断出现,则可应用菌苗进行预防接种。

我国普遍使用猪布鲁氏菌 S_2、羊布鲁氏菌 M_5 菌苗免疫接种,均有较好的免疫效果。国际上多采用弱毒苗,如牛流产布鲁氏菌 19 号菌苗 (S_{19})、马尔他布鲁氏菌 Rev 菌苗。也有使用灭活苗的,如牛流产布鲁氏菌 45/20 菌苗和马尔他布鲁氏菌 53H38 菌苗等。弱毒苗具有一定的残余毒力,防疫人员应做好自身防护工作。

七、公共卫生

人因接触病畜或食用受污染的牛奶或奶制品而感染,潜伏期 1~3 周。临床特点是缓慢发病,长期发热、多汗、虚弱、全身痛和关节痛,急性期症状多在 3~6 个月内消退。体检可以发现患者淋巴结有轻度肿大,偶见肝、脾、扁桃体和睾丸肿大。

人类布鲁氏菌病的预防,首先要注意职业性感染,养殖场的饲养员、人工授精人员,屠宰场、畜产品加工厂的工作人员以及兽医、实验室工作人员等,必须严格遵守防护制度和卫生消毒措施。还应接种 M_{104} 冻干活菌苗,免疫期 1 年,第 2 年复种 1 次,以后不必再接种。

第七节 破 伤 风

一、简介

破伤风又称强直症、锁口风,是由破伤风梭菌引起一种人畜共患的急性创伤性中毒性传染病。特征是患病动物骨骼肌持续性痉挛和神经反射兴奋性增高。

破伤风 2 000 多年以前已被人们认识,1884 年 NicolAier 发现破伤风梭菌。本病广泛分布于世界各国,呈散发性发生。

二、病的发生

1. 病原

本病的病原为破伤风梭菌,又名强直梭菌,是一种两端钝圆、细长、平直或稍弯的革兰氏染色阳性大杆菌，无荚膜、有鞭毛、有芽孢。芽孢圆形位于菌体一端，呈鼓槌状。本菌为严格厌氧菌。在厌氧的条件下生长繁殖并产生2种外毒素，一种为痉挛毒素，是一种神经毒，其毒性仅次于肉毒梭菌，这种毒素对热敏感，经甲醛处理后可成为类毒素；另一种为溶血毒素，可使红细胞发生溶血，组织坏死，与破伤风梭菌的致病性无关。

破伤风梭菌繁殖体抵抗力不强，一般消毒药均能在短时间内将其杀死，但芽孢抵抗力极强，在土壤中可存活几十年，煮沸经1～3 h才能杀死。消毒药10%漂白粉和10%碘酊10 min、5%石炭酸15 min、1%升汞和1%盐酸30 min可将其杀死。

2. 易感动物

各种家畜均有易感性，其中单蹄兽最易感，其次是猪，牛、羊和犬发病较少见。幼龄动物较老龄动物更为易感。人的易感性也很高。

3. 传染源

破伤风梭菌广泛存在于自然界，但感染本病主要是由于创伤引起，特别是钉伤、断脐、阉割、鞍伤、带鼻环及大手术等。有些病例见不到伤口，这可能因为患病动物在潜伏期创伤已经愈合，或经损伤的胃肠道黏膜、子宫内感染而发病。

4. 传播途径

患病动物不能直接传染给健康动物。但在临床上有1/3～2/5的病例往往查不到伤口，可能是创伤已愈合或可能经子宫、消化道黏膜损伤感染而发病。

5. 流行特点

本病多为散发，无明显季节性。幼龄动物的感受性较高。

三、临床症状

潜伏期一般为1～2周，短的1 d，长的可达40 d。

(1)单蹄动物　多因蹄系部损伤、鞍伤和脐带伤引起。主要是骨骼肌强直性痉挛及反射兴奋性增强。病初咀嚼缓慢，运步强拘，不易发现。随病程发展，出现开口困难，采食、吞咽障碍。重症的则牙关紧闭，不能采食和饮水，流涎。头颈伸直，凹背弓腰，腹部蜷缩，尾根高举，四肢开张如木马状。反射兴奋性增强，遇到声音或光线等刺激时，表现惊恐，肌肉痉挛加重，全身战栗，大汗淋漓，往往不能站立。病畜体温正常，意识清醒。临死前体温升高，病程一般8～10 d，病死率45%～90%。

(2)羊　多由剪毛引起。病羊全身肌肉强直，角弓反张，伴有轻度瘤胃臌气及下痢。母羊多产死胎或胎衣停滞；羔羊多因脐带感染引起，病死率极高，几乎可达100%。

(3)猪 常因阉割而感染。病猪牙关紧闭，瞬膜外露，四肢僵硬，全身痉挛及角弓反张。多在1～3 d死亡。

四、诊断

根据病畜特殊的症状，如骨骼肌持续痉挛，反射兴奋性增强，体温正常，神志清醒，并有创伤病史，可以确诊。对于症状不明显的应注意与急性肌肉风湿症、脑炎等鉴别。急性肌肉风湿症无创伤史，体温稍高，应激性不增强，局部肌肉肿胀、疼痛，水杨酸制剂可治疗。脑炎病畜也无创伤史，各种反射机能减退或消失，视力障碍，昏迷不醒并有麻痹症状。

五、防制

在本病常发地区对易感家畜定期接种破伤风类毒素，牛、马等大动物在阉割等手术前一个月进行免疫接种，可起到预防本病作用。平时要注意饲养管理和环境卫生，防止家畜受伤。发现病畜时应加强护理，将其安置在光线较暗的安静处及时治疗。

1. 创伤处理

对创口要进行清创，创伤深、创口小的要进行扩创，彻底清除创内脓汁、坏死组织、异物等，然后用3%双氧水或0.1%高锰酸钾消毒，再用2%～5%碘酊涂擦，然后撒布碘仿磺胺粉。创口周围用青霉素、链霉素分点注射。

2. 药物治疗

早期使用破伤风抗毒素，疗效较好，剂量20万～80万IU，分3次注射，也可一次全剂量注射。同时应用40%乌洛托品，成年马、牛50 mL，静脉注射，每天1次，连用7～10 d。犊牛、幼驹及中小动物酌减。配合使用青霉素、链霉素作全身治疗。

3. 对症治疗

当病畜兴奋不安和强直痉挛时，可用氯丙嗪肌肉注射或静脉注射，每天早晚各1次，也可应用水合氯醛25～40 g与淀粉浆500～1 000 mL混合灌肠，或水合氯醛与氯丙嗪交替使用。用25%硫酸镁作肌肉注射或静脉注射，以缓解痉挛症状。对咬肌痉挛、牙关紧闭者，可用1%普鲁卡因溶液于开关、锁口穴位注射，每天1次，直至开口为止。

4. 加强护理

将病畜置于光线较暗的厩舍内，避免各种刺激。不能站立的用吊带吊起。发生褥疮时，局部涂擦碘酊或龙胆紫，防止继发感染。给予充足的饮水和易消化的饲料。不能采食者，用胃管投给流食。

六、公共卫生

人的破伤风多由创伤感染引起，病初低热不适、头痛、四肢痛、咽肌痉挛，继而出现张口困难、牙关紧闭、呈苦笑状，随后颈背、躯干及四肢肌肉发生阵发性强直痉挛，不能坐起，颈不能前伸，两手握拳，两足内翻，咀嚼困难，饮水呛咳，有时可出现便秘和尿闭，严重时呈角弓反张状态。任何刺激均可引起痉挛发作或加剧。

一旦出现创伤，应正确处理伤口，防止厌氧环境形成，并及时注射破伤风抗毒素。此外，还应注意要用科学的方法接产，防止新生儿脐带感染。

第八节　李氏杆菌病

一、简介

李氏杆菌病是由单核细胞增生性李氏杆菌引起的一种人畜共患的散发性传染病。家畜主要表现败血症、脑膜脑炎，孕畜流产；家禽和啮齿类动物表现脑膜炎、坏死性肝炎和心肌炎。20 世纪 80 年代以来，因食用被污染的动物性食物而屡发李氏杆菌病，人类才认识到它还是一种食物源性传染病，并开始广泛关注本病。本病广泛分布于全世界，我国的许多省、市都有发生。

二、病的发生

1. 病原

本病的病原为单核细胞增生性李氏杆菌，其在分类上属于李氏杆菌属。该菌是一种革兰氏染色阳性的小球杆菌，无荚膜，无芽孢，在抹片上单个分散或两个菌体排成“V”形或并列。现在已知的有 13 个血清型和 11 个亚型。

本菌抵抗力不强，在土壤、粪便中可存活数月。对食盐耐受性较强，在 20%食盐溶液内能长期存活。65℃经 30～40 min 才能将其灭活，巴氏消毒法和一般消毒剂可将其杀死。对氨苄青霉素、链霉素、硫酸新霉素、四环素和磺胺类药物敏感。

2. 易感动物

家畜中以绵羊、猪最易感，牛、山羊次之，马、犬、猫发病较少；家禽中以鸡、火鸡、鹅较易感，鸭较少感染。各种年龄的动物都可感染发病，以幼龄较易感，发病较急，妊娠母畜也较易感。

3. 传染源

患病和带菌动物是本病的传染源。其粪，尿，乳汁，精液以及眼、鼻、生殖道的分泌液都能分离到本菌。

4. 传播途径

本病的传播途径尚不完全清楚，自然感染可能是通过消化道、呼吸道、眼结膜及损伤的皮肤。污染的饲料和饮水可能是主要的传播媒介。

5. 流行特点

本病通常为散发，有一定的季节性，主要发生在冬季和早春，多见于饲喂青贮饲料的反刍动物。偶尔可见地方流行性，一般只有少数发病，但病死率较高。

三、临床症状

本病的潜伏期 2～3 周，短的数天，长的可达数月。

(1)牛、羊　病初体温升高，不久降至常温；表现精神沉郁、呆立、低头垂耳、轻热、流涎、流鼻涕、流泪、不随群行动、不听驱使。不安，哞叫；头颈一侧性麻痹，弯向对侧，该侧耳下垂，眼半闭，以至视力丧失；沿头的方向旋转(回旋病)或作圆圈运动，遇障碍物，则以头抵靠不动；颈项强硬，有的呈现角弓反张，最后呈昏迷状，卧于一侧，强使其翻身，又很快翻转过去，直至死亡。妊娠母畜常发生流产。病程短的 2～3 d，长的 1～3 周或更长。

(2)猪　多表现脑膜脑炎症状。病猪兴奋，运动失调，做圆圈运动，有的头向后仰，两前肢或四肢张开呈观星状。病初体温升高，后期体温下降至 36～36.5℃，有的后肢麻痹不能站立，侧卧，最后抽搐，口吐白沫，四肢划动，应激性增强，病程 1～3 d，多因败血症死亡，病死率高。较大的猪症状较轻，表现共济失调，个别后肢麻痹拖地而行，病程达 1 个月以上。妊娠母猪发生流产。

四、病理变化

一般见脑膜脑炎病变。脑脊髓液增多，稍浑浊，脑干变软，有小化脓灶，牛、羊的脑和脑膜充血、水肿，脑脊髓液增多。败血症的病畜，肝脏有坏死。家禽心肌和肝脏有坏死灶或广泛坏死。反刍动物和马不见单核细胞增多，而常见中性粒细胞增多。流产的母畜可见到子宫内膜充血以至广泛坏死，胎盘子叶常见有出血和坏死。

五、诊断

临床上有神经症状，孕畜流产，血液中单核细胞增多的病畜，可疑为本病，确诊要进行实验室诊断。

1. 细菌学诊断

采取血液、脑、肝、脾等病变组织涂片或触片，革兰氏染色，镜检。如见革兰氏染色阳性、呈“V”形排列的细小杆菌，可做出初步诊断。

2. 血清学实验

血清学试验可用凝集试验和补体结合反应，直接荧光抗体染色法可快速、准确地检出病原菌。

应注意与表现神经症状的其他疾病如脑包虫病、伪狂犬病、猪传染性脑脊髓炎相鉴别。

六、防制

加强防疫措施，不从疫区引进畜禽，消灭鼠类及体外寄生虫。预防的关键在于控制该菌的污染，避免用污染的青贮饲料喂牲畜。发病时应立即隔离、消毒、治疗。病死畜禽尸体应化制处理。

本病的治疗常用青霉素、链霉素或庆大霉素。链霉素效果较好，但容易引起抗药性。有人用大剂量的抗生素或磺胺类药物，一次治疗病猪，获得满意效果，但有神经症状的绵羊和仔猪，治疗困难。

第九节　传染性海绵状脑病

传染性海绵状脑病是由朊病毒引起人和动物的一组致死性中枢神经系统变性传染病，又称朊病毒病。包括牛海绵状脑病、痒病、貂传染性脑病和人的克-雅二氏病、库鲁病等。共同特征是潜伏期长(可达几个月至几十年)，伴有进行性共济失调、震颤、姿势不稳、知觉过敏、痴呆等神经症状，病程发展缓慢，但全部以死亡告终。牛海绵状脑病和痒病被国际兽疫局定为A类传染病，我国也将其列入一类动物疫病。

一、牛海绵状脑病

(一)简介

牛海绵状脑病俗称“疯牛病”，是牛的一种以潜伏期长、病情逐渐加重、终归死亡为特征的传染性脑病。主要表现为行为反常、运动失调、轻瘫、体重减轻、脑灰质海绵状水肿和神经元空泡化。

本病于1986年首次发生于英国，于20世纪90年代传播到整个欧洲，近年又传到亚洲，已成为继艾滋病之后世界性特殊传染病，给人类健康和畜牧业发展造成重大的威胁。

(二)病的发生

1. 病原

本病的病原为一种朊病毒，它是一种亚病毒因子，不同于一般病毒，也不同于类病毒，即不含任何种类的核酸，是一种特殊的具有致病力的糖蛋白。

2. 易感动物

不同品种和性别的牛均可发病，发病牛常为3～11岁，但多发于3～5岁的牛，2岁以下或10岁以上牛很少发生。牛海绵状脑病可传至猫和多种野生动物，也可传染给人。

3. 传染源

患痒病的绵羊、牛海绵状脑病病牛及带毒牛是主要的传染源。

4. 传播途径

该病主要是由于摄入混有患痒病的病羊或患牛海绵状脑病的病牛尸体加工成的骨肉粉而经消化道感染。

(三)临床症状

本病潜伏期平均为5年，疾病呈进行性发展。表现为焦虑不安、恐惧、狂暴、神志恍惚、磨牙、两耳一只前伸另一只位置正常或向后。病畜由于胆怯、恐惧，当有人靠近或追逼时出现攻击性行为，故俗称疯牛病。病程多为1～4个月，少数长达1年左右。病牛多因极度消瘦，以死亡而告终，病死率100％。

(四)病理变化

肉眼观察病理变化不明显，组织学检查有明显的特征，主要见于中枢神经系统，表现脑干灰质出现两侧对称性的海绵状外观(为脑组织的空泡化)，在神经纤维网和神经细胞中含有数量不等的卵圆形或圆形空泡或微小空隙。常在空泡形成部位出现神经胶质增生，胶质细胞肥大；神经元变性、消失；大脑淀粉样变性；无任何炎症变化。组织学病理检查是该病诊断必不可少的常规检查，对确诊具有决定性意义。

(五)诊断

根据特征的症状和流行病学特点可做出初步诊断。因本病既无炎症反应，又不产生免疫应答，病牛的血清生化指标也无显著异常，目前定性诊断以大脑组织病理学检查为主。

(六)防制

目前尚无有效的治疗方法，也无疫苗可用。我国尚未发现该病，应加强口岸检疫和邮检工作，禁止从有疫情国家和地区进口易感动物、动物性饲料、牛肉、牛精液和胚胎等，禁止在饲料中添加反刍动物蛋白质(肉骨粉等)。发病时要严格隔离、封锁、消毒，捕杀、销毁病牛和可疑病牛，严禁屠宰和销售病牛及其肉制品。还应建立疯牛病监测系统，对疯牛病采取强制性检疫和报告制度。

(七)公共卫生

人类多因食用患有牛海绵状脑病的牛肉后，出现人类的新克-雅二氏病。人患本病缓慢，发病前有感冒样前驱症状，呈低烧、流涕、头痛、乏力、体重下降等症状，患者出现精神、行为异常，性格、脾气改变，记忆力减退，神经活动障碍、痴呆。病末期出现意识障碍、木僵状态、昏迷和并发肺部感染死亡。预防本病，主要采取以下措施：消灭传染源，对患病的牛羊扑杀、焚烧或深埋，对患者进行严格管理；切断传播途径，不食患病牛羊肉，改变不良风俗习惯；提高易感人群的免疫力。

二、痒病

(一)简介

痒病又称“驴跑病”或“搔痒病”，是成年羊的一种传染性中枢神经系统传染病。该病潜伏期长、缓慢发展，主要表现为剧痒、肌肉震颤、衰竭、委顿、瘫痪，最后死亡。

本病在 18 世纪中叶发现于英格兰，随后传播到欧洲许多国家以及北美和世界其他地区。我国 1983 年从苏格兰引进的边区莱斯特羊群中发现该病，由于采取果断措施，及时扑灭了疫情。

(二)病的发生

1. 病原

本病的病原为朊病毒。

2. 流行病学

患病羊和带毒羊是本病的主要传染源。不同性别、不同品种的羊均可发病，常见于 2～4 岁的绵羊，山羊发病很少。据报道，本病可以经垂直和水平 2 种方式传播。绵羊与山羊之间可以接触传播。感染母羊的胎膜和胎盘内含有痒病病毒，可垂直传染胎羊和羔羊。

(三)临床症状

自然感染潜伏期为1～5年或更长,1岁以下的羊极少出现临床症状。病羊体温不高,食欲正常。病初表现沉郁、敏感、易惊、癫痫等,或表现过度兴奋、抬头、竖耳、眼凝视,以一种特征的高抬腿姿态跑步,驱赶时常反复跌倒。随着病情的发展,共济失调逐渐严重,头颈部肌肉发生震颤。病羊不断摩擦其背部、体侧、臀部和头部,一些病羊还用其后肢搔抓胸侧、腹侧和头部,并常自咬其体侧和臀部皮肤,致使颈部、体侧、背部和荐部等大面积的皮肤出现秃毛区。触摸病羊可反射地刺激其伸颈、摆头、咬唇和舔舌的运动。视力丧失。病程从几周到几个月,甚至1年以上,所有病羊最终死亡。

(四)病理变化

内脏常无肉眼可见的病理变化,脑组织学病变与牛海绵状脑病相似。

(五)诊断

依据典型的临床症状(潜伏期长、有痒病病史、擦痒、反射性咬唇舔舌和共济失调等)和特征性的病理组织学变化即可做出诊断。确诊还必须进行实验室诊断。

(六)防制

因本病的潜伏期长、发展缓慢、无免疫应答等的特殊性,一般的防制措施无效。必须加强疫情监测,坚决不从有痒病史的地区引进种羊,本病尚无有效的疫苗和治疗药物。

第十节　衣原体病

一、简介

衣原体病又称鹦鹉热或鸟疫,是一种由衣原体引起的人畜共患的传染病。牛、羊、猪等发病后以流产、肠炎、肺炎、结膜炎、多发性关节炎和脑炎为特征。

本病分布于世界各地,我国也有发生,对养殖业造成了严重的危害,成为兽医和公共卫生的一个重要问题。

二、病的发生

1. 病原

本病的病原为衣原体，是衣原体科衣原体属的一类严格在真核细胞内寄生的原核型微生物。呈圆形或椭圆形，有细胞壁，含有 DNA 和 RNA 两种核酸。衣原体属目前认为有 4 个种，包括沙眼衣原体、鹦鹉热衣原体、肺炎衣原体和反刍动物衣原体。其中，鹦鹉热衣原体和反刍动物衣原体是动物衣原体病的主要致病菌，人也有易感性。在受感染的细胞内可见各种形态的包涵体，经姬姆萨染色，包涵体呈深紫色，对诊断有特征意义。

2. 易感动物

衣原体病是自然疫源性传染病。目前发现至少有 17 种哺乳动物，190 余种鸟类和家禽能够自然感染。牛、羊、猪、鹦鹉和鸽较易感，其次是鸭和火鸡，鸡有抵抗力。

3. 传染源

发病动物及所有带菌动物都是本病的传染源，并且互为传染源。

4. 传播途径

衣原体随其分泌物、排泄物排出，污染饲料和饮水等，主要通过消化道感染，也可经污染的尘埃、飞沫经呼吸道或眼结膜感染，交配也可感染，子宫内感染也有可能。羽螨、鸡虱、蜱和蚤可起传播媒介作用。

5. 流行特点

本病的发生没有明显的季节性，但犊牛肺肠炎病例冬季较夏季多；羔羊关节炎和结膜炎常见于夏、秋季节。本病的流行形式多种多样，妊娠牛、羊、猪流产常呈地方流行性；羔羊、仔猪发生结膜炎或关节炎时多呈流行性；而牛发生脑脊髓炎则为散发性。

三、临床症状

(1)牛　妊娠后期的特别是初次妊娠的母牛，常发生流产，流产率可达 60%。青年公牛表现精囊炎、副睾炎和睾丸炎的慢性炎症。6 月龄以内的犊牛，表现为肺炎和胃肠炎，症状轻重不一，有的呈隐性感染，多发生于夏季。2 岁以下的牛，多表现散发性脑脊髓炎（伯斯病），病牛体温升高至 40.5～41.5℃，衰弱、拒食、消瘦，行走摇摆，共济失调，病死率约为 30%。3 周龄以下的犊牛，有多发性关节炎，主要表现发热和关节肿大。

(2)羊　特征为流产、死产和产弱羔。流产发生于妊娠的最后1个月,产后多见胎衣滞留,阴道流分泌物。病情好转以后不再流产。如继发感染,则引起子宫内膜炎而死亡。绵羔羊多发生滤泡性结膜炎,主要发生于夏、秋季节,发病率可达90%,主要表现一眼或双眼结膜充血水肿,角膜浑浊,瞬膜和眼睑结膜上形成直径1～10 mm的淋巴样滤泡,病程一般为6～10 d。羔羊发生多发性关节炎,多发生于育肥羔羊和哺乳羔羊,尤以3～5月龄羔羊多见。病羔体温升高,一肢或四肢跛行,肢关节肿胀疼痛,常伴发滤泡性结膜炎,但有结膜炎的病羊不一定有关节炎,病程2～4周,死亡率低,呈地方流行性。山羊和绵羊肺炎,病羊精神沉郁,拒食,有浆液、黏液或脓性鼻液,有时体温升高,呼吸困难,下痢,逐渐消瘦,常有巴氏杆菌、链球菌等继发感染。

(3)猪　可引起母猪发生流产、死产、弱胎和不孕等繁殖障碍性传染病,仔猪发生肺炎、肠炎、多发性关节炎、结膜炎、尿道感染等多种传染病。

(4)禽　禽类感染后多呈隐性经过,尤其是鸡、野鸡和鹅等,但火鸡和幼龄的鹦鹉、鸽、鸭等感染后呈显性感染。病禽表现腹泻,排灰褐色或带有绿色的稀便,颈无力、头下垂、精神委顿,有时从鼻孔或喙处流出水样或黏液脓性分泌物。呼吸频率加快、呼吸困难,出现明显的呼吸音。后期严重脱水,消瘦死亡、幼龄鹦鹉和雏鸽的病死率可达75%～90%,火鸡为10%～30%。

四、病理变化

(1)牛、羊、猪　以胎盘炎症和胎儿病变为主。呼吸道黏膜为卡他性炎症。肺的尖叶、心叶、整个或部分隔叶有紫红色至灰红色的实质病变灶,界限清楚。肺间质水肿、膨胀不全。支气管管壁增厚,切面多汁呈红色,有黏稠分泌物流出。真胃黏膜充血。肠黏膜急性卡他性炎症,肠系膜淋巴结肿大、出血。大的关节如枕骨关节,常有淡黄色液体,滑液膜水肿并有不同程度的点状出血,附有疏松或致密的纤维素性碎屑和斑块。滑液膜表面粗糙。尸体消瘦、脱水。中枢神经系统充血、水肿。脑脊髓液增多,大脑、小脑和延脑有弥漫性炎症变化。有些慢性病例还伴有浆液性纤维素性腹膜炎、胸膜炎或心包炎。在各脏器的浆膜面上有厚层纤维蛋白覆盖物。

(2)禽　病变以消瘦和发生浆膜炎为主。出现浆液性或浆液性纤维性腹膜炎、心包炎和气囊炎。肝和脾肿大、有灰黄白色珍珠状小坏死灶,肝周炎。气囊增厚、粗糙,内有渗出物及白色絮片。其他脏器表面被覆一层纤维蛋白样渗出物,卵巢充血或出血,内容物呈黄绿色胶冻状或水样。

五、诊断

本病经实验室检查方可确诊。

1. 微生物学诊断

采取新鲜的病料涂片，经姬姆萨染色后镜检，如有包涵体即可以确诊。

2. 血清学诊断

常用补体结合反应。一般用加热处理过的衣原体悬液作为抗原，来测定被检血清。通常采取急性期和恢复期双份血清，如抗体滴度增高 4 倍以上为阳性。据报道，DNA 探针和聚合酶链反应(PCR)技术现已用来进行衣原体病的鉴定。

六、防制

防制本病应采取综合性的措施。在规模化养殖场，应建立密闭的饲养系统，对外来鸟类要严格实施隔离检疫，杜绝病原体侵入。疫区内的母羊可于配种前接种羊衣原体性流产疫苗，免疫期可达 3 年。

发生本病时，对发病动物应严格隔离或淘汰，对其污染的圈舍及用具进行严格消毒，流产胎儿、胎衣及死亡畜禽尸体深埋或化制，粪便无害化处理。治疗可用四环素等。

第十一节　钩端螺旋体病

一、简介

钩端螺旋体病(简称钩体病)是由致病性钩端螺旋体(简称钩体)引起的一种重要人畜共患病和自然疫源性传染病。动物多为隐性感染，急性病例以发热，黄疸、贫血、血红蛋白尿、出血性素质、流产和皮肤黏膜坏死为特征。

本病广泛分布于世界大多数国家和地区，尤以热带、亚热带地区多见。我国 28 个省区都有本病的发生和流行，在长江流域及长江以南各省区发病最多。

二、病的发生

1. 病原

本病的病原为钩端螺旋体，其个体纤细，柔软，呈螺旋状。一端或两端弯曲呈钩状，能活泼扭转运动，革兰氏染色阴性。普通染料不易使其着色，常用姬姆萨染色呈淡紫红色，镀银染色呈棕黑色。能产生溶血素具有毒素的作用。此外，钩体还有内毒素样物质。我国已从人和动物中分离出18个血清群，包括70个血清型的致病性钩体，以黄疸出血群、犬群、波摩那群、澳洲群、爪哇群、流感伤寒群和七日热群为主。

钩体对自然环境抵抗力较强，在水田、池塘、沼泽及淤泥中可生存数月或更长。对热、酸或碱敏感，60℃经10 s即可杀死。常用的消毒剂如0.1%石炭酸、0.25%甲醛在5～10 min内即可将其杀死。当水中有效氯达2 mg/kg时，可在1～2 h内可杀死水中的钩体。钩体对链霉素、土霉素、四环素和强力霉素敏感。

2. 易感动物

本病是一种自然疫源性传染病，几乎所有的温血动物都可感染，但以幼龄动物发病较多。啮齿动物是最重要的贮存宿主，鼠类感染后，带菌时间长达1～2年，甚至终生。

3. 传染源

家畜中以猪、牛、犬的带菌和发病率较高，成为重要的传染源。鼠类感染后，带菌时间长达1～2年，甚至终生。

4. 传播途径

本病主要通过皮肤、黏膜和经消化道食入而感染，也可通过交配、人工授精和菌血症期间通过吸血昆虫如蜱、虻、蝇等传播。钩体侵入动物机体以后，进入血流，最后定位于肾脏，间歇地或连续地从尿中排出，污染周围环境，使家畜和人感染。

5. 流行特点

本病一年四季都可发生，但以7～10月份为流行高峰期，其他月份常个别散发。感染率高，发病率低。幼畜发病较多。以气候温暖、雨量较多的热带和亚热带地区的江河两岸、湖泊、沼泽、池塘和水田地带多发。常表现为散发或地方流行性。饲养管理不善、粪尿与污水不及时清理、饥饿、其他传染病都可促进本病发生，甚至引起死亡。

三、临床症状

动物感染本病后的临床表现多种多样，多为隐性感染。

(1)猪　主要由波摩那群引起，其次为犬群和黄疸出血群。呈散发性，病猪发热、厌食、黄疸和脑膜炎，几天或数小时内突然惊厥死亡，死亡率很高。病猪体温升高，结膜黄染、浮肿或苍白。皮肤发红，擦痒或黄染。有的上下颌、头部甚至全身水肿，尿呈黄色或茶色，血红蛋白尿甚至血尿。有的发生抽搐、摇头等神经症状。母猪发生流产，产出死胎、木乃伊胎或弱胎。病程最短1～2 d，一般1周左右死亡。

(2)牛、羊　急性突然高热，黏膜发黄，尿色暗，含有大量白蛋白、血红蛋白和胆色素，常见皮肤干裂、坏死。病程 3～7 d，病死率很高。剖检可见皮肤、黏膜和皮下组织黄染，各器官有出血点，肝、脾等有坏死灶。

亚急性型常见于乳牛。表现轻热、减食、黄疸，产奶量显著下降或停止，乳色变黄并有血凝块，经 2 周后逐渐好转。孕牛常发生流产，有时兼有急性、亚急性症状。羊与牛的症状基本相似，发病率低。

四、病理变化

各种动物基本相似，主要为皮肤、皮下、浆膜、黏膜明显黄染、出血，皮肤干裂和坏死，口腔黏膜溃疡，肝肿大呈棕黄色，胆囊、肾脏肿大、淤血，慢性病例有散在的灰白色坏死病灶，脾脏肿大、出血，肠系膜、肠、膀胱黏膜等出血，膀胱积有深黄色或红色尿液，胸腔和心包积液、呈黄色，心内膜出血，肺有出血斑点，有些病例在肾、下颌、头颈、背、胃壁等部位出现水肿。

五、诊断

本病症状和病理变化多无特征性，确诊需进行实验室诊断。

1. 微生物学诊断

前期采取发热期血液，中后期采取脊髓液或尿液 3～5 mL，死后取肝、肾、脾和脑等。液体病料差速离心取沉渣暗视野下检查，组织病料制成触片、冰冻切片，用姬姆萨或镀银染色，镜检发现钩体，结合临床症状可以确诊。

2. 血清学诊断

常用凝集溶解实验、酶联免疫吸附试验(ELISA)、炭凝集试验、间接血凝试验、间接荧光抗体法等。DNA 探针技术和聚合酶链反应 (PCR)也逐渐用于临诊诊断，其敏感性和特异性更高。

六、防制

预防本病应采取综合性措施，即消灭传染源，清除被污染的水源、饲料、牧地及污染用具等的病原微生物，定期免疫接种，提高动物机体免疫力。本病常发地区，动物皮下接种钩端螺旋体多价苗。

一般认为链霉素和土霉素等四环素族抗生素对本病有一定疗效。在猪群中发现感染，应全群治疗，饲料加入土霉素连喂 7 d，可以解除带菌状态和消除一些轻型症状。妊娠母猪产前 1 个月连续饲喂添加土霉素的饲料可以防止流产。在病因治疗的同时结合对症疗法，其中葡萄糖维生素 C 静脉注射及强心利尿剂的应用对提高治愈率有重要的作用。

七、公共卫生

人感染本病是由于在污染的水田或池塘中劳作，钩体通过浸泡肢体的皮肤或黏膜侵入体内，因而有“水田区农民职业病”之称，也可通过污染的食物由消化道感染。病人突然发热、头痛、肌肉疼痛，腹股沟淋巴结肿痛，并有蛋白尿及不同程度的黄疸等症状。大多数病人可以康复，少数严重者或治疗不及时则可引起死亡。人钩体病的治疗，一般是以抗生素为主，配合对症、支持疗法，首选药物为青霉素 G，其次为庆大霉素、氨苄青霉素。

本章小结

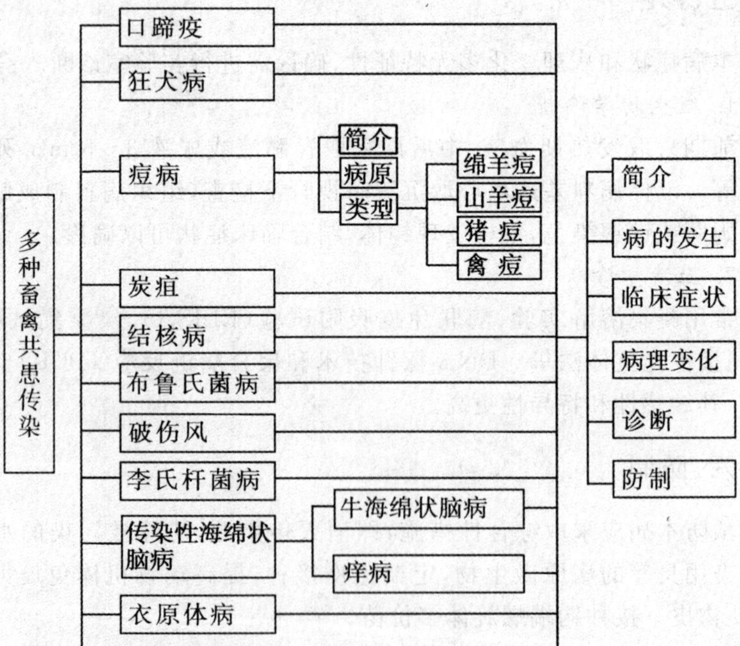

复习思考题

1. 简述口蹄疫的预防及扑灭措施。

2. 简述狂犬病主要传播方式和感染途径，怎样防制？

3. 炭疽的诊断要点有哪些？发生炭疽后的具体防制措施有哪些？

4. 绵羊痘有哪些典型经过及症状？

5. 鸡痘分哪几种类型？每种类型的主要病状是什么？如何防制？

6. 牛结核病的典型临床症状有哪些？

7. 结核病常用的检疫方法和判定标准有哪些？以奶牛为例简述结核病的防制措施。

8. 布鲁氏菌病的临床表现有哪些？

9. 破伤风的典型症状有哪些？

10. 牛传染性海绵状脑病在临床上有哪些特点？

11. 家畜发生衣原体病有哪些病理变化特点？

12. 如何防制钩端螺旋体病？

实训五　口蹄疫的检验

一、实训内容

乳鼠接种试验、血清中和试验、琼脂扩散试验。

二、实训目标

学会口蹄疫的乳鼠接种试验、血清中和试验、琼脂扩散试验的方法以及猪口蹄疫和猪水疱病的鉴别诊断方法。

三、实训材料

1 mL 灭菌注射器及注射针头，灭菌吸管及试管，灭菌剪刀，镊子，橡胶手套，平皿，吸管，金属打孔器，VIA 抗原，口蹄疫 A、O、C 和 Asia 型鼠化毒及标准阳性血清，猪水疱病病毒及标准阳性血清，Tris-盐酸缓冲液（Tris2. 42 g，NaCl3. 8 g，NaN_3 0. 2 g，去离子水加至 100 mL，用 HCl 调 pH 值至 7. 6），pH 7. 6 0. 1 mol/L

PBS液，琼脂糖，1～2日龄和7～9日龄乳鼠，待检血清，被检病料（病猪水疱皮、水疱液）。

四、方法与步骤

（一）乳鼠接种试验

1. 被检病毒液的制备

将病猪的水疱皮先用灭菌的生理盐水或磷酸盐缓冲液冲洗2次，并用灭菌滤纸吸去水分，称重，剪碎，研磨，然后用每毫升加有青霉素、链霉素1 000 IU的灭菌生理盐水或无菌磷酸盐缓冲液制成10倍稀释乳剂，在4～10℃冰箱中作用2～4 h或37℃温箱中作用1 h，备用。

2. 乳鼠接种病毒液

选择营养良好，并有母鼠哺乳的1～2日龄和7～9日龄乳鼠各4～8只，分为2组，分别于其背部皮下各注射被检病毒液0.1 mL。注射时需用镊子夹着小鼠的背部皮肤提起，不要用手接触，以免吃奶小鼠体表因染上人体气味而被母鼠吃悼，如果手碰摸了小鼠，可在注射后在其体表擦少许乙醚以除去气味。为了避免母鼠吃掉小鼠，可在注射前提出母鼠置于另一容器内，待全部注射后再放回母鼠。

3. 结果判定

注射后观察7 d，乳鼠如发病多在24～96 h死亡，如1～2日龄和7～9日龄乳鼠均死亡，即可认为是口蹄疫；如1～2日龄乳鼠发病，而7～9日龄乳鼠仍健活，即可认为是猪水疱病。

（二）血清中和试验

血清中和试验的原理是病毒或毒素与相应抗体结合后，能使其失去对易感动物的致病力或对细胞的感染力，称为中和试验，中和试验不仅可在易感实验动物体内进行，也可在细胞培养或鸡胚中进行。

1. 用已知血清鉴定未知病毒

（1）被检病毒液的制备　按乳鼠接种试验中的方法将病料用生理盐水或磷酸盐缓冲液制成1∶（5～10）的稀释液，于4℃冰箱24 h或室温1～2 h后，以3 000 r/min离心，取上清液即为被检病毒液。

（2）乳鼠注射血清　选用5窝2～3日龄的乳鼠，每窝10只由1只母鼠哺乳，分别皮下注射已知的猪水疱病血清和用生理盐水进行1∶（3～5）稀释的口蹄疫A、O、C、Asia型血清各0.1 mL，每种血清注射1窝，只注射7只，留3只不注射作病毒对照用。

(3)接种病毒液(攻毒)　注射血清6～24 h后,接种被检病毒液,每窝中给注射过血清的7只乳鼠中的5只和3只未注射血清的乳鼠接种,每只皮下注射0.1 mL,余下2只作血清健康对照。

(4)观察与判定　接种病毒后,连续观察6～7 d,每天观察2～3次,如注射猪水疱病血清的乳鼠被保护,血清对照鼠均健活,病毒对照鼠及其他各组鼠均发病死亡,则被检病毒为猪水疱病病毒,而不是口蹄疫病毒,口蹄疫各型病毒的判定以此类推。

2. 用已知病毒鉴定未知血清

(1)被检血清的处理　将被检血清每毫升加青霉素、链霉素各1 000 IU在室温处理1 h。

(2)乳鼠注射被检血清　用5窝1～2日龄乳鼠,每窝10只由一只母鼠哺乳,取以上被检血清给乳鼠各皮下注射0.1 mL,每窝注射7只,留3只作病毒对照。

(3)接种已知病毒液(攻毒)　注射血清后6～24 h,用已知的猪水疱病及猪口蹄疫A、O、C、Asia型病毒进行接种,每一种病毒接种一窝乳鼠,每窝中给注射过血清的7只乳鼠中的5只和未注射血清的3只乳鼠接种,留2只作血清健康对照。已知病毒在接种前用生理盐水作100～1 000倍稀释后,每只小鼠皮下注射0.1 mL。

(4)观察与判定　攻毒后连续观察6～7 d,每天观察2～3次。如果攻水疱病病毒的乳鼠被保护,血清对照乳鼠均健活,而猪水疱病毒对照鼠及攻各型口蹄疫病毒的乳鼠均发病死亡,则被检血清为猪水疱病血清,而不是口蹄疫血清。如为某型口蹄疫血清,则以此类推。

(三)口蹄疫病毒感染相关抗原琼脂扩散试验

本方法用于检测被检动物血清中是否含有口蹄疫病毒感染相关(VIA)抗体(口蹄疫多型抗体),以证实被检动物是否感染过口蹄疫病毒。本试验适用于易感动物的检疫、疫情监测和流行病学调查。操作方法如下:

(1)血清处理　被检血清和阳性血清均以56℃灭能30 min。

(2)琼脂糖平板的制备　取琼脂糖1 g,Tris-盐酸缓冲液100 mL,装入三角瓶中,于沸水中加热或高压,将琼脂糖彻底融化。然后吸取7 mL琼脂液加到平皿里,制成3 mm厚的琼脂板。待琼脂完全凝固后,加盖置于湿盒中,贮藏在4℃冰箱中备用。

(3)打孔　将模板放在琼脂糖平板上,用打孔器通过模板的孔在琼脂板上按图3-1打孔,并挑出孔中的琼脂块。

(4)加样　中心孔加 VIA 抗原,1 和 4 孔加 FMD 阳性高免兔血清,2、3、5、6 孔加被检血清。

(5)扩散　将加样的琼脂平皿置于湿盒里,于室温(20～22℃)任其自然扩散。

(6)观察　于 24 h 进行第 1 次观察,72 h 作第 2 次观察,168 h 作最后观察。观察时,可借助灯光或自然光源,特别是弱反应须借助于强光源才能看清沉淀线。

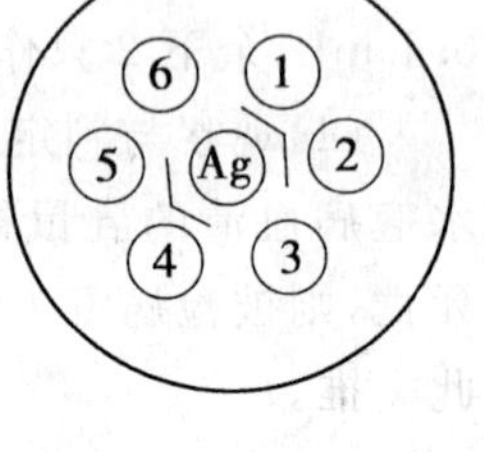

3-1　口蹄疫琼脂扩散试验

(7)结果判定　当 1 和 4 孔标准阳性血清与抗原中心孔之间形成沉淀线时,若被检血清孔与中心孔之间也出现沉淀线,并与阳性沉淀线末端相融合,则被检血清判为阳性;被检血清孔与中心孔之间虽不出现沉淀线,但阳性沉淀线的末端向内弯向被检血清孔,则被检血清判为弱阳性;如被检血清孔与中心孔之间不出现沉淀线,且阳性沉淀线直向被检血清孔,则被检血清判为阴性。

五、实训报告

按训练课的实际情况,记录操作方法及实验结果。

实训六　结核病的检验

一、实训内容

牛分枝杆菌提纯结核菌素(PPD)皮内变态反应试验。

二、实训目标

掌握牛结核菌素变态反应的检验方法。

三、实训材料

提纯结核菌素(PPD)、酒精棉、卡尺、1～2.5 mL 注射器、针头、工作服、工作帽、口罩、胶鞋、记录表、线手套等。如为冻干结核菌素,还需准备稀释用注射用水或灭菌的生理盐水、带胶塞的灭菌小瓶。

四、方法与步骤

用结核分枝杆菌提纯结核菌素进行皮内变态反应试验对活畜结核病是很重

要的。出生后 20 d 的牛可用本试验进行检疫。

1. 注射部位

注射部位一般在颈侧中部上 1/3 处，3 个月以内的犊牛，也可在肩胛部进行。

2. 术前处理

将牛只编号后，在术部剪毛（或提前 1 d 剃毛），直径约 10 cm，用卡尺测量术部中央皮皱厚度，做好记录。如术部有变化时，应另选部位或在对侧进行。

3. 注射剂量

不论牛只大小，一律皮内注射 1 万 IU。即将牛型提纯结核菌素稀释成 10 万 IU/mL后，皮内注射 0.1 mL。如用 2.5 mL 注射器，应再加等量注射用水皮内注射 0.2 mL。冻干提纯结核菌素稀释后应当天用完。

4. 注射方法

先以 70%酒精消毒术部，然后皮内注入定量的牛分枝杆菌提纯结核菌素，注射后局部应出现小泡，如注射有疑问时，应另选 15 cm 以外的部位或对侧重新注射。

5. 观察反应

皮内注射后经 72 h 时判定，仔细观察局部有无热痛、肿胀等炎性反应，并以卡尺测量皮皱厚度，做好详细记录。对可疑反应牛应在另一侧以同一批菌素同一剂量进行第 2 次皮内注射，再经 72 h 后观察反应。

如有可能，对阴性和可疑反应牛，于注射后 96 、120 h 再分别观察 1 次，以防个别牛出现较迟的迟发型变态反应。

6. 结果判定

(1)阳性反应　局部有明显的炎性反应。皮厚差等于或大于 4 mm 以上者，其记录符号为“+”。对进出口牛的检疫，凡皮厚差大于 2 mm 者，均判为阳性。

(2)可疑反应　局部炎性反应不明显，皮厚差在 2.1～3.9 mm 之间，其记录符号为“±”。

(3)阴性反应　无炎性反应。皮厚差在 2 mm 以下，其记录符号为“－”。

凡判定为可疑反应的牛只，于第 1 次检疫 30 d 后进行复检，其结果仍为疑似反应时，经 30～45 d 后再复检，如仍为可疑反应，应判为阳性。

五、实训报告

按实训的实际情况记录牛结核病检疫的方法步骤、检疫结果，并作出最后判定，写出报告。

实训七　布鲁氏菌病的检验

一、实训内容

凝集试验、变态反应。

二、实训目标

掌握布鲁氏菌病的检疫方法及判定标准。

三、实训材料

清洁灭菌小试管(试管口径为 1 cm),试管架,吸管(0.5、1 和 10 mL 等规格),布鲁氏菌试管凝集抗原,平板凝集抗原(使用时用 0.5%石炭酸生理盐水做1∶2稀释),琥红平板凝集抗原,布鲁氏菌水解素,全乳环状反应抗原,标准阳性血清和阴性血清。

四、方法与步骤

(一)被检血清的制备

牛、羊由颈静脉,猪于耳静脉或断尾采血。局部剪毛消毒后,以无菌操作采取血液 5～8 mL,盛于灭菌试管中,并立即摆成斜面使之凝固(冬季置于温暖处,夏季置于阴凉处),凝固后即可送实验室,或放置 10～12 h 待血清析出后,用毛细吸管或微量移液器吸取血清于灭菌的小瓶内。封存置冰箱中备用,并标明血清号及动物号。

(二)被检血清稀释度

一般情况用 4 个稀释度,即牛、马和骆驼用 1∶50、1∶100、1∶200 和 1∶400;猪、山羊、绵羊和犬用 1∶25、1∶50、1∶100 和 1∶200。大规模检疫时也可用 2 个稀释度,即牛、马和骆驼用 1∶50 和 1∶100;猪、羊、犬用 1∶25 和 1∶50。

(三)凝集试验

1. 试管凝集试验

(1)操作方法　取洁净小试管 8 支,放于试管架上,标明血清号及试管号,如表 3-2 所示进行操作。

表 3-2　牛布鲁氏菌病血清试管凝集试验操作方法

试管号	1	2	3	4	5	6	7	8
稀释倍数	1∶12.5	1∶25	1∶50	1∶100	1∶200	抗原对照	阳性对照	阴性对照
0.5% 石炭酸生理盐水/mL	2.3	0.5	0.5	0.5	0.5	0.5	1∶25 阳性血清 0.5	1∶25 阴性血清 0.5
被检血清/mL	0.2	0.5	0.5	0.5	0.5	–	–	–
	弃 1.5				弃 0.5			
抗原 (1∶20)/mL	0.5	0.5	0.5	0.5	0.5	0.5	0.5	0.5

如表 3-2 所示，加完充分振荡后，置 37℃温箱中 24 h，取出静置 15～20 min 观察判定结果。另一快速简易方法是按上表加完振荡后，置 37.5℃水浴 1 h(水面不得高出试管的 2/3)，取出后在室温静置 2 h，观察判定。两者判定方法相同。检疫羊布病时稀释液用 10％氯化钠溶液。

(2)反应强度及判定标准

＋＋＋＋：抗原 100％被凝集下沉，液体完全透明，管底有极显著的伞状沉淀物，振荡时沉淀物破碎浮起，似薄膜絮片或小粒。

＋＋＋：抗原 75％被凝集下沉，液体悬浮 25％的抗原而稍浑浊，沉淀物情况同上。

＋＋：抗原 50％被凝集下沉，液体悬浮 50％抗原而呈半透明，管底有中等量伞状沉淀物，振荡易碎呈块状或粒状。

＋：抗原有 25％被凝集下沉，液体悬浮 75％抗原而浑浊，管底有微量的沉淀物。

－：抗原完全不凝集，液体不透明，细菌可能沉于管底，但振荡时呈均匀浑浊状态。

出现 50％以上凝集(即"＋＋")的最高被检血清稀释倍数为被检血清的凝集价。因此，可制备一支 50％比浊管作为标准对照。制法是用 1∶20 抗原 0.25 mL，稀释液 0.75 mL 充混匀即成。

牛、马和骆驼血清凝集价在 1∶100 或以上，绵羊、山羊和猪在 1∶50 以上判为阳性；牛、马和骆驼血清凝集价在 1∶50，绵羊、山羊和猪在 1∶25 判为可疑。

可疑反应的家畜，经过 3～4 周重新采血检查 1 次。牛、羊重检时仍为可疑，判为阳性；猪和马重检时仍为可疑，但该场中未出现阳性反应及无临诊症状的家畜，判为阴性。

2. 平板凝集反应

(1)操作方法　如表 3-3 所示，取洁净无油脂光滑的玻璃一片，用蜡笔划分为 2 cm×2 cm左右的 5 个小格，第 1 格写血清号码，用 0.2 mL 刻度吸管将血清以

0.08、0.04、0.02和0.01 mL的剂量，依次分别加入每排余下的4个小格中，吸管必须稍抖并接触玻板。然后在每格血清上垂直滴加抗原0.03 mL（如为自制滴管，必须事先测定准确）；然后用牙签或火柴将血清和抗原混合均匀。一份血清用一根牙签，以0.01 mL、0.02 mL、0.04 mL及0.08 mL的顺序混合搅拌混匀后，并于酒精灯上稍稍加热（加热时防止温度过高，尤其应注意被检液干涸或玻板破损），5～8 min内记录反应结果。

表3-3 玻片凝集反应操作方法

项　目	液滴序号			
	1	2	3	4
被检血清/mL	0.08	0.04	0.02	0.01
玻板抗原/mL	0.03	0.03	0.03	0.03
相当于试管反应的效价	1∶25	1∶50	1∶100	1∶200

平板凝集试验的血清量0.08、0.04、0.02和0.01 mL，加入抗原后，其效价相当于试管凝集价的1∶25、1∶50、1∶100和1∶200，每批次平板凝集试验必须以阴、阳性血清对照。

（2）判定标准

＋＋＋＋：液体完全透明，出现大的凝集片或小颗粒状，即100%凝集。

＋＋＋：液体几乎完全透明，有明显的凝集片，即75%凝集。

＋＋：液体不甚透明，有可见的凝集片，即50%凝集。

＋：液体浑浊，仅仅可以看见颗粒物，即25%凝集。

－：液体均匀浑浊，无凝集现象。

本法和试管凝集反应一样，确定凝集价时，按出现"＋＋"号以上凝集现象为准，大家畜（牛、骆驼）血清凝集价1∶100以上为阳性反应，1∶50为可疑反应；中小家畜（猪、山羊、绵羊、犬）血清在1∶50以上为阳性，1∶25为可疑反应。

3. 琥红平板凝集试验

这种试验是快速玻片凝集反应，抗原是布鲁氏杆菌加琥红制成，它可与试管凝集及补体结合反应效果相比，且在犊牛菌苗接种后不久，以此抗原做试验就呈现阴性反应，对区别菌苗接种与动物感染有帮助。

（1）操作方法　取一块洁净的玻璃板，划成2 cm×2 cm的若干小格，于每一小格内加一份被检血清0.03 mL，然后在每份血清中加入琥红平板凝集抗原0.03 mL。每份各用一支火柴棒使抗原和血清混合均匀。在室温（20℃）4～10 min内记录反应结果并判定。同时以阴、阳性血清作对照。

(2)反应强度及判定标准

++++:凝集块呈菌丛状,凝集块间液体明显清亮。

+++:凝集反应较强,凝集块间液体基本清亮。

++:形成较明显卷边,凝集块间液体稍清亮。

+:稍能查到凝集,稍有卷边形成,凝集块间液体呈红色。

-:无凝集,呈均匀粉红色。

凡出现"+"以上反应者均为阳性。完全不凝集的判为阴性,无可疑反应。

(四)变态反应试验

本试验是用不同类型的抗原进行布鲁氏菌病诊断的方法之一。布鲁氏菌水解素即变态反应试验的一种抗原,这种抗原专供绵羊和山羊检查布鲁氏菌病之用。按《羊布鲁氏菌病变态反应技术操作规程及判定标准》进行。

1. 操作方法

使用细针头,将水解素注射于绵羊或山羊的尾褶襞部或肘关节无毛处的皮内,注射剂量 0.2 mL。注射前应将注射部位用酒精棉消毒。如注射正确,在注射部形成绿豆大小的硬包。注射一只羊后,针头应用酒精棉消毒,然后再注射另一只。

2. 结果判定

注射后 24 和 48 h 各观察反应 1 次(肉眼观察和触诊检查)。若两次观察反应结果不符时,以反应最强的那次作为判定的依据。判定标准是:

阳性反应(+):注射部位有明显不同程度肿胀和发红(硬肿或水肿),不用触诊,凭肉眼即可察觉。

可疑反应(±):肿胀程度不明显,而触诊注射部位,常需与另一侧皱褶相比较才能察觉。

阴性反应(-):注射部位无任何变化。

阳性牲畜,应立即移入阳性畜群进行隔离,可疑牲畜必须于注射后 30 d 进行第 2 次复检,如仍为可疑反应,则按阳性牲畜处理,如为阴性则视为健畜。

五、实训报告

根据实训的实际情况记录检疫方法步骤,判定结果。

第四章　猪的主要传染病

知识目标

- 掌握下列名词：烂肠瘟、猪伪狂犬病、猪细小病毒病、猪蓝耳病、猪乙脑、猪水疱病、猪传染性胃肠炎、猪流行性腹泻、打火印、类丹毒、猪链球菌病。
- 理解猪主要传染病的发生、病理变化和诊断方法。
- 掌握猪主要传染病的特征症状、临床症状和防制措施。

技能目标

- 能够运用所学知识对猪主要传染病作出初步诊断并提出初步防制措施。
- 熟练猪瘟、巴氏杆菌病的实验室诊断技术。

第一节　猪　　瘟

一、简介

猪瘟俗称“烂肠瘟”，又称古典猪瘟，是由猪瘟病毒引起猪的一种高度接触性、热性传染病。临床以急性经过，高热稽留，小血管变性引起出血、梗塞和坏死，死亡率高为特征。

在所有的猪病中，猪瘟一直是世界范围内感染率和发病率最高的一种传染病，被国际兽疫局列为A类传染病，我国也将其列为一类动物疫病，是严重威胁我国养猪业发展的疫病。当前我国猪瘟发病状况具有一定的多样性，猪瘟流行呈现典型猪瘟与非典型猪瘟共存、持续感染与隐性感染共存、免疫耐受与带毒综合症共存。

二、病的发生

1. 病原

本病的病原为猪瘟病毒，是黄病毒科瘟病毒属的成员之一，呈球形，核衣壳为20面体立体对称，有囊膜。目前认为猪瘟病毒只有1个血清型，但病毒株的毒力有强、中、弱之分。猪瘟病毒对外界抵抗力较强，在尿、血液和腐败尸体中能存活2～3 d，骨髓中能存活15 d，在腌猪肉中能存活80 d。78℃经1 h才能将其致死，日光直射9 h仍不能将其杀死，升汞、石炭酸等杀灭猪瘟病毒的效力不大，2%氢氧化钠溶液是最合适的消毒药。

2. 易感动物

本病在自然条件下只感染猪，不同年龄、性别、品种的猪和野猪都易感。

3. 传染源

病猪是本病主要的传染源，病猪排泄物和分泌物，病死猪尸体和脏器，屠宰病猪的血、肉、内脏、废水、废料和被污染的饲料、饮水都可散播病毒。

4. 传播途径

本病主要通过消化道和呼吸道感染，也可通过结膜感染。此外，患病和弱毒株感染的母猪也可以经胎盘垂直感染胎儿。

5. 流行特点

本病一年四季均可发生，一般以春、秋季节多发。目前，我国猪瘟的流行和发病有一些变化，表现在以下3个方面：一是呈波浪式、周期性小规模发病，经过缓慢，散在发生较多，不像从前那样大流行；二是呈现出非典型性、隐性、温和型、慢性猪瘟及无名高热增多，症状显著减轻、具有多样性、病程长，病理变化特征不明显，死亡率较低，必须通过实验室诊断；三是表现母猪流产、死胎、木乃伊胎等繁殖障碍，新生仔猪发病、死亡和免疫耐受力增强。新疫区发病、死亡率均90%以上，老疫区则均较低，因猪群有一定的免疫性，免疫母猪新产仔猪哺乳期内很少发病。

三、临床症状

本病潜伏期一般为5～7 d，短的2 d，长的可达21 d。

(1)最急性型　多见于猪瘟的流行初期，发病突然，高热稽留，全身痉挛，四肢抽搐，皮肤和可视黏膜发绀，有出血斑点，很快死亡。病程不超过5 d，死亡率为90%～100%。

(2)急性型　病猪表现呆滞，弓背，怕冷，低头垂尾。食欲减退或废绝。体温升高达41～42℃，持续不退，脓性结膜炎，两眼有黏性或脓性分泌物。先便秘，后腹泻，粪便呈灰黄色，偶见带脓血。全身皮肤(主要腹下、鼻端、耳和四肢内侧等少毛部位)出血、发绀非常明显。母猪流产，公猪包皮内积尿液，用手挤压可流出浑浊恶臭液体。哺乳仔猪发生急性猪瘟时，主要表现为神经症状，如磨牙、痉挛、角弓反张或倒地抽搐，最终死亡。病程1～2周，死亡率为50%～60%。

(3)慢性型　发病初期病猪食欲不振，精神沉郁，体温升高，通常在40～41℃，并持续数周不降，便秘与腹泻交替发生，被毛粗乱，皮肤有紫斑或坏死痂，腹部蜷缩，行走无力。病猪日渐消瘦，后期常因衰竭而死亡。妊娠母猪一般不表现症状，但病毒可通过胎盘传染给胎儿，引起死胎、早产等。病程1个月以上，死亡率为10%～30%。

(4)温和型　体温一般40～41℃，少数41℃以上，鼻干，口渴，食欲减退，尿黄。便秘呈长期性，粪便混有血液、黏液或伪膜。部分病猪四肢下及腹下呈淤血斑，为“紫斑蹄”、“紫斑症”。耳朵、尾巴干枯，甚至坏死脱落，称为“干耳病”、“干尾巴”。口腔咽喉、软腭、扁桃体出现坏死点或溃疡，称为“烂喉病”。发育停滞，后肢瘫痪，行站不稳，部分猪跗关节肿大。

(5)繁殖障碍型(迟发性)　是先天性猪瘟病毒感染的结果。母猪妊娠时感染低毒猪瘟病毒，可致流产、死胎、木乃伊胎、畸形胎、弱仔，弱仔有些可存活半年。子宫内感染的仔猪皮肤常见出血，且仔猪死亡率高。

胚胎感染低毒猪瘟病毒，如产下正常仔猪，则终生有高水平的病毒血症，而不能产生对猪瘟病毒的中和抗体，这是典型的免疫耐受现象。感染猪在出生后几个月可表现正常，随后发生轻度食欲不振、精神沉郁、结膜炎、皮炎、下痢和运动失调。病猪体温正常，大多数存活6个月以上，但最终不免死亡。

四、病理变化

(1)最急性型　多无特征性变化，仅见浆膜、黏膜和肾脏等处有少量的点状出血，淋巴结轻度肿胀、潮红或出血病变。

(2)急性型　全身皮肤、浆膜、黏膜和内脏器官有不同程度的出血。全身淋巴结肿胀、充血、出血，外表呈现紫黑色，切面如大理石花纹。脾脏不肿胀，边缘常可见到紫黑色突起(出血性梗死)，有时很多的梗死灶连接成带状，一个脾出现几个或十几个梗死灶，检出率约为30%～40%。肾脏色较淡，呈土黄色，表面点状出血非常普遍，量少时出血点散在，多时则布满整个肾脏表面，如麻雀蛋模样，出血点颜色较暗，切面肾皮质和髓质均只有点状和绒状出血，肾乳头、肾盂常见有严重出血。喉头黏膜及扁桃体出血，膀胱黏膜有散在的出血点。胃、肠黏膜呈卡他性炎症，大肠的回盲瓣处形成纽扣状溃疡。

(3)慢性型 出血和梗死变化不明显，但回肠末端、盲肠和结肠常有特征性的坏死和溃疡变化，呈纽扣状。此外肠胃的变化也很常见，表现为从肋骨、肋软骨联合到肋骨近端有半硬的骨结构形成的明显横切线。

(4)温和型 肾、膀胱、淋巴结等脏器少见出血。扁桃体充血、水肿、化脓性坏死、溃疡。脾梗死，胆囊肿胀、出血、溃疡，胃底有片状充血、出血。

(5)繁殖障碍型(迟发型) 经先天感染，死产胎儿全身水肿，头、肩、前肢状似水牛，胸水、腹水增多，头、四肢畸形，小脑、肺发育不全，肝有坏死灶，弱仔死亡后可见内脏器官和皮肤出血。

五、诊断

典型的急性型猪瘟，根据临床症状、病理变化和流行特点，可作出较准确的诊断，确诊须进行实验室诊断。

1. 兔体交互免疫试验

采取病猪的病料通过青、链霉素处理后，接种到兔体内，接种的家兔 7 d 以后再用猪瘟兔化弱毒疫苗经耳静脉注射，经过 1 d 以后每隔 6 h 测温 1 次，连测 3 d，如果发生定型热反应，则为阴性，不是猪瘟病毒，如无任何反应就说明存在猪瘟病毒。

2. 免疫酶染色试验

取病猪扁桃体、脾、肾、淋巴结作组织压片，在 2%戊二醛和甲醛等量组合液中固定后用猪瘟酶标记抗体和底物染色镜检，如细胞浆染成深褐色为阳性，黄色或无色为阴性。

3. 免疫荧光抗体试验

采取病猪早期的扁桃体和淋巴结或晚期的脾、肾或肺组织，作冰冻切片或组织切片，用猪瘟荧光抗体染色检查，细胞浆内呈现明亮的黄绿色荧光者为阳性。

此外，间接血凝试验、酶联免疫吸附试验(ELISA)、荧光抗体病毒中和试验等血清学试验和分子生物学技术也可用于本病的诊断。

六、防制

1. 加强检疫，把好引种关，建立健康繁殖母猪群

提倡自繁自养，必须引进猪种时，应注射猪瘟兔化弱毒苗，待产生免疫后，才

可引进，进场后应单独饲养在隔离舍2～3周，再混群，防止将带毒母猪以及持续感染病猪引入猪场。通过严格的检疫和淘汰带毒母猪，建立健康繁殖母猪群。

2. 科学制定免疫计划，认真执行免疫程序，定期检测免疫效果

目前猪瘟兔化弱毒苗在世界广泛使用，对控制和消灭猪瘟起了重要作用，它也是我国用于猪瘟预防接种的唯一疫苗，完全能够抵抗猪瘟病毒野毒的侵害，适当加大剂量还能减轻或抑制母源抗体干扰。

(1)免疫程序　猪瘟的免疫程序应根据本场及本地情况进行选择，目前普遍使用猪瘟兔化弱毒苗，推荐几种免疫程序。猪瘟清净区，种公、母猪每年春秋各免疫1次，每头3头份。后备种公、母猪，选定后配种前免疫1次，每头3头份。仔猪20～25日龄首免，60～65日龄二免，各每次每头2头份；猪瘟污染区，种公、母猪每年春秋各免疫1次，每头3头份。后备种公、母猪，选定后配种前免疫1次，每头3头份。经产母猪产后20 d和产前30 d各免疫1次，每次每头3头份。新生仔猪“超前免疫”，出生后接种每头1头份，接种后1～2 h才准吃初乳，35～40日龄二免，每头2头份。仔猪出生后“超前免疫”，可避免母源抗体对疫苗的干扰，而达到较好的防疫效果，可考虑推广应用，但本方法在实际应用中有一定难度，在生产管理过程中应严格控制吃初乳的时间，否则难以达到理想的效果。

由于猪瘟疫苗的剂量要求，特别建议在猪瘟疫区，尽可能使用单苗，而不用联苗，以免由于疫苗剂量不够，造成非典型、甚至典型猪瘟流行。

(2)免疫效果监测　应用间接血凝等简单易行的方法进行血清学监测，有助于了解是否感染了猪瘟强毒，或者掌握疫苗的保护情况。通过对仔猪母源抗体的监测，可以制定恰当的免疫时期，以防止疫苗中和母源抗体或出现空白期。猪群通常在强化免疫后15 d左右进行抗体监测，当间接血凝抗体低于1∶16者应补注疫苗，如果免疫良好则不必盲目多次免疫。

3. 科学的饲养管理，改善生态环境条件，切断传播途径

加强猪场的兽医卫生监督等系列措施，舍内定期消毒，出入猪场、猪舍应进行消毒，一般情况下杜绝进入舍内参观。

4. 发病时紧急防制措施

发生猪瘟时，应立即上报疫情，及时确诊，立即隔离或捕杀病猪，尸体焚烧或化制。发病地区严禁向疫区外运送活猪畜产品及饲料等，停止猪的市场交易。对污染的环境和用具可用2%～3%氢氧化钠溶液进行彻底消毒。疫区内的假定健康猪及受威胁区的易感猪，使用猪瘟兔化弱毒苗进行紧急预防接种，每头5～8头份，虽在接种后3～5 d可能出现部分猪只死亡，但7～10 d可平息。有条件的可在疫情控制后进行普查，淘汰隐性带毒猪，控制传染源。

第二节　猪伪狂犬病

一、简介

猪伪狂犬病是由伪狂犬病病毒引起猪的一种发病急、传播迅速的烈性传染病。猪的感染因年龄不同症状有所区别，小猪以中枢神经症状为特征，呈现非化脓性脑炎；断奶猪及育肥猪以呼吸系统症状为主；妊娠母猪表现流产、死胎、木乃伊胎。2 周龄以内小猪感染致死率可达 100%。该病已成为规模化猪场猪繁殖障碍的一大疫病，被国际兽疫局定为 B 类传染病，我国也将其列入二类动物疫病。

二、病的发生

1. 病原

本病的病原是伪狂犬病病毒，是一种疱疹病毒，呈椭圆或圆形外观，有囊膜，囊膜表面具有呈放射状排列的纤突。伪狂犬病病毒能在很多种动物细胞中生长繁殖，并产生明显的细胞病变（CPE）和核内嗜酸性包涵体。

该病毒是疱疹病毒中抵抗力较强的一种。在物体表面和液体中可存活 7 d。在 pH 4～9 之间保持稳定。腐败条件下，病料中的病毒经 11 d 失去感染力。病毒对热的抵抗力较强，55～60℃经 30～50 min、80℃经 3 min 灭活。该病毒对乙醚、氯仿等脂溶剂，福尔马林和紫外线照射等敏感。一般的消毒剂都可杀灭病毒。

2. 易感动物

猪最易感本病，其他动物如牛、羊、犬、猫、兔、鼠等也可自然感染。除猪以外，所有易感动物感染伪狂犬病病毒都是致死性的。人类对本病有抵抗力。

3. 传染源

病猪、带毒猪是本病的重要传染源，也有人认为被污染的圈舍和鼠类在疾病的传播中起重要作用。

4. 传播途径

本病可通过消化道、呼吸道、伤口及配种等途径传播。另外，母猪感染后，可通过胎盘传递给子代，造成母猪流产、死胎和仔猪死亡。

5. 流行特点

本病一年四季都可发生，但以冬、春寒冷季节和产仔旺季多发，这是因为低温有利于病毒的存活。据不完全统计，我国已有 20 多个省、市流行过本病，近几年猪伪狂犬病在我国许多省（市）种猪场呈暴发流行趋势。

三、临床症状

本病潜伏期一般为3～6 d,少数可达10 d。本病的临床症状随猪只的年龄不同而有较大差异。

4周龄以内仔猪,表现为最急性型,常突然发病,体温升至41℃以上,病猪精神委顿、厌食、呕吐或腹泻;随后可见兴奋不安、步态不稳、运动失调、全身肌肉痉挛、或倒地抽搐;有时呈不自主地前冲、后退或转圈运动,或前肢呈八字形呆立;随着病程发展,出现四肢麻痹、倒地侧卧、头向后仰、四肢乱动、空嚼流涎、叫声嘶哑、喘气,最后死亡。病程1～2 d,死亡率很高,可达100%。

4月龄左右的猪,多表现轻微发热、流鼻液、咳嗽、呼吸困难,有的出现腹泻,几天可恢复。也有部分出现神经症状而死亡。病死率也低,病程4～8 d。

妊娠母猪主要表现为繁殖障碍,母猪于受胎40 d后感染时,常有流产、死胎及延迟分娩等现象。母猪流产前后,大多无明显的临床症状。妊娠后期感染的则产出木乃伊胎,也有活产胎儿,但胎儿常出生后不久出现典型的神经症状,表现呕吐、腹泻、痉挛、角弓反张,多在2～3 d死亡。

成年猪一般呈隐性感染,有些表现呼吸系统的症状,呈卡他性炎,发热、咳嗽,鼻腔流出分泌物,精神委顿等一般症状。很少出现神经症状。

四、病理变化

病死猪主要见呼吸系统的病变和明显的非化脓性脑炎变化。流产、死产胎儿大小较一致,有不同程度的软化现象,胸腔、腹腔及心包腔有多量棕褐色潴留液,肾及心肌出血,肝、脾有灰白色坏死点。流产母猪可能有轻度子宫内膜炎。公猪可能表现为阴囊水肿和渗出性鞘膜炎。

五、诊断

根据本病的流行病学、临床症状和病理变化可对猪伪狂犬病做出初步诊断。确诊本病必须进行实验室诊断。

1. *动物接种*

采取病猪或其他患病动物患部水肿液、神经干、脊髓以及脑组织用生理盐水制备成1∶10组织悬液,同时每毫升中加青霉素、链霉素各500～1 000 IU,取1～2 mL,皮下或肌肉接种家兔。接种后2～3 d,注射局部出现奇痒。家兔先舔接种部位,以后用力撕咬接种点,致使局部脱毛,皮肤破损出血,家兔一般在48～72 h内死亡,但有时4～5 d死亡。也可以用病料脑内接种或鼻内接种1～4周龄小鼠，接种后有奇痒症状，症状持续 12 h，在 2～10 d 死亡，但多数在 3～5 d 死亡。

2. 免疫荧光抗体检查

取自然病例的病料（或组织细胞培养物），如脑做压片或冰冻切片，用直接免疫荧光检查，可于神经节细胞的胞浆及核内产生荧光，几小时后可取得可靠的结果。免疫荧光抗体检查法可用于组织切片、冰冻切片或细胞培养物的检查；此法简单、快速、准确，多用扁桃体、间脑、嗅球、小脑制作压片或冰冻切片，在神经节细胞的胞浆核内均可见荧光。

3. 病毒分离

可以用病料直接接种猪肾细胞或鸡胚细胞，病毒繁殖后，可出现典型的细胞病变（CPE）。另外，也可用被检的猪肾来制备细胞，可用新出芽生长的细胞作指示细胞，或者将被检猪肾细胞组织剪碎，与指示细胞混合培养，可观察到病变。通过以上方法得到的假定阳性培养液，要通过病毒中和试验来鉴定。

此外，检查血清抗体可用中和试验、间接血凝抑制试验、琼脂扩散试验、补体结合试验、酶联免疫吸附试验（ELISA）等。其中，血清中和试验较为敏感、准确。

六、防制

1. 搞好以灭鼠为主的兽医卫生措施

鼠是伪狂犬病病毒的携带者，可通过污染饮水、饲料及猪舍用具而使猪感染，因此消灭饲养场的鼠类对控制本病有重要意义。同时，由于猪是本病的重要带毒者，因此引进种猪时要严格隔离检疫，防止引进带毒猪。做好猪场和猪舍的经常性卫生消毒，粪尿做发酵处理。

2. 坚持疫苗免疫接种，提高猪群的免疫接种密度

目前用于猪伪狂犬病的免疫预防用疫苗有 2 种：一种是全病毒灭活疫苗，另一种是基因缺失疫苗（包括自然缺失和人工缺失）。商品猪场可使用全病毒灭活疫苗，而种猪场为了便于此病的净化和监测，最好使用基因缺失疫苗。种猪第 1 次免疫后，间隔 4～6 周加强免疫 1 次，以后每隔半年免疫 1 次，产仔前 1 个月加强免疫 1 次，经过前面规则免疫后的种猪所产仔猪，其母源抗体可以维持到 60 日龄左右，因此后备种猪可在 60～70 日龄首免，间隔 4～6 周加强免疫 1 次作为基础免疫，以后按种猪免疫程序进行免疫。育肥猪是经过前述规则免疫后所产的仔猪，应在 60～70 日龄用基因缺失疫苗免疫 1 次，间隔 4～6 周后加强免疫 1 次，直到出栏。如果是没有规则免疫母猪所产的仔猪，可提前到断奶时注射 1 次，间隔 4～6 周后加强免疫 1 次，直到出栏。

3. 监测

种猪场、育肥猪场要对该病定期进行监测，种猪场每年监测 2 次，商品猪场每

年1次，监测时种公猪(含后备种公猪)应100%，种母猪(含后备种母猪)按20%的比例抽检，对有流产、产死胎等症状的种母猪100%进行抽检，商品猪按5%的比例不定期抽检。

4. 紧急免疫接种和抗血清的应用

对发病种猪用灭活苗作紧急免疫接种，第1次免疫后，间隔4～6周加强免疫1次，以后按种猪免疫程序进行免疫，对正在发病的猪场，可疑的健康仔猪用疫苗作超前免疫，即滴鼻或肌肉注射1头份剂量。作紧急免疫接种可收到很好的效果。同时对所有其他种猪用灭活疫苗注射。对于感染发病的猪，可在早期应用抗猪伪狂犬病病毒高免血清经腹腔注射30 mL以上对断奶仔猪有较好的疗效，如果病猪已出现神经症状则效果不理想。防止继发感染可用磺胺类药物。

5. 搞好种猪群的净化

(1)全群淘汰　这种方式适用于高度污染、而且种猪血统不太昂贵的种猪场。

(2)免疫接种与监测相结合　淘汰阳性种猪这是一种比较经济、值得推广的方式。用基因缺失疫苗免疫种猪，配合使用鉴别诊断酶联免疫吸附试验(ELISA)试剂盒，定期对种猪群进行监测。野毒感染阳性者作淘汰处理。

(3)建立无伪狂犬病的清洁种猪群　隔离饲养阳性母猪所生仔猪，实行早期隔离断奶，并对仔猪群进行抗体监测，淘汰阳性猪，建立无伪狂犬病的清洁种猪群。

第三节　猪细小病毒病

一、简介

猪细小病毒病是由猪细小病毒引起母猪繁殖障碍的一种传染病。其特征为受感染的母猪，特别是初产母猪产出死胎、畸形胎、木乃伊胎及病弱仔猪，偶有流产，母猪本身无明显症状。

本病于1967年在英国首次被报道，目前各个国家几乎都有本病发生。我国20世纪80年代在上海、北京和江苏等地相继分离到猪细小病毒。近几年该病对我国规模化猪场造成了严重的危害，我国将其列入二类动物疫病。

二、病的发生

1. 病原

本病的病原为猪细小病毒，属于细小病毒科细小病毒属。本病毒能凝集鼠、大鼠、人O型、猴、小白鼠、鸡和猫的红细胞。对外界抵抗力极强，在56℃恒温48 h，病毒的传染性和凝集红细胞能力均无明显改变。70℃经2 h处理后仍有感染性，80℃经5 min加热才可使病毒失去血凝活性和感染性。对乙醚、氯仿等脂溶剂有抵抗力。2%氢氧化钠溶液5 min可杀死该病毒。

2. 易感动物

猪是本病的唯一易感动物，不同年龄、性别的家猪和野猪都可感染。但只有母猪表现繁殖障碍。

3. 传染源

病猪、带毒猪及污染的精液等是本病的主要传染源。

4. 传播途径

本病可经胎盘垂直感染和交配感染，公猪、育肥猪、母猪主要通过被污染的饲料、环境，经呼吸道、消化道感染。

5. 流行特点

本病主要发生于春、秋产仔季节。常见于初产母猪，一般呈地方性流行或散发。一旦发生本病，猪场可能连续几年不断地出现母猪繁殖障碍。母猪妊娠期感染，其胚胎死亡率可达80%～100%。

三、临床症状

猪细小病毒感染猪主要是引起母猪出现繁殖障碍。妊娠母猪可同时出现流产、死产、木乃伊胎、产后久配不孕等症状。其他猪感染后无任何明显的临床症状。

母猪不同孕期感染，可分别造成不同症状，妊娠30 d内感染，胚胎死亡、吸收，使产仔数减少，仔猪、胚胎死亡率高达80%～100%。妊娠30～50 d之间感染时，主要是产木乃伊胎。妊娠50～70 d之间感染，胎儿木乃伊化，有时出现大小不一的软死胎，有时出现畸形胎(八字腿、唇裂)、弱仔。妊娠70 d以上感染，大多数胎儿能产生免疫力，产出时外观正常，这些仔猪带有病毒和抗体，可长期或终生带、排毒。

公猪性欲、受精率无明显影响。母猪不规律发情。

四、病理变化

母猪流产时，肉眼可见母猪有轻度子宫内膜炎症，胎盘部分钙化，胎儿在子宫内有被溶解和被吸收的现象。大多数死胎、死仔或弱仔皮下充血或水肿，胸、腹腔积有淡红或淡黄色渗出液。弱仔出生后30 min先后在耳尖、颈、胸、腹部及四肢上端内侧出现淤血、出血斑，半日内全身皮肤变紫而死亡。

五、诊断

若发生流产、死胎、胎儿发育异常等现象，而母猪本身和同一场内的公猪没有明显的临床症状，应考虑到本病的可能性。但最后确诊必须依靠实验室诊断。

1. 实验室检查

可取妊娠 70 d 前流产的木乃伊化胎儿、胎儿肺送实验室进行诊断。妊娠 70 d 后的木乃伊化胎儿、死产仔猪和初生仔猪则不宜送检，因其中可能含有干扰检验的抗体。检验方法可进行病毒的细胞培养和鉴定、血凝试验、荧光抗体染色试验、酶标试验、血清中和试验等，最新的方法有放射免疫测定、单克隆抗体诊断法等。

2. 鉴别诊断

本病诊断时应与猪布鲁氏菌病、猪日本乙型脑炎、猪繁殖与呼吸综合征、猪伪狂犬病等传染病相区别。

六、防制

1. 综合防制措施

猪细小病毒对外界环境的抵抗力很强，要使一个无感染的猪场保持下去，必须采取严格的卫生措施，尽量坚持自繁自养，如需要引进种猪，必须从无猪细小病毒感染的猪场引进。当血凝抑制实验阴性时，方准许引进。引进后严格隔离 2 周以上，当再次作血凝抑制实验阴性时，方可混群饲养。

2. 疫苗预防

对猪进行免疫接种，有良好的预防效果。目前使用的疫苗主要有灭活疫苗和弱毒疫苗。其中以灭活疫苗多用，灭活疫苗包括氢氧化铝灭活疫苗和油乳剂灭活疫苗。疫苗接种可在母猪配种前的 1～2 个月内进行，重点放在后备母猪的免疫接种，使之产生免疫力。

3. 推迟母猪初配年龄

将初产母猪配种时间推迟到 9 月龄，对于预防初产母猪的繁殖障碍有一定作用。

4. 妥善处理传染源，全场彻底消毒

猪群发病后应对其排泄物、分泌物和产出的胎儿及其污染的场所和环境等进行合理的处理。消毒可选用福尔马林、氨水和氧化剂类消毒剂等进行。

第四节　猪繁殖与呼吸综合征

一、简介

猪繁殖与呼吸综合征(PRRS)又称“猪蓝耳病”，是由猪繁殖与呼吸综合征病毒(PRRSV)引起猪的一种繁殖障碍和呼吸道症状的高度接触性传染病，以妊娠母猪表现厌食、发热和流产、早产、死胎、木乃伊胎等繁殖障碍，新生仔猪表现呼吸道症状和高死亡率为特征。

该病于1987年在美国初次被发现，目前在许多国家已成为一种地方流行性传染病，对世界养猪业构成了严重的威胁。我国1996年报道本病，近年来该病的危害有越来越严重的趋势。国际兽疫局将其列为B类传染病，我国将其列为二类动物疫病。

二、病的发生

1. 病原

本病的病原为猪繁殖与呼吸综合征病毒，属于动脉炎病毒科成员，呈球形，20面体对称，有囊膜，不能凝集猪、牛、马、兔、鸡等动物和人的O型红细胞。该病毒在猪肉中的存活时间有多长尚不清楚，在血浆中存活时间不超过5 d。对pH值及热非常敏感，当pH值小于5或大于7时，感染力可减少90%以上，37℃经48 h、56℃经45 min即被完全灭活；对低温不敏感，在－70℃至少可保存1年，在4℃中保存约1个月。对消毒剂抵抗力不强，对乙醚和氯仿敏感。

2. 易感动物

猪是猪繁殖与呼吸综合征病毒唯一的自然宿主，各年龄和品种的猪均可感染，但以妊娠母猪和1月龄内的仔猪最易感。

3. 传染源

病猪和带毒猪是本病的主要传染源。可通过粪、尿、鼻腔分泌物等排出病毒，感染健康猪。

4. 传播途径

本病主要通过呼吸道、消化道及通过公猪的精液经生殖道进行传播。

5. 流行特点

本病的发生在新疫区常呈地方性流行，老疫区则多为散发。在猪群内，该病毒存在持续性感染的现象。病毒在猪群间传播速度极快，在2～3个月内一个猪群的95%以上均变为血清学抗体阳性，并在其体内保持16个月以上。由于不同毒株的毒力和致病性不同、猪抵抗力不同以及细菌或病毒的混合感染等多种因素的影响，发病后的严重程度也不同。近几年PRRS有一些新的流行特点，感染后的临床症状出现多样化，混合感染也日趋严重，PRRSV的毒力有增强的趋势。2006年夏、秋季节，我国南方部分地区发生猪“高热病”疫情。对猪“高热病”病因进行调查分析。通过对分离到的病毒采用全基因序列分析、回归本动物感染试验等技术手段，迅速锁定了新的变异猪蓝耳病病毒，最终确定变异猪蓝耳病。

三、临床症状

本病的潜伏期长短不一致，自然感染一般为14 d，人工感染妊娠母猪则为4～7 d。病程通常持续3～4周，最长可达6～12周。根据发病的严重程度和病程不同，临床表现也不相同。

(1)母猪　病初母猪出现发热、嗜睡、食欲不振、咳嗽和呼吸急迫。后期呈现流产、早产、产木乃伊胎与弱仔等，死胎率20%～30%。有的产后无乳、胎衣停滞。有些发病母猪双耳、腹侧和外阴皮肤有一过性的青紫色或蓝紫色斑块。

(2)仔猪　以1月龄内仔猪最易感，并表现出典型的临诊症状。主要表现为体温升高至40℃以上，呼吸困难，有时呈腹式呼吸，食欲减退或废绝，腹泻，离群独处或互相挤在一起。被毛粗乱，眼睑水肿。有的仔猪表现口鼻奇痒，常用鼻盘、口端摩擦圈舍壁栏，鼻有分泌物，少部分仔猪可见耳部、体表皮肤发紫症状。死亡率可高达80%～100%。耐过猪生长缓慢，易继发其他疾病。

(3)育肥猪　主要表现轻度类流感症状，暂时性的厌食及轻度的呼吸困难，少数猪咳嗽及双耳背面、边缘和尾部皮肤有一过性的深青紫色的斑块。

(4)公猪　发病率低(2%～10%)，表现厌食、呼吸困难和消瘦、精液质量下降。

四、病理变化

最常见的是局限性间质性肺炎，随着感染时间延长，可波及肺的各个肺叶。在死胎和弱仔的病理变化为头部水肿，下颌淋巴结和肠淋巴结及扁桃体也有水肿及弥散性出血，腹腔积液，肺尖叶或心叶、膈叶有暗红色肉变区，心外膜点状出血，肠系膜充血，胃底出血及黏膜脱落，肾表面点状出血明显，脑软膜轻度淤血。

组织学检查可见肺泡壁增厚，有单核细胞及巨噬细胞浸润，肺泡上及细胞变性，肺泡腔内有蛋白碎片物，较多的肺泡巨噬细胞被破坏，肺泡巨噬细胞的减少和肺泡功能下降，使猪只更易发生继发感染。其他组织器官如鼻、支气管、淋巴结、脾、心肌、脑、肝、肾也有不同程度的组织学变化。

五、诊断

1. 临床的可疑症状

母猪发生流产、死胎、产弱仔、胎儿木乃伊和呼吸困难；新生仔猪的呼吸困难和高度的致死率(80%～100%)；青年猪有轻度症状。荷兰提出3个临诊指标：怀孕母猪感染后症状明显，至少出现20%胎儿死产，8%以上母猪流产，哺乳仔猪死亡率26%以上。上述3个指标只要有2个符合时，就可认为本病的临床诊断成立。但确诊本病需进行病毒分离鉴定和血清学检测。

2. 病毒分离鉴定

将感染猪及流产、死产胎儿的肺及其组织作成匀浆混合物，接种到猪原代肺泡巨噬细胞或CL2621、Marcl145细胞，可见到特征性CPE者，表明病毒分离阳性，其后再作鉴定。木乃伊胎儿和已发生自溶的胎儿不能用作病毒分离。

3. 血清学方法

血清学方法主要有免疫过氧化物法、血清中和试验和酶联免疫吸附试验(ELISA)等。

4. 鉴别诊断

本病诊断时应与症状相似的其他传染病如猪细小病毒感染、猪伪狂犬病、繁殖障碍型猪瘟、猪日本乙型脑炎和衣原体病等相区别。

六、防制

1. 坚持自繁自养与严格的检疫制度

胎盘传播是本病的重要传播途径，所以应坚持自繁自养，严禁从疫区引进种猪。引进的种猪要隔离观察2周以上，确保安全后方可入群。采取全进全出的饲养方式。定期对种母猪、种公猪进行本病的血清学检测，及时淘汰可疑病猪。

2. 疫苗接种

最近，国内外已试制了多种疫苗，但免疫效果欠佳，对灭活苗的安全性仍存在一定的争议，对疫苗的免疫效果也意见不统一。但本病具有传播途径多、传播速度快和可在猪群中长期持续感染等多种特点，使用疫苗免疫是控制本病的有效途径。当前灭活疫苗是预防本病的首选疫苗，适合健康猪使用。对于正在流行或流行过本病的商品猪场可用弱毒疫苗紧急预防接种或免疫预防。后备母猪在配种前进行2次免疫，首免在配种前2个月，间隔1个月进行二免。小猪在母源抗体消失前首免，母源抗体消失后进行再次免疫。公猪和妊娠母猪不能接种弱毒疫苗。

我国研制出了高致病性猪蓝耳病灭活疫苗，并已投入使用。为做好高致病性猪蓝耳病防控工作，农业部采取了一系列措施，及时制定并下发了《高致病性猪蓝耳病防治技术规范》和《猪病免疫推荐方案》，指导切实落实各项防控措施。

3. 加强消毒

发病后要加强消毒工作，对空圈及猪舍周围环境用2%热氢氧化钠溶液彻底消毒，对圈舍内外及猪体用百毒杀、过氧乙酸、复合酚等消毒剂，每隔3 d进行1次大面积喷雾消毒。

4. 对症治疗

①用四环素类及磺胺类药物治疗，防止继发感染。

②给体弱病猪补充足够的蛋白质和高能量饲料，对腹泻病猪用口服补液法补充电解质。

③对发生早产、流产症状的母猪可在肌肉注射黄体酮的同时，配合中药(黄芩10～15 g，白术10 g，砂仁5～10 g)煎水内服，以利母猪安胎保胎。

④给临产前的妊娠母猪饲喂阿司匹林，以减轻发热，延长妊娠期，减少流产。

第五节　猪日本乙型脑炎

一、简介

猪日本乙型脑炎又称猪流行性乙型脑炎，简称乙脑，是由日本乙型脑炎病毒引起的一种急性人畜共患的蚊媒介传染病。猪感染后以高热、流产、死胎和公猪睾丸炎为主要特征。

该病于1934年在日本首次发现，我国1939年分离到乙脑病毒。由于本病疫区范围广、危害大，被世界卫生组织列为需要重点控制的传染病，我国将其列入二类动物疫病。

二、病的发生

1. 病原

本病的病原为日本乙型脑炎病毒，属于黄病毒科、黄病毒属，呈球形，直径为30 nm左右，有囊膜。该病毒主要存在于中枢神经系统、脑脊液、血液和死胎仔猪的脑组织，能凝集鸡、鸭及绵羊的红细胞。病毒对热和阳光的抵抗力不强，56℃经60 min、100℃经2 min即可灭活，常用的消毒药如2%氢氧化钠、5%的来苏儿可将其杀死。

2. 易感动物

流行性乙型脑炎是一种人畜共患的自然疫源性疾病，在自然情况下，家畜中马、骡、驴、猪、牛、羊、鸡、鸭、犬、猫及野鸟都能感染本病。马最容易发病，猪次之，其他畜禽多为隐性感染。

3. 传染源

患病动物和隐性感染动物在病毒血症期间可作为本病的传染源。猪可以通过猪-蚊-猪循环扩大病毒的传播，使其成为乙型脑炎病毒的主要增殖宿主和传染源。

4. 传播途径

本病主要通过蚊虫的叮咬，经皮肤感染。感染的公猪精液也可作为媒介感染母猪，妊娠母猪感染后可通过胎盘侵害胎儿。

5. 流行特点

由于本病主要通过蚊虫的叮咬传播，所以乙脑的流行呈明显的季节性，多发生于夏秋蚊虫滋生的季节。一般是南方 6～7 月份，北方 8～9 月份达到高峰。本病呈散发流行，并多为隐性感染。在自然条件下，常呈现每 4～5 年流行 1 次的周期性倾向。

猪的发病年龄与性成熟有关，大多在 6 月龄左右发病。其特点是感染率高，发病率低(20%～30%)，死亡率低，常因并发症死亡。新疫区发病率高，病情严重，以后逐年减轻，最后多呈无症状的带毒猪。

三、临床症状

人工感染猪日本乙型脑炎潜伏期一般为 3～4 d。常突然发病，病猪体温升高到 41℃左右，呈稽留热，短的持续几天，长者可达 10 多天。病猪精神沉郁，食欲减退，口渴，结膜潮红，喜卧地，强行赶起，则猪摇头甩尾，不久又卧下。心跳增加，每分钟达 110～120 次。有时可见猪流鼻涕，能听到鼻塞音，尿色深黄，粪便干结附有黏膜。有些病猪后肢轻度麻痹，行走不稳；有的后肢关节肿胀疼痛而表现跛行。最后身躯麻痹而死。

妊娠母猪的主要症状是发生流产或早产，初产母猪多发，第 2 胎后较少发生。胎儿多是死胎或木乃伊胎，或仔猪生后几天内发生痉挛而死亡。母猪流产后，其临床症状很快减轻，体温恢复常温，食欲也渐趋正常。母猪流产后不影响下一次配种。

公猪除上述一般症状外，常发生单侧或两侧睾丸发炎肿大，局部发热，有痛感，数天后睾丸肿胀消退，逐渐萎缩变硬，丧失配种能力。

四、病理变化

流产胎儿常见脑水肿，脑膜和脊髓充血，皮下水肿，心、肝、脾、肾肿胀并有小出血点。病死猪脑膜及脊髓膜显著充血，肝肿大、有界限不清的小坏死灶。肾稍肿大，也有坏死灶。母猪子宫内膜充血、出血，胎盘增厚。公猪睾丸肿大，切面充血、出血，有的公猪睾丸萎缩，与阴囊鞘膜粘连。

五、诊断

根据本病临床症状、病理变化等可作出初步诊断。

1. 病毒分离鉴定

取流行初期濒死或死后病例的脑组织（大脑皮质、海马角和丘脑等）或发热期的病猪血液接种鸡胚卵黄囊或脑内接种 1～5 日龄乳鼠（硬脑膜下）进行病毒分离。

2. 血清学试验

可进行补体结合试验、反向间接血凝试验、荧光抗体试验等对该病作出确诊。

六、防制

消灭蚊虫和预防接种是预防本病的重要措施。

1. 改善猪舍环境卫生，驱灭蚊虫

在蚊虫活动季节应注意饲养场的环境卫生，经常进行沟渠疏通以排除积水、铲除蚊虫孳生地，在蚊蝇繁殖季节要定期用药毒杀、烟熏、药诱、灯诱捕杀，有条件的门窗加纱布阻挡。由于乙脑病毒能在蚊虫体内繁殖，并可越冬，经卵传递，成为次年感染动物的来源，所以冬季还应设法消灭越冬蚊。

2. 疫苗预防

在蚊虫活动前 1～2 个月，对后备和生产用种公猪及种母猪用乙型脑炎弱毒疫苗或油乳剂灭活苗进行免疫接种，第 1 年以 2 周的间隔时间注射 2 次，以后每年注射 1 次。

3. 防止继发感染

病猪一般无特效疗法，用抗菌类药物防止继发感染可提高自愈率。但在治疗的同时要做好工作人员的防护工作。

第六节　猪水疱病

一、简介

猪水疱病是由猪水疱病病毒引起猪的一种急性、接触性传染病，流行性强，发病率高，以蹄部、口部、鼻端、腹部和乳头周围皮肤、黏膜出现水疱为特征。在症状上与口蹄疫极为相似，但牛、羊等家畜不发病。从临床角度看，猪水疱病一般只对猪的育肥计划产生轻微的影响，但本病的症状与口蹄疫的症状很难区别，从而妨碍了猪和猪产品的流通与国际贸易，国际兽疫局将其列为A类动物疫病，我国将其列为一类动物疫病。

二、病的发生

1. 病原

本病的病原为猪水疱病病毒，呈球形，由裸露的二十面体对称的衣壳和含有单股RNA的核心组成，无囊膜。本病毒不能凝集人和家兔、豚鼠、牛、绵羊、鸡、鸽等动物的红细胞，只有一个血清型。

猪水疱病病毒对环境和消毒药有较强的抵抗力，50℃经30 min仍不失感染力，60℃经30 min和80℃经1 min可灭活，在低温中可长期保存。病毒在污染的猪舍内可存活8周以上。病毒对乙醚有抵抗力，对酸不敏感。消毒药以5%氨水、10%漂白粉液、3%福尔马林和3%的热氢氧化钠溶液效果较好。

2. 易感动物

本病在自然流行中，仅发生于猪，各种年龄、性别、品种的猪均可感染，牛、羊等家畜不发病，人类有一定易感性。

3. 传染源

病猪、潜伏期的猪和病愈带毒猪是本病的主要传染来源，通过粪、尿、水疱液和奶排出病毒。被病毒污染的饲料、垫草、运动场和用具以及接触本病的饲养员等往往造成本病的传播。

4. 传播途径

本病主要通过直接接触和消化道传播。

5. 流行特点

本病的发生无明显的季节性，呈地方流行性。由于传播不如口蹄疫病毒快，所以流行较缓慢，不呈席卷之势。

三、临床症状

本病潜伏期一般为2～5 d，有的延至7～8 d或更长。临床症状可分为典型型、温和型和隐性型。

(1)典型型　主要表现为病猪的趾、附趾的蹄冠以及鼻盘、舌、唇和母猪乳头出现水疱。早期症状为上皮苍白肿胀，在蹄冠的角质与皮肤结合处首先见到，36～

48 h后，水疱明显凸出，里面充满水疱液，很快破裂，但有时维持数天。水疱破裂后形成溃疡，真皮暴露，颜色鲜红。病变严重时蹄壳脱落。部分猪的病变部因继发细菌感染而形成化脓性溃疡。由于蹄部受到损害，有痛感出现跛行。有的猪呈犬坐式或躺卧地下，严重者用膝部爬行。体温升高至40～42℃，水疱破裂后体温下降至正常。病猪精神沉郁、食欲减退或停食。在一般情况下，如无并发其他传染病者不引起死亡，初生仔猪可造成死亡。病猪康复较快，病愈后2周，创面可痊愈，如蹄壳脱落，则相当长时间后才能恢复。病猪水疱病发生后，约有2%的猪发生中枢神经系统紊乱，表现向前冲、转圈运动，用鼻摩擦、啃咬猪舍用具，眼球转动，有时出现强直性痉挛。

（2）温和型　只见少数病猪出现水疱，传播缓慢，症状轻微，往往不容易被察觉。

（3）隐性型　感染后不表现症状，但感染猪能排出病毒，对易感猪有很大的危险性。

四、病理变化

特征性病变主要是在蹄部、鼻盘、唇、舌面及乳房出现水疱。水疱破裂后水疱皮脱落，暴露出的创面有出血和溃疡。个别病例心内膜有条状出血斑。其他脏器无可见病变。

五、诊断

本病根据临床症状和病理变化很难与口蹄疫、猪水疱性口炎等区分开来，必须进行实验室诊断加以区别。

1. 病毒分离与鉴定

取病猪未破溃或刚破溃的水疱皮，经处理后，颈部皮下接种2～3日龄的小白鼠。一般在最初1～2代内即可引起感染，实验动物发病死亡。初代分离如呈阴性结果，应继续盲传2～3代，分离毒可用猪水疱病抗血清中和后，接种2日龄乳鼠以鉴定分离毒。如注射猪水疱病免疫血清中和组小鼠健活，病毒对照的乳鼠发病死亡，则被检病料为猪水疱病病毒，而不是口蹄疫病毒。

2. 荧光抗体试验

用直接和间接免疫荧光抗体试验，可检出病猪淋巴结冰冻切片中的感染细胞，也可检出水疱皮和肌肉中的病毒。

此外，中和试验、反向间接红细胞凝集试验、补体结合试验等也常用于猪水疱病的诊断。

六、防制

1. 平时的预防措施

预防本病的重要措施是防止本病传入。因此，在引进猪及其产品时，必须严格检疫。做好日常消毒工作，对猪舍、环境、运输工具用有效消毒药(如5%氨水、10%漂白粉、3%福尔马林和3%的热氢氧化钠等溶液)进行定期消毒。在本病常发地区进行免疫预防，用猪水疱病高免血清进行被动免疫有良好的效果，免疫期达1个月以上。目前使用的疫苗主要有鼠化弱毒疫苗和细胞培养弱毒疫苗，前者可以和猪瘟兔化弱毒疫苗共用，不影响各自的效果，免疫期可达6个月；后者对猪可能产生轻微的反应，但不引起同群感染，是目前安全性较好的弱毒苗。除此之外还有灭活疫苗，主要是细胞灭活疫苗，该疫苗安全可靠，注射后7～10 d产生免疫力，保护率在80%以上，注射后4个月仍有极强的免疫力。

2. 发病时的扑灭措施

发生本病时，要及时向上级动物防疫部门报告，对可疑病猪进行隔离，对污染的场所、用具要严格消毒，粪便、垫草等堆积发酵消毒。确认本病时，疫区实行封锁，并控制猪及猪产品出入疫区。必须出入疫区的车辆和人员等要严格消毒。扑杀病猪并进行无害处理。对疫区和受威胁区的猪，可进行紧急接种。猪水疱病可感染人，常发生于与病猪接触的人或从事本病研究的人员，因此应当注意个人防护，以免受到感染。

第七节　猪传染性胃肠炎

一、简介

猪传染性胃肠炎是由猪传染性胃肠炎病毒引起猪的一种急性、高度接触性胃肠道传染病，以呕吐、严重腹泻和脱水为特征。

该病于1945年在美国首次被发现，我国1956年发生，近年来呈上升趋势，而且与猪流行性腹泻的混合感染率也在逐年上升，调查结果表明已上升到44.15%，对养猪业的危害相当严重。国际兽疫局将其列为B类动物疫病，我国将其列为三类动物疫病。

二、病的发生

1. 病原

本病的病原为猪传染性胃肠炎病毒，属于冠状病毒科冠状病毒属，有囊膜，形态多样，呈圆形、椭圆形和多边形等。本病毒主要存在于空肠、十二指肠、回肠的黏膜，在鼻腔、气管、肺的黏膜和扁桃体、颌下及肠系膜的淋巴结等处，也能查出病毒。病毒对热和紫外线敏感，56℃经 45 min、65℃经 10 min 死亡，在阳光下暴晒 6 h 即被灭活，紫外线能使该病毒迅速死亡。病毒对乙醚、氢氧化钠、石炭酸、甲醛、氯仿等消毒药敏感。

2. 易感动物

本病仅发生于猪，不同年龄、性别、品种的猪均可感染发病。在新疫区，最初感染时几乎所有的猪都发病。10 日龄以内的仔猪死亡率较高；5 周龄以上的猪很少死亡；母猪及成年猪症状轻，多可自然康复。

3. 传染源

病猪和带毒猪是本病的主要传染源，它们从粪便、呕吐物、鼻液以及呼出气体中排出病毒，污染饲料、饮水、空气及用具等，传染给易感猪。

4. 传播途径

本病以消化道和呼吸道为主要的传播途径。

5. 流行特点

本病冬季多发，每年的 12 月份至次年的 3 月份发病最多。在新疫区呈流行性发生，传播迅速，使各年龄的猪群发病。在老疫区则呈地方流行性或散发性发生，发病率低。

三、临床症状

本病潜伏期短，一般为 12～18 h，长的可达 2～3 d。

仔猪突然发病，首先呕吐，继而发生急剧水样腹泻，粪便呈黄绿色或白色，常夹有未消化的凝乳块，有恶臭味。病猪明显脱水、消瘦、极度口渴，少部分重症患猪卧地不起。10 日龄以内的仔猪多在 2～7 d 死亡。日龄越小，病程越短，死亡率越高，有时死亡率可达 100%，病愈仔猪发育不良，成为僵猪。

断奶猪、育肥猪和母猪的症状轻重不一，通常只有 1 d 或数天出现食欲不振或废绝，个别病猪出现呕吐，水样腹泻呈喷射状，水泻物为灰色或褐色，含有少量未消化的食物，5～8 d 后停止腹泻，很少死亡。

四、病理变化

剖检可见病猪尸体消瘦，脱水明显。胃中充满凝乳块，胃黏膜轻度充血和出血。肠内充满灰白色或黄绿色泡沫状液体，小肠壁变薄，弹性降低，肠管扩张呈半透明状。在低倍显微镜下观察小肠黏膜，可见小肠黏膜绒毛萎缩，空肠和回肠绒毛长度和隐窝深度之比，正常猪为7∶1，而病猪则为1∶1。

五、诊断

根据以上流行病学、症状和病变进行综合判定可以作出初步诊断，确诊必须进行实验室诊断。

1. 病毒分离

取病猪的粪、肠内容物或空肠、回肠段为病料，经口感染5日龄仔猪，盲传2代以上，分离病毒。用标准抗猪传染性胃肠炎病毒的血清做中和试验进行鉴定。

2. 荧光抗体检查

取腹泻早期病猪空肠和回肠的刮削物作涂片或以这段肠管作冰冻切片，进行直接或间接荧光染色，在荧光显微镜下检查，见肠上皮细胞及肠绒毛细胞浆内呈现荧光者为阳性。此法快速，可在2～3 h内作出诊断。

3. 鉴别诊断

本病诊断时应与症状相似的其他传染病如仔猪黄痢、仔猪白痢、猪流行性腹泻和轮状病毒感染等相区别。

六、防制

1. 加强饲养管理，做好消毒工作

平时要加强饲养管理，搞好猪舍卫生和消毒工作，并经常保持猪舍的温暖干燥。常用的消毒剂有1%～2%氢氧化钠溶液、1%石炭酸溶液、10%～20%新鲜石灰乳溶液、10%～20%热草木灰水。

2. 免疫预防

用传染性胃肠炎弱毒疫苗对母猪进行免疫接种。母猪分娩前5周口服1头份，分娩前2周口服1头份，同时肌肉注射1头份。

3. 对症治疗

(1)补充体液，以防脱水和酸中毒　让仔猪自由饮服下列配方溶液：氯化钠3.5 g，氯化钾1.5 g，碳酸氢钠2.5 g，葡萄糖20 g，水1 000 mL。另外，还可于腹腔注射一定量的5%葡萄糖盐水加灭菌碳酸氢钠溶液。

(2)使用抗病毒药物　可肌肉注射病毒灵、病毒唑、双黄连等。

(3)血清疗法　用猪传染性胃肠炎高免血清，按每千克体重0.5 mL肌肉注射，每天1次，连用3 d。

第八节 猪流行性腹泻

一、简介

猪流行性腹泻是由猪流行性腹泻病毒引起猪的一种急性肠道传染病，以呕吐、腹泻和脱水为特征。本病1971年于英国首次被发现，20世纪80年代初在我国陆续发生，近年来流行区域有逐渐扩大的趋势，我国将其列入三类动物疫病。

二、病的发生

1. *病原*

本病的病原为猪流行性腹泻病毒，属于冠状病毒科冠状病毒属。病毒粒子呈多形性，倾向球形，有囊膜。病毒只能在肠上皮组织培养物内生长，对外界环境和消毒药的抵抗力不强，一般消毒药都可将其杀灭。

2. *易感动物*

本病仅发生于猪，各种年龄的猪都能感染发病。哺乳仔猪、架子猪或育肥猪的发病率很高，尤以哺乳仔猪受害最为严重，母猪发病率变动很大，为15%～90%。

3. *传染源*

病猪是本病的主要传染源。病毒存在于肠绒毛上皮细胞和肠系膜淋巴结，随粪便排出后，污染环境、饲料、饮水、交通工具及用具等而传染。

4. *传播途径*

本病主要通过消化道感染。

5. *流行特点*

本病的发生有一定的季节性，冬季多发，我国多在12月份至次年的2月份寒冬季节发生。本病有流行自限性，一般在流行约5周后自行终止。

三、临床症状

本病潜伏期一般为5～8 d，人工感染潜伏期为8～24 h。

主要的临床症状为水样腹泻和呕吐，呕吐多发生于进食或哺乳后。症状的轻重随年龄的大小而有差异，年龄越小，症状越重。7日龄内的新生仔猪发生腹泻后3～4 d，呈现严重脱水而死亡，死亡率可达50%～100%，病猪体温正常或稍高，精神沉郁，食欲减退或废绝。断奶仔猪、母猪常表现精神委顿、食欲下降和持续性腹泻，约 1 周后，逐渐恢复正常。育肥猪感染后发生腹泻，1 周后康复，死亡率 1%～3%。成年猪症状较轻，有的仅表现呕吐，重者水样腹泻，3～4 d 后自愈。

四、病理变化

病死猪尸体消瘦脱水，皮下干燥，胃内有多量黄白色的凝乳块。小肠病变具有特征性，通常肠管膨胀扩张、充满黄色液体。肠壁变薄，肠系膜充血，肠系膜淋巴结水肿。显微镜或放大镜下观察可见小肠绒毛缩短，显著萎缩。

五、诊断

本病的流行病学、临床症状、病理变化基本上与猪传染性胃肠炎相似，只是病死率比猪传染性胃肠炎稍低，在猪群中传播速度也比较缓慢一些。根据上述特点可做出初步诊断。确诊要依靠实验室诊断。

1. 免疫荧光染色

取病猪小肠作冰冻切片或小肠黏膜抹片，风干后丙酮固定，加荧光抗体染色，镜检。在出现腹泻后 6 h，对空肠和回肠的检测 90%～100%呈阳性，对十二指肠的检测 70%～80%呈阳性。

2. 酶联免疫吸附试验(ELISA)

此法可用于检测病猪粪便、小肠内容物中的病毒抗原。也可用于检测病猪血清中的特异性抗体，但通常需要采取发病初期和间隔 2～3 周病愈猪的双份血清进行检测。

六、防制

1. 疫苗免疫预防

目前常用的疫苗有轮状病毒、流行性腹泻二联苗，流行性腹泻、传染性胃肠炎、轮状病毒三联苗。于每年的 10 月中旬左右，仔猪、架子猪和育肥猪每头注射 1 头份，生产母猪每头注射 2 头份。对于正在发病的猪群在母猪产前 20～30 d 注射 3 头份。

2. 加强管理和消毒工作

加强饲养管理，饲喂营养丰富的饲料，做好仔猪、哺乳猪的保温和保健工作。做好场内的卫生消毒工作，用消毒威、百毒杀等消毒药对猪舍进行消毒，用干石灰铺设走道和运动场。

3. 对症治疗

本病无特效药治疗，通常应用对症疗法，可参考猪传染性胃肠炎的治疗方法。

第九节 猪圆环病毒感染

一、简介

猪圆环病毒感染是由猪圆环病毒Ⅱ型引起猪的一种多系统功能障碍性传染病，临床上主要表现为断奶仔猪多系统衰竭综合征和新生仔猪先天性震颤、繁殖障碍等，并出现严重的免疫抑制，从而容易导致继发或并发其他传染病，被世界各国的兽医公认为最重要的猪传染病之一。

本病于1991年首先在加拿大被发现，1996年暴发于世界许多国家。我国2002年证实猪群中存在本病。

二、病的发生

1. 病原

本病的病原为猪圆环病毒，是动物病毒中最小的一种病毒，其粒子直径为14～25 nm，二十面体对称，无囊膜。本病毒分为2个型，即猪圆环病毒Ⅰ型和猪圆环病毒Ⅱ型。猪圆环病毒Ⅰ型对猪无致病性，但能产生血清抗体，在猪群中存在较普遍。猪圆环病毒Ⅱ型对猪有致病性，可引起猪发病。本病毒对外界环境的抵抗力较强，对氯仿不敏感，在pH 3的酸性环境中很长时间不被灭活。70℃时可存活15 min。该病毒不能凝集牛、羊、猪、鸡等动物和人的红细胞。

2. 易感动物

圆环病毒的天然宿主是猪，各种年龄、不同性别的猪均可感染该病毒，但不一定都能表现出明显的临床症状，哺乳仔猪和育成猪最易感且临床症状明显。

3. 传染源

病猪和带毒猪为本病的主要传染源。病毒存在于病猪的呼吸道、肺脏、脾和淋巴结中，从鼻液和粪便中排出。

4. 传播途径

本病可经口腔、呼吸道水平传播，也可经胎盘垂直传播。

5. 流行特点

本病的发生无季节性。因圆环病毒可破坏猪的免疫系统，使猪免疫力下降，产生免疫抑制，因此感染圆环病毒的猪易继发或并发猪繁殖与呼吸综合征、猪伪狂犬病、猪细小病毒病、猪链球菌病、猪附红细胞体病、副猪嗜血杆菌病等。本病的发生及危害程度与猪群的饲养管理及环境卫生等密切相关，各种环境因素如拥挤、空气污浊、气候变化、饲料更换等应激因素会削弱机体的抗病能力，继发其他传染病而加重病情，造成不同程度的经济损失。

三、临床症状

猪圆环病毒感染主要引起断奶仔猪多系统衰竭综合征和仔猪先天性震颤。

(1)断奶仔猪多系统衰竭综合征　病猪表现精神沉郁、食欲不振、发热、被毛粗乱、进行性消瘦、生长迟缓、呼吸困难、咳嗽、喘气，贫血、皮肤苍白、体表淋巴结肿大。有的表现皮肤与可视黏膜发黄、腹泻、嗜睡。临床上约有20%的病猪呈现贫血与黄疸症状，具有诊断意义。

(2)仔猪先天性震颤　又名抖抖病，其临床症状的变化性很大，震颤程度不等，同窝仔猪的发病数量也不定，通常表现为双侧性震颤，当仔猪休息或睡眠时可得到缓和，但受到寒冷或噪声等外界刺激时，震颤可重新激发或加重。1周龄内出现严重震颤的仔猪往往由于不能得到哺乳而死亡，1周龄以上的仔猪常常能耐过，也有的震颤症状持续到生长期或育肥期。

四、病理变化

发生断奶仔猪多系统衰竭综合征时，剖检可见间质性肺炎和黏液性支气管炎变化。肺脏肿胀，间质增宽，质地坚硬似橡皮样，其上面散在有大小不等的褐色实变区(间质性肺炎)。肝变硬、发暗。肾脏水肿、呈灰白色，皮质部有白色病灶。脾脏轻度肿胀。胃黏膜水肿，有大片溃疡形成。盲肠和结肠黏膜出血。全身淋巴结肿大4～5倍，切面呈灰黄色。特别是腹股沟、肺门和肠系膜与颌下淋巴结病变明显。如有继发感染则可见胸膜炎、腹膜炎，心包积水、心肌出血、心脏变形、质地柔软。

仔猪先天性震颤尚未见剖检病变，组织学变化主要是脊索神经的髓鞘形成不全。

五、诊断

根据本病的流行特点，结合本病的临床症状、剖解变化和病理变化一般可以作出诊断，确诊需要进行实验室诊断。常用的实验室诊断方法有免疫荧光技术、聚合酶链反应(PCR)技术和酶联免疫吸附试验(ELISA)等。检测抗体的方法主要是酶联免疫吸附试验(ELISA)。

六、防制

目前还没有控制和消灭猪圆环病毒感染的有效措施，也没有切实可行的疫苗预防猪圆环病毒感染。只能用一般防制措施来预防本病。

1. 购入种猪要严格检疫，隔离观察

应用酶联免疫吸附试验（ELISA）与聚合酶链反应（PCR）技术对购入种猪进行检疫，隔离饲养1个月，健康者方可进入猪场生产区。

2. 严格实行“全进全出”制度，落实生物安全措施

猪舍要清洁卫生、保温、通风良好，降低氨气及有害气体的浓度；饲养密度要适中，不同日龄的猪应分群饲养，不要混养；减少各种应激因素，创造一个良好的饲养环境。

3. 定期消毒，杀死病原体、切断传播途径

生产中应用3%的氢氧化钠溶液、0.3%的过氧乙酸溶液及0.5%的强力消毒灵和抗毒威消毒效果良好。

4. 药物预防继发感染

如应用支原净、卡那霉素、强力霉素、庆大霉素、磺胺嘧啶钠、抗病毒药等治疗，同时肌肉注射维生素 B_{12}、维生素C及肌肝和静脉注射葡萄糖注射液等有一定的治疗效果。

第十节 猪 丹 毒

一、简介

猪丹毒是由猪丹毒杆菌引起猪的一种急性、热性传染病，主要侵害架子猪。其特征主要表现为急性败血症和亚急性疹块，部分慢性病例表现为多发性关节炎或心内膜炎。

本病于1882年前就有报道，流行于欧亚、美洲各国。我国最早发生于四川，1946年后，其他各省都有相关报道。建国以来，我国对猪丹毒进行了许多研究工作，使本病得到基本的控制，但仍然是当前危害养猪业的重要传染病。

二、病的发生

1. 病原

本病的病原为猪丹毒杆菌，又称红斑丹毒丝菌，是一种纤细的小杆菌，形直或略弯。从慢性病灶分离出的菌株呈不分枝的长丝或中等长度的链状。本菌为微需氧菌，在普通培养基上能生长，加入适量血液或血清，并在10%的 CO_2 环境中生长更良好。在固体培养基上培养24 h，用显微镜反光观察，可分为光滑型(S型)、

粗糙型(R型)和中间型(Ⅰ型)3个型,三者可以发生互变。从急性病猪体内分离的菌落为S型,细小,表面光滑,边缘整齐,呈α溶血,为强毒(微蓝色);从慢性病猪或带菌猪体内分离的为R型,较大,表面粗糙,边缘不整齐,长丝状,低毒(土黄色);中间型毒力菌落性状介于两者之间(金黄色)。目前认为该菌有24个血清型(1～24型)。无荚膜、芽孢和鞭毛。革兰氏染色阳性。

本菌对外界抵抗力较强,在猪肉内经盐腌或熏制后,能存活3～4个月,暴露于日光下存活10 d。本菌可以抵抗胃酸的作用,但对热的抵抗力较差(55℃经15 min、70℃经5～10 min能将其杀死),对消毒药敏感,一般消毒药如1%漂白粉溶液、3%来苏儿溶液、10%～20%石灰乳溶液都可很快将其杀死。本菌对青霉素最敏感,对四环素次之。

2. 易感动物

本病主要发生于猪,以4～6月龄的架子猪发病最多。其他家畜如牛、羊、马、犬、鼠、家禽及鸟类也能感染发病。人可感染,称为类丹毒。

3. 传染源

病猪、带菌猪是本病主要的传染源。此外,其他畜禽、两栖类、爬行类、野生动物也可成为带菌者。

4. 传播途径

本病以消化道感染为主,也可通过损伤的皮肤及蚊、蝇等吸血昆虫传播,带菌猪在不良条件下抵抗力降低,也可引起内源性感染发病。

5. 流行特点

本病一年四季均可发生,常为散发性或地方流行性传染,有时暴发流行。北方地区5～8月份炎热多雨季节是流行的高峰,春、秋季节次之;南方地区则在冬、春季节流行。

三、临床症状

本病潜伏期一般3～5 d,最短的为1 d,最长的为7 d。临床症状根据病程长短和临诊表现不同可分为急性败血型、亚急性疹块型和慢性型。

(1)急性败血型　最为常见,少数健壮猪无任何症状突然死亡。多数病猪以败血症为主,表现为拒食,偶见呕吐,体温高达42℃以上。精神沉郁,喜卧。强迫驱赶,则发出尖叫,步态僵硬或跛行。病初粪干,有的后期腹泻。发病1～2 d后,皮肤上出现形状和大小不一的红斑,以耳、腹、腿内侧皮肤多见,指压褪色。病程3～4 d,病死率80%～90%。

(2)亚急性疹块型　病程较缓和,其特征是皮肤表面出现疹块,俗称"打火印”。常在发病后2～3 d在胸、腹、背、肩和四肢等部位的皮肤出现方形、菱形或不规则的疹块。初期充血，指压褪色；后期淤血，呈紫黑色。疹块发生后，体温逐渐恢复正常，数日后，病猪多自行康复。病程1～2周。

(3)慢性型　一般由急性与亚急性病例转化而来，也有原发性的。常见的有关节炎型、慢性心内膜炎型和皮肤坏死型。关节炎型主要表现为四肢关节(多见于腕、跗关节)肿痛，跛行或卧地不起，食欲正常，但消瘦、衰弱，病程数周至数月；心内膜炎型主要表现为消瘦、贫血，全身衰弱，不愿走动，听诊心脏有杂音，心跳加快，心律不齐，呼吸急促，有时由于心脏麻痹而突然死亡；皮肤坏死型常发生于耳、背、肩及尾部，病变部位皮肤变黑色，干硬似皮革，经2～3个月坏死皮肤脱落。

四、病理变化

(1)急性败血型　主要表现为败血症变化，全身淋巴结肿胀充血，切面多汁，常见小点出血。脾脏充血性肿大，呈樱桃红色。肾脏常发生出血性肾小球肾炎变化、肿大、色暗红，称为“大红肾”。胃肠道有卡他性或出血性炎症，以胃或十二指肠较明显。心包积液，心内外膜小点出血。肝充血、肿大。肺淤血、水肿。

(2)亚急性疹块型　以皮肤疹块为特征变化。疹块内血管扩张，皮下组织水肿浸润，疹块中央呈苍白色。死亡病例亦有上述败血症病变。

(3)慢性型　关节炎型多见于四肢一个或多个关节肿胀，关节增生肥厚、不化脓，切开关节囊有浆液性纤维素性渗出物。心内膜炎型可见心脏瓣膜表面有菜花样疣状赘生物，它是由肉芽组织和纤维素性凝块组成，常见于二尖瓣。

五、诊断

根据以上流行特点、临床症状和病理变化可做出初步诊断。确诊必须通过实验室诊断。

1. 涂片镜检

采取新鲜病料涂片镜检，见到革兰氏染色阳性，菌体平直或稍弯曲的纤细小杆菌或单个、成堆的不分枝长丝状菌体，即可确诊。

2. 分离培养

可将病料培养于鲜血琼脂或马丁肉汤中，纯培养后观察菌落和菌体。

3. 动物试验

可将病料(或培养物)，用生理盐水制成1∶(5～10)的乳剂，分别给小白鼠接种(皮下注射0.2 mL)、鸽子接种(肌肉注射1 mL)和豚鼠接种，若有本菌，小白鼠和鸽子可在2～5 d内死亡，豚鼠健活，并可在小白鼠和鸽子尸体内检出大量的丹毒丝状菌。

六、防制

1. 预防接种

每年定期进行预防接种是控制本病最有效的方法，菌苗有：

(1)猪丹毒弱毒菌苗(GT10 和 GC42)　用 20%氢氧化铝生理盐水稀释，每头猪皮下接种 1 mL，7～10 d 产生免疫力，免疫期为 6 个月。其中 GC42 可口服，口服时，剂量加倍，口服后 9 d 产生免疫力，免疫期为 6 个月。

(2)猪丹毒氢氧化铝甲醛菌苗　断奶 15 d 以上的猪，一律肌肉接种 5 mL，14～21 d 产生免疫力。未断奶的仔猪注射 3 mL，间隔 1 个月后再补注 3 mL。

(3)二联苗(猪瘟-猪丹毒)、三联苗(猪瘟-猪丹毒-猪肺疫)　给断奶 15 d 以上的猪免疫，免疫期为 6 个月。

2. 发病后处理措施

早期确诊，隔离病猪，严格对猪场环境和饲养用具进行消毒；猪粪、垫草集中堆肥，发酵腐熟后用做肥料；病死猪及内脏等下水高温处理；工作人员加强防护。

3. 治疗病畜

(1)青霉素　每千克体重用 5 000～10 000 IU，肌肉注射，每天 2～3 次，连用 2～3 d。配合使用链霉素，每千克体重用 30 mg，肌肉注射，每天 1～2 次，连用数天。

(2)抗猪丹毒血清　皮下或静脉注射，仔猪用 5～10 mL，3～10 月龄猪用 30～50 mL，成年猪用 50～70 mL，每 24 h 注射 1 次，直至猪体温恢复正常。

第十一节　猪链球菌病

一、简介

猪链球菌病是由多个不同血清群链球菌感染引起猪的多种不同临床症状传染病的总称，急性猪链球菌病常以败血症和脑炎为特征，慢性猪链球菌病以关节炎、化脓性淋巴结炎等为主要特性。目前该病分布范围极广，世界各地均有发生。特别是猪链球菌 2 型导致的猪链球菌病和人感染的疫情在国内外多次暴发。1968 年丹麦首次报道人感染猪链球菌引起脑膜炎的病例，此后，在法国、比利时、瑞典、新西兰、荷兰、英国、澳大利亚等国家和地区，也先后报道人感染猪链球菌的病例。我国 1990 年以来，多次发生人感染猪链球菌 2 型疫情，出现多人死亡。猪链球菌不但给养猪业造成严重的经济损失，也给公共卫生和食品安全带来了威胁，已成为全球性的人畜共患病重要的新病原菌。

二、病的发生

1. 病原

本病的病原为链球菌，其血清型众多、抗原结构复杂，广泛存在于自然界，在正常动物及人的呼吸道、消化道、生殖道等也常存在。链球菌为革兰氏阳性菌，呈长短不一的链状，但猪链球菌多数成短链或成对排列。多数链球菌为兼性厌氧。最适培养温度为37℃，对营养要求比较苛刻，需在培养基中加入血液、血清或葡萄糖。在血液琼脂平板上培养24 h后形成灰白色、圆形、隆起、光滑、半透明的小菌落。多数致病菌株能形成β溶血，菌落周围出现透明的溶血环。

猪链球菌属于链球菌属细菌，是1987年Kilpper Balzz和Schleifer建议设立的一个新种。菌体呈圆形或椭圆形，直径小于2.0 μm，为不产生芽孢的革兰氏阳性细菌，但结晶紫着色不良，多呈圆形或椭圆形，单个或成对排列，少数呈短链状，血液或肉汤培养基中可见呈长链状，有紫色荚膜。本菌在普通培养基中生长较差，在厌氧肉汤中生长良好，半固体琼脂中不扩散，葡萄糖有利于猪链球菌生长。猪链球菌按其荚膜抗原的差异，可分为35个血清型(1～34及1/2)，猪链球菌2型(SS2)是其中致病力最强、最常见的一种，是一个重要的人畜共患病原菌，可引起猪败血症，脑膜炎及急性死亡，并可导致人感染，甚至死亡。SS2菌株分为毒力株、弱毒力株和无毒力株。毒力株可引起猪的严重临床症状(如脑炎)；弱毒力株的菌株只能引起猪轻微的临床症状(如肺炎)；无毒力菌对猪是完全无毒力的。

链球菌对外界的抵抗力较强，0℃以下可存活150 d以上，室温下可存活6 d，60℃经30 min可以灭活。对一般消毒药均敏感。对青霉素、红霉素、金霉素、四环素及磺胺类药敏感。

2. 易感动物

在自然条件下，猪对本病易感，不同年龄、性别、品种的猪均能感染本病。一般情况下，仔猪、架子猪和妊娠母猪发病率高。对仔猪危害大，尤其断奶后10多天到转栏的仔猪感染后发生败血症及脑炎而死亡。哺乳仔猪及母猪多发生关节炎及化脓性淋巴结炎。牛、犬和禽类不易感。实验动物中，以家兔最敏感，仓鼠、小鼠次之。猪链球菌也可感染人。

3. 传染源

病猪及带菌猪是本病自然流行的主要传染源。病猪的鼻液、尿液、粪、唾液、血液、肌肉、内脏和关节液均含有病原菌。病猪和带菌猪是人感染猪链球菌病的主要传染源，目前尚未发现人间传播的确切证据。

4. 传播途径

猪链球菌病可通过呼吸道、消化道、受损的黏膜和皮肤感染。人在接触病、死猪时，致病菌经破损皮肤或黏膜侵入人体可能为主要传播途径。

5. 流行特点

本病一年四季均可发生，但5～11月份发生较多，呈地方性流行。在本病的流行过程中，急性败血型常表现为来势凶猛，传播迅速。此外，猪舍通风条件差，过于拥挤和其他应激因素都是诱发本病的因素，现代集约化密集养猪条件下，易流行该病。

三、临床症状

本病潜伏期一般为1～3 d，长的可达6 d以上。

(1)最急性型　发病急、病程短，常无任何症状突然死亡。突然减食或饮食废绝，体温升高达41～43℃，呼吸急促，多在24 h内死于败血症。

(2)急性型　突然发病，体温升高达40～43℃，呈稽留热。呼吸急促，鼻镜干燥，流浆液性或脓性鼻涕。结膜潮红，流泪。颈部、耳廓、腹下及四肢下端皮肤呈紫红色，并有出血点。

(3)脑膜脑炎型　多见于哺乳仔猪和断奶仔猪。主要表现为神经症状，如磨牙、口吐白沫，转圈运动，抽搐、倒地四肢划动似游泳状，最后麻痹而死。

(4)慢性型　表现为多发性关节炎，一肢或多肢关节发炎。关节肿胀，跛行或瘫痪，最后因衰弱、麻痹致死。

四、病理变化

(1)急性型　以出血性败血症病变和浆膜炎为主。血液凝固不良，耳廓、腹下及四肢末端皮肤有紫斑，黏膜、浆膜及皮下出血。鼻黏膜紫红色、充血及出血。喉头、气管黏膜出血，常见大量泡沫。肺充血肿胀。全身淋巴结有不同程度的充血、出血、肿大，有的切面坏死或化脓。心包及胸腹腔积液、浑浊、含有絮状纤维素。脾脏肿大。

(2)脑膜脑炎型　脑膜充血、出血，严重者溢血，部分脑膜下有积液，脑切面有针尖大的出血点，并有败血型病变。

(3)慢性型　关节腔内有黄色胶冻样或纤维素性、脓性渗出物。淋巴结脓肿。有些病例心瓣膜上有菜花样赘生物。

五、诊断

根据本病的流行病学特点、临床症状和病理变化可做出初步诊断，确诊需进一步做实验室诊断。

1. 镜检

病猪的肝、脾、肺、血液、淋巴结、脑和关节囊液等均可作涂片，染色镜检，如发现有单个、成对或呈短链的革兰氏染色阳性菌，即可确诊。

2. 分离培养

取上述病料接种于血液琼脂平皿，37℃培养 24～48 h，可见 β 溶血的细小菌落，取单个的纯菌落进行生化试验鉴定。选取菌落抹片、染色、镜检亦见上述相同细菌。

3. 动物接种

将病料制成 5～10 倍乳剂，给家兔皮下或腹腔注射 1～2 mL，或给小鼠皮下注射 0.2～0.5 mL，接种动物死亡后，取心血、脾脏抹片或分离培养，进一步确诊。

六、防制

1. 综合预防措施

加强管理和消毒，出现外伤及时处理，坚持自繁自养和全进全出制度，严格执行检疫隔离制度，淘汰带菌母猪等措施对预防本病有重要作用。

2. 疫苗预防

目前有猪链球菌弱毒菌苗和灭活苗，最好选用当地菌株疫苗。

3. 药物治疗

治疗病猪可用大剂量青霉素和链霉素混合肌肉注射，连用 3～5 d。此外，发病早期用氨苄青霉素、先锋霉素、小诺霉素、磺胺嘧啶和磺胺六甲氧等药物治疗有一定的疗效。

第十二节　猪大肠杆菌病

一、简介

猪大肠杆菌病是由致病性大肠杆菌引起的仔猪肠道传染病，以肠炎、肠毒血症为特征。常见的有 3 种，即生后 1～7 日龄以内发生的仔猪黄痢、2～3 周龄发生的仔猪白痢和断乳前后发生的水肿病。

二、病原

本病的病原为大肠杆菌，为革兰氏染色阴性菌，无芽孢，一般有数根鞭毛，常为无可见荚膜、两端钝圆的短杆菌。本菌为兼性厌氧菌，有呼吸和发酵 2 种类型。

在普通培养基上容易生长。最适温度为37℃。可见到3种菌落：光滑型（居多数），边缘整齐、湿润，呈灰色，表面有光泽，在生理盐水中容易分散；粗糙型，常见于新分离的菌株，菌落扁平，干涩，边缘不整，在生理盐水中易发生自身凝集；黏液型，有荚膜的菌株常见，培养基中含有糖类或在室温中放置易出现。在麦康凯和远藤氏琼脂培养基上生长良好，可形成红色菌落，是由于大肠杆菌能分解乳糖所致，可与不分解乳糖的细菌相区别。

大肠杆菌的抗原构造及血清型极为复杂。抗原主要由菌体抗原（O抗原）、微荚膜抗原（K抗原）和鞭毛抗原（H抗原）组成，此外还有菌毛抗原（F抗原）。O抗原为多糖-类脂-蛋白质复合物，即内毒素。O、K和H 3种抗原，分别已发现至少有165、100和60种，按抗原成分不同，可将病原性大肠杆菌分为许多血清型。血清型与致病性有着密切的关系，引起仔猪黄痢常见的OK群包括：$O_8:K_{87}$，K_{88ac}，$O_{138}:K_{81}$，$O_{141}:K_{85}$，K_{88}，$O_{147}:K_{88ac}$，K_{89}，$O_{149}:k_{88ac}$，K_{99}，$O_{157}:K_{88ac}$，$O_{115}:K_{99}$，$O_{60}:K_{88}$等血清型菌株，多具有K_{88}及产生肠毒素的能力，均具有黏附素。其中以O_{60}最常见；引起仔猪白痢常见的有O_2，O_8，O_9，O_{20}，O_{45}，O_{67}，O_{100}，O_{129}，O_{138}，O_{139}，O_{141}，O_{147}和O_{149}等血清型菌株，也检出含有K_{88}、K_{94}血清型菌株。但以$O_{78}:K_{88}$为多见。这些菌株也多见于健康猪，可能是由于菌群失调而致病；引起仔猪水肿常见的OK菌群与仔猪黄痢基本相同，以O_{139}多见。一般不具有黏附素。研究揭示大肠杆菌致病的本质是由于多种毒力因子引起的不同病理过程。

内毒素：是大肠杆菌外膜中含有的脂多糖，当菌体崩解时被释放出来，在败血症中作用尤为明显。

外毒素：分两大类，为不耐热肠毒素（LT）和耐热肠毒素（ST）。LT有抗原性，可激活肠的毛细血管上皮细胞中腺苷环化酶，使肠黏膜细胞分泌亢进，发生腹泻和脱水；而ST可激活回肠上皮细胞的颗粒性鸟苷环化酶，同样引起分泌性腹泻。

细胞毒素：目前研究发现SLT-Ⅱ致使猪产生水肿病的临床症状和病理变化。

除此之外具有致病性的因子还有定植因子、直接侵袭性、大肠杆菌素。

三、仔猪黄痢

（一）简介

仔猪黄痢在我国较多的地区和猪场都有发生，是危害仔猪的重要传染病之一，又称早发性大肠杆菌病，是由一定血清型的大肠杆菌引起初生仔猪的一种急性、致死性传染病。多发生于1～7日龄仔猪。多数病原菌株都有菌毛吸着因子（也称黏着因子）并产生肠毒素，已知吸着因子有K_{88}、K_{99}、9_{87P}、F_{41} 4种，且各具独特的抗原性，肠毒素以不耐肠毒素（LT）为主。这是大肠杆菌引起仔猪黄痢的主要原因。

(二)流行特点

本病在世界各地均有流行,同窝仔猪发病最高可达100%,死亡率高。但随着日龄的增长,发病率和死亡率逐渐减少。在新建的猪场以及头胎母猪所产仔猪发病最为严重,随着胎次的增加,仔猪发病率和死亡率逐渐降低,这是由于母猪长期感染大肠杆菌而逐渐产生了对该菌的免疫力。另外,炎夏和寒冬,潮湿多雨季节发病严重,分散饲养的发病较少。

(三)临床症状

该病潜伏期短,一般在 24 h 左右,病猪主要症状是拉黄痢,粪大多呈黄色水样,内含乳凝小片,混有小气泡并带腥臭,顺肛门流下,其周围多不留粪迹,易被忽视。下痢重时,小母猪阴户尖端可出现红色,后肢被粪液玷污。病仔猪精神沉郁,不吃奶,口渴、脱水,但无呕吐现象,最后昏迷而死。急性者不见下痢,身体软弱,倒地昏迷死亡。

(四)病理变化

尸体脱水表现皮肤干燥、皱缩,口腔黏膜苍白。剖检主要病变是胃肠卡他性炎症,其中以十二指肠最为严重。表现为肠壁变薄、松弛、充气,肠黏膜肿胀、充血或出血。肠系膜淋巴结充血肿大,切面多汁。胃黏膜红肿,心、肝和肾有变性,重者有出血点。但有的病猪无明显变化。

(五)防制方法

对第一胎母猪及新建设的猪场,在仔猪出生后即全窝口服抗菌药物,连用3 d,以防止发病。也可以采用本场淘汰母猪的全血或血清,给初生仔猪口服或注射进行预防。开始发病时,立即对全窝仔猪给药,常用药物有痢特灵、金霉素等。因细菌易产生抗药性,应做药敏试验,选出最敏感的治疗药物,方能收到好的疗效。常发地区,可用大肠杆菌 K_{88}、K_{99}、987P 三价灭活菌苗,或大肠杆菌 K_{88}、K_{99} 双价基因工程苗给产前 1 个月的妊娠母猪注射,使仔猪通过母乳获得被动保护,防止发病。另外,做好圈舍消毒工作及产房清洁卫生工作,防止产房潮湿。

四、仔猪白痢

(一)简介

仔猪白痢是由大肠杆菌引起的 2～3 周龄仔猪发生的消化道传染病,又叫迟发性大肠杆菌病。在我国各地猪场均有不同程度的发生，对养猪业的发展有巨大影响。临床上以排灰白色粥样稀便为主要特征，发病率高而致死率低。病原尚不完全肯定。猪肠道菌群失调、大肠杆菌过量繁殖是本病的重要病因。

(二)流行特点

本病严冬、炎热及阴雨连绵季节发生较多，气候骤变时(如下雪、寒流等)发病数显著增加，7日龄以内及30日龄以上的猪很少发病。母猪乳汁缺乏、过多、过少、过浓，饲养管理和卫生条件不良，缺乏矿物质和维生素等问题可促进本病的发生。

(三)临床症状

病猪畏寒、脱水，吃奶减少或不吃，有时可见吐奶。体温一般不升高，常排白色、灰色粥状或黄白色稀粪。除少数发病日龄较少的仔猪易死亡外，一般病猪病症较轻，易自愈，但多反复发病。

(四)病理变化

一般表现为消瘦和脱水等外观变化。剖检时胃肠道呈卡他性炎症，胃内常积有多量乳凝块。肠壁薄而带半透明状，肠系膜淋巴结水肿。

(五)防治方法

治疗药物同仔猪黄痢，以收敛、止泻、助消化为主要目的，最好以药敏试验为依据，选择最敏感的药物进行治疗。早期治疗和改善饲养管理条件才能获得良好的效果。如病程延长到2～3周或以上，治愈后仔猪生长发育缓慢。平时要加强仔猪的饲养管理，不要让仔猪受凉感冒，有条件的可用本场免疫母猪菌苗进行预防。

五、猪水肿病

(一)简介

猪水肿病又名猪胃肠水肿，是由溶血性大肠杆菌毒素引起的断奶仔猪眼睑或其他部位水肿、运动共济失调、惊厥为主要特征的传染病。

(二)流行特点

该病多发于仔猪断奶后1～2周，发病率5%～30%，病死率可达90%以上。

近年来本病又有新的流行特点：发病日龄不断增加，40～50 kg 的猪也有水肿病发生，采食量大、生长速度快的猪发病率和死亡率高。一般局限于个别猪群，不广泛传播；多见于春、秋季节，特别是气候突变和阴雨后多发；病的发生还与饲养方式、饲料品质好坏、品种单一及只喂给大量精饲料等因素有关。

（三）临床特征

突然发病，体温在病初可能升高，很快降至正常体温或偏低。盲目行走或转圈，常表现突然猛向前跃，进而倒地抽搐，在昏迷状态中死亡；各种刺激或捕捉时，触之叫声嘶哑，倒地，四肢乱动，似游泳状，逐渐后躯无力，卧地不起；眼睑或结膜水肿，重者延至面部、颈部等其他部位，头部变“胖”，病程数小时至 2 d。

（四）病理变化

全身多处组织水肿，特别是头部皮下、胃壁及肠系膜水肿是本病的特征。剖检可见上下眼睑、面部、下颌部、头部皮下呈白色胶冻样水肿；胃壁黏膜水肿多见于胃大弯和贲门部，切面流出无色或混有血液而呈茶色的渗出液，黏膜层和肌肉层之间呈胶冻样水肿，整个肠系膜红肿，甚至出血；胃底和小肠黏膜、淋巴结等有不同程度的充血；心包、胸腔和腹腔有不同程度的积液。

（五）防治措施

加强断奶前后仔猪的饲养管理，提早训练采食、补料，使其断奶后能适应独立生活；断奶不要太突然，不要突然改变饲料和饲养方法；饲养喂量逐渐增加，防止饲料中蛋白质含量过高，要适当搭配一些青绿饲料，防止饲料单一或过于浓厚，增加维生素丰富的饲料，缺硒地区每头仔猪断奶前补硒。病初投服适量缓泻盐类泻剂，促进胃肠蠕动和分泌，以排出肠内容物。对此病的治疗主要采用综合的对症疗法，目前尚无特效的治疗措施。

第十三节　猪沙门氏菌病

一、简介

猪沙门氏菌病又称仔猪副伤寒，是由致病性沙门氏菌引起仔猪的一种传染病。急性型呈败血症变化，慢性型在大肠上发生弥漫性纤维素性坏死性肠炎，有时呈卡他性或干酪性肺炎。

本病在我国各地猪场均有流行，特别是饲养条件差的猪场更容易发生，给养猪业造成较大的经济损失，属于我国法定三类疫病。

二、病的发生

引起猪沙门氏菌病的病原有猪霍乱沙门氏菌、猪伤寒沙门氏菌、鼠伤寒沙门氏菌、肠炎沙门氏菌等，其中猪霍乱和猪伤寒沙门氏菌是引起仔猪该病的主要原因。本病多发生于2～4月龄的仔猪，呈散发或地方流行。气候多变季节和阴雨天气多发，以冬、春两季常见。环境卫生不良、仔猪抵抗力差是发病的诱因。病猪和带菌猪的粪便污染环境、饲料和饮水而感染健康猪。

三、临床症状

(1)急性型　多见于断奶仔猪。病猪体温升高，少食，精神沉郁，喜藏于垫草内，寒战；病的初期与猪瘟相似，常出现便秘，随后腹泻，粪便恶臭；耳、腹部及四肢皮肤暗红；部分仔猪还有肺炎症状，一般经4～10 d死亡。

(2)慢性型　为最常见的病型，最主要的特征症状是下痢，粪便呈粥状或水样，灰白、黄绿、黄褐、灰绿或污黑色，气味恶臭，有时混有血液。严重时在吃食、躺卧、起立或行走时都可出现粪便失禁，沾污尾部及整个后躯。有的咳嗽时，稀粪呈喷射状排出。部分病猪下痢与便秘交替出现，有的还伴发肺炎，出现咳嗽和呼吸加快等症状。一般慢性病猪体温稍高或正常，喜喝脏水，初期有一定食欲，后期废绝，部分病猪濒临死亡时仍在进食。有的病猪皮肤上出现湿疹样变化。

四、病理变化

(1)急性型(败血型)　急性型病猪呈败血症病变，全身淋巴结肿大、出血。脾肿大、质脆，呈紫红色。心内外膜、喉头、肾及膀胱黏膜出血。肠臌气、积液、出血，肠壁变薄，弹性降低。肝淤血，有散在坏死点。

(2)慢性型　慢性型病猪的盲肠、结肠呈坏死性炎症，肠壁增厚，失去弹性，表面附着一层纤维素性伪膜。肠系膜淋巴结肿大，髓样增生。肝脏常有散在坏死灶，胆囊黏膜坏死。肺脏肿大，呈紫红色。

五、诊断

根据流行特征、临床症状和典型病变可做出初步诊断。慢性副伤寒的发病特点、症状及病理变化都比较典型，不难做出诊断。急性副伤寒与猪瘟很相似，诊断首先需进行细菌分离培养鉴定，但慢性病例不易分离出病原菌。从病猪体内分离到沙门氏菌时，也要综合临床症状、病理变化及流行特点进行分析，排除混合感染，全面分析后才能确诊。

六、防制

1. 加强饲养管理

本病是由于仔猪的饲养管理和卫生条件不良导致发生和传播的，因此，预防本病的根本措施是认真贯彻“预防为主”的方针。首先应该改善饲养管理，仔猪要提前补料，增强抵抗力。饲养用具和食槽经常清洗和消毒，圈舍要经常清洁，勤换垫草，保持干燥。断乳仔猪根据体质强弱大小，分槽饲喂。给以优质多样化饲料，适当补充微量元素。在饲料改变时防止突然更换。

2. 定期预防接种

在本病常发地区，可对 1 月龄以上的仔猪接种仔猪副伤寒弱毒冻干菌苗，20%氢氧化铝稀释，肌肉注射 1 mL，免疫期 9 个月；口服时，严格按照相关说明，服前用冷开水稀释成每头份 5～10 mL，掺入料中及时喂服。

3. 合理治疗

发病后需要隔离病猪，及时治疗。可选用土霉素，每日按每千克体重 50～100 mg，分 2～3 次口服，连用 3～5 d 后，剂量减 1/2，继续用药 4～7 d。也可用磺胺类和痢特灵等药物。圈舍要定期清扫、消毒，特别是饲槽要经常刷洗干净。根据发病当时疫情的具体情况，必要时，对假定健康猪可在饲料中加入痢特灵或抗生素饲料进行预防。

4. 妥善处理尸体

死猪应深埋，切不可食用，防止人发生沙门氏菌食物中毒。

第十四节　猪巴氏杆菌病

一、简介

猪巴氏杆菌病，又叫猪肺疫、猪出血性败血症，俗称“锁喉风”或“肿脖子瘟”，是由特定血清型的多杀性巴氏杆菌引起猪的一种急性、散发或继发性传染病。急性病例以败血症和炎性出血为特点，死亡率高；慢性病例则表现为皮下、关节以及各脏器的局灶性化脓性炎症为特点，呈散发性。

本病一年四季均可发生，尤其是仔猪及育成猪在春、秋两季更易发生，以秋末、春初及气候骤变季节发生最多，是危害养猪业的常见传染病，在我国属于二类疫病。

二、病的发生

1. 病原

猪巴氏杆菌病是由流行性多杀性巴氏杆菌引起的。病猪呈急性败血性病程，以咽喉病变为主。流行性多杀性巴氏杆菌属革兰氏染色阴性菌。对外界抵抗力不强，加热至60℃、1%石炭酸、5%石灰乳或1%漂白粉均能在1 min内将其杀死。

2. 易感动物

多杀性巴氏杆菌对多种动物(家畜、野生动物和禽类)和人均具有致病性。猪以小猪和中猪的发病率较高。

3. 传染源

患病猪和带菌猪是主要的传染源。健康猪带菌的现象比较普遍，健康猪上呼吸道中常带有本菌，但多为弱毒或无毒的类型。有人检查屠宰猪扁桃体带菌率达63%。由于猪群拥挤、圈舍潮湿、卫生条件差、长期营养不良、处于半饥饿状态、寄生虫病、长途运输及气候骤变等等不良因素，降低了猪体的抵抗力，或发生某种传染病时，病菌乘机侵入机体内繁殖，而增强毒力，引起发病。可以引起内源性感染。

4. 传染途径

该病主要通过消化道和呼吸道传播，感染猪的飞沫或气溶胶均可传播本病，也能通过呼吸道分泌物污染过的媒介物接触而传播。在不良因素的影响下，动物的抵抗力降低也可引起内源性感染。

三、临床症状

本病潜伏期长短不一，随细菌毒力强弱而定，自然感染的猪快者为1～3 d，慢者为5～14 d。临床上常分为最急性、急性和慢性3种类型。

(1)最急性型　常见于流行初期，病猪于晚上吃喝如常，无明显临诊症状，次日早晨已死在圈内。症状明显的可见体温升高至41℃以上，食欲废绝，精神沉郁，寒战，可视黏膜发绀，耳根、颈、腹等部皮肤出现紫红色斑。较典型的症状是急性咽喉炎，颈下咽喉部急剧肿大，呈紫红色，触诊坚硬而热痛，重者可波及尾根和前胸部，致使呼吸极度困难，叫声嘶哑，常两前肢分开呆立，伸颈张口喘息，口鼻流出白色泡沫液体，有时混有血液，严重时呈犬坐姿势张口呼吸，最后窒息而死。病程1～2 d。病死率很高。

(2)急性型　是本病常见的病型，主要表现为肺炎症状，体温升至41℃左右，精神差，食欲减少或废绝，初为干性短咳，后变湿性痛咳，鼻孔流出浆性或脓性分泌物，触诊胸壁有疼痛感，听诊有啰音，呼吸困难，结膜发绀，皮肤上有红斑。初便秘、后腹泻，消瘦无力。大多4～7 d死亡，不死者常转为慢性。

(3)慢性型　初期症状不明显，继而食欲减退，精神不振，持续性咳嗽，呼吸困难，进行性消瘦，行走无力。有时发生慢性关节炎，关节肿胀、跛行。有的病例还发生下痢。如不加治疗常于发病2～3周后衰竭而死。

四、病理变化

(1)最急性型　常表现败血症的变化，全身皮下、黏膜有明显的出血。咽喉部黏膜因炎性充血、水肿而增厚，使黏膜高度肿胀、引起声门部狭窄。周围组织有明显的黄红色出血性胶冻样浸润。淋巴结急性肿大，切面红色，尤其腭凹、咽背及颈部淋巴结明显，甚至出现坏死。胸腔及心包积液，并有纤维素。肺充血、水肿。脾有点状出血，但不肿大。心外膜出血。

(2)急性型　主要表现肺部炎症。肺小叶间质水肿增宽，有不同时期的肝变期，质度坚实如肝，切面有暗红、灰红或灰黄等不同色彩，呈大理石样。支气管内充满分泌物。胸腔和心包内积有多量淡红色浑浊液体，内混有纤维素。胸膜和心包膜粗糙无光泽，上附纤维素，甚至心包和胸膜发生粘连。支气管和肠系膜淋巴结有干酪样变化。

五、诊断

采取肝、脾、肺、胸腔液或腹腔液等病料，制成涂抹片，用碱性美蓝液染色后镜检，如果从各种病料涂片中均见有两极着色的小杆菌时，即可确诊。但是，如果只在肺涂片中见到少数巴氏杆菌，而在其他组织的涂片中未见巴氏杆菌时，而肺脏又无明显病变，则可能是带菌猪，不可直接判定为猪肺疫。

注意与猪瘟、猪丹毒区别诊断，另外最急性的咽喉炎病例要与急性炭疽区分，猪很少发生急性炭疽。

六、防制

1. 必须贯彻“预防为主”的方针

消除降低猪体抵抗力的一切不良因素，加强饲养管理，做好兽医卫生工作，以增强猪体的抵抗力，防止发生内源性感染。

2. 定期免疫接种

每年春、秋两季定期进行预防注射，以增加猪体的特异性抵抗力。我国目前使用2种菌苗，一为猪肺疫氢氧化铝菌苗，断奶后的大小猪只一律皮下或肌肉注射接种 5 mL。接种后 14 d 产生免疫力，免疫期为 6 个月。口服猪肺疫弱毒冻干菌苗，按瓶签说明的头份，用水稀释后，混入饲料或饮水中喂猪，使用方便。不论大小猪，一律口服 1 头份，免疫期 6 个月。还有供注射的弱毒疫苗。

3. 及时隔离、消毒

发病时，应及时隔离患病猪，并对墙壁、地面、饲养管理用具进行严格的消毒，垫草烧掉或与粪便堆积发酵。

4. 及时治疗

青霉素、链霉素和四环素族抗生素都有一定疗效，用抗生素和磺胺类药物合用疗效更好。抗猪肺疫血清（抗出血性败血症多价血清）在疾病早期应用，有较好的效果。

第十五节 猪支原体肺炎

一、简介

猪支原体肺炎又称为猪地方流行性肺炎，俗称猪气喘病，是由猪肺炎支原体引起的猪的一种慢性呼吸道传染病。主要临床症状为咳嗽、气喘、呼吸困难，病理变化为融合性支气管肺炎，可见尖叶、心叶、中间叶和膈叶前缘呈“肉样”或“胰样”实变。

本病死亡率虽不高，但长期以来，一直被认为是最常发生、流行最广、最难净化的重要疫病之一，是当前集约化养猪业的主要呼吸系统传染病，给养猪业造成了重大的经济损失。

二、病的发生

1. 病原

本病的病原是猪肺炎支原体，是一种较小的，呈球状、环状、点状、杆状和两极状等多形态的微生物。本菌不易着色，可用姬姆萨或瑞氏染色，能在无细胞的人工培养基上生长，但发育极为困难，要求有严格的培养基条件，分离用的培养基大多是组织培养基平衡盐类溶液，加入乳清蛋白水解物，酵母浸出物及猪血清，培养材料中必须没有其他支原体存在。本菌对乙醚敏感，对葡萄糖能利用并产酸，1∶5 000 的美蓝溶液可抑制其生长。适于在 37℃有氧条件下培养。

病原体对外界环境及理化因素的抵抗力不强，当排出体外后，其生存时间一般不超过 36 h，日光、干燥及常用的消毒液，都可在较短的时间杀灭病原。病肺组织中的病原体在－15℃可保存 45 d，在 1～4℃存活 7 d。对青霉素、链霉素和磺胺不敏感。在人工感染时,用壮观霉素、金霉素、土霉素、卡那霉素、林肯霉素、泰乐菌素等广谱抗生素,可阻止肺炎病变的发展。常用的化学消毒剂均能达到消毒目的。

2. 易感动物

本病只能使猪患病,其他的动物和人都不感染。任何年龄、性别、品种和用途的猪都能感染发病。哺乳仔猪患病后症状明显,死亡率高。

3. 传染源

病猪和隐性带菌猪是本病的主要传染源,特别是隐性带菌病猪是最大的祸根,引种不慎将隐性病猪引入后,常造成本病的流行。病母猪常使吃奶小猪受到传染,在产仔季节,几窝小猪互相串群,或断奶后并群,相互传染,使本病在猪群中绵延不断。加之病猪在很长时间内,甚至在病状消失后,还可排出病原体。因此,一个猪场一旦传入本病后,如不采取综合措施,很难净化本病。

4. 传播途径

病原体存在于病猪呼吸器官内,随病猪咳嗽、气喘和喷嚏的飞沫排出体外。病猪与健康猪同圈,同运动场或同地放牧直接接触时,经呼吸道感染发病。

5. 流行特点

本病一年四季均可发生,但一般在气候多变、阴湿、寒冷的冬、春季节发病严重,症状明显。以慢性经过为主,新发病的疫区常呈急性暴发,老疫区呈隐性经过。饲养管理和卫生条件不良是影响本病发生和加重病情的主要因素。

三、临床症状

本病的潜伏期一般平均在4～10 d,有的更长,可达1个月以上。大多数呈慢性经过,主要的临床症状为咳嗽和气喘,体温、食欲和精神都无明显变化,随着病情的发展,其主要症状表现明显和严重。

病的早期,病猪特别是小猪,主要症状是咳嗽,在进食、剧烈跑动、早晨出圈、夜间和天气骤变时,发生最多,大多为单声干咳。病猪体温、精神、食欲都无明显变化。随着病程延长,咳嗽加重,次数增多,由单声咳嗽变为连续咳嗽,干咳变为湿咳。病猪咳嗽时常站立不动,弓背、伸颈、头下垂几乎接近地面,直到呼吸道中分泌物咳出为止。

病的中期,出现喘气症状,腹部随呼吸动作而有节奏地扇动,特别是在站立不动或静卧时明显,呼吸次数每分钟为40～70次,甚至达到100次左右,小猪为多。一般情况下,病猪的精神、食欲和体温也无多大变化。

病的后期,呼吸急促,呼吸次数增多,病猪呈犬坐姿势,张口呼吸或将嘴支于地面喘息,表情十分痛苦,咳嗽次数少而沉弱,似有分泌物堵塞,难以咳出。听诊肺部有干性或湿性啰音，呼吸音似拉风箱样。这时病猪精神委顿，食欲废绝，体温可能超过40.5℃，被毛粗乱，结膜发绀，怕冷，行走无力，最后可因衰竭窒息而死。

四、病理变化

本病的主要病变在肺脏和肺门淋巴结及纵隔淋巴结。肺的心叶、尖叶、膈叶前下缘及中间叶，发生对称性实变为主。实变区大小不一，呈淡红色或灰红色，随病程延长、病变部转为灰白色，或灰黄色。初带有胶样浸润的半透明状，呈淡灰红色，界限分明，如鲜嫩肉一样，俗称"肉变"，切面压之流出黏性浑浊的灰白色液体。随着病程的发展，病变部的颜色转为灰白或灰黄，硬度增强，和胰脏组织相似，有"胰变"之称。随病期延长，胶样浸润减轻，在肺膜下陷处可见粟粒大黄白色小点，切面致实、隆起，小支气管壁肥厚，从小支气管壁中，流出白色黏液或带泡沫的暗红色液体。病变部与周围组织有不同程度的淤血和水肿。肺门和纵隔淋巴结肿大、质硬、断面呈黄白色，淋巴滤泡明显增生。其他内脏一般无明显变化。

五、诊断

根据流行特点、临床症状、病理变化及血清学试验，可以对本病做出确诊。最常见的是呼吸道症状，急性感染要与猪流感相区别，慢性感染注意与传染性胸膜肺炎、猪肺疫、猪肺丝虫病、蛔虫病等相区分。临床症状明显的病变诊断较容易，隐性患猪需进行血清学诊断或X射线透视来进行确诊。在流行特点上，冬、春季节多发；土种猪、新疫区易暴发，症状严重；老疫区多为慢性或隐性经过，常呈地方性流行。在临床上主要表现为慢性干咳，生长发育迟缓，病程长，死亡率低，发生及扩散慢，反复发作，体温变化不大。

六、防制

1. 定期预防接种

接种疫苗是预防该病的重要措施，采用猪支原体灭活疫苗和猪肺炎支原体兔化弱毒苗进行免疫接种。由于无法预测仔猪在何时会受到感染，考虑到母源抗体对疫苗的影响，两周龄以后的哺乳仔猪首免1次。种猪每年春、秋季节各注射疫苗1次，到确定留种用时再进行第2次免疫，育肥猪不做第2次免疫。

2. 药物治疗

抗生素类药如泰乐菌素、林肯霉素、氯甲砜霉素、泰妙灵、四环素、土霉素、卡那霉素、金霉素及喹诺酮类药对猪肺炎支原体均有较好的治疗作用，但总的来说，抗生素不会阻止感染发生，且一旦停止用药，很快就会复发。

3. 综合防治措施

培育和建立无特定病原(SPF)猪群，以新培育的健康母猪取代原来的母猪(但由于猪肺炎支原体可以通过气溶胶传播，很难彼此隔离阻断，而且花费很大，可操作性不强)。

人工清除干粪，加强通风、消毒，降低舍内氨气浓度，减少尘埃，保持栏舍清洁干燥，减少各种应激因素。尽可能自繁自养，全进全出，远离感染猪群及生猪贩运的主干道，减小猪群饲养密度。必须引进种猪时，应远离生产区隔离饲养3个月，并经检疫证明无疫病，方可混群饲养。

仔猪断奶后10～15 d内环境温度应为28～30℃，保育阶段温度应在20℃以上，最少不低于16℃。保育、产房还要注意减少温差，同时注意防止猪群过度拥挤，使用良好的地板隔离，对猪群进行定期驱虫。

给种猪和新生仔猪接种疫苗，以提高猪群免疫力。

加强饲养管理，保持猪群合理、均衡的营养水平，对控制本病有着重要的作用。

第十六节　猪传染性胸膜肺炎

一、简介

猪传染性胸膜肺炎是由胸膜肺炎嗜血杆菌引起的一种高度接触性呼吸道传染病。本病以胸膜肺炎症状和病变为特征，急性型死亡率高，慢性型常能耐过，但生长速度降低。随着集约化养猪的发展，本病呈逐年增多的趋势，并成为猪的重要传染病之一。日本、韩国、泰国、中国等数十个国家和地区均有发生。

二、病的发生

1. 病原

本病的病原为胸膜肺炎嗜血杆菌，亦称为胸膜肺炎放线杆菌。属革兰氏染色阴性、微小至中等大小的球杆状或小杆状菌。有时形成丝状，并可表现出多形性和两极着色性。有荚膜，无运动性，属兼性厌氧菌。本菌抵抗力不强，常用的消毒药均能将其杀死。

2. 易感动物

本病对不同年龄的猪均有易感性，尤以断奶猪与架子猪发病率最高。

3. 传染源

病猪和带菌猪是本病的主要传染源，尤其慢性带菌猪是重要的传染源。

4. 传播途径

病菌主要存在于病猪的呼吸道中，本病主要由相互接触传播。在急性暴发期，猪传染性胸膜肺炎可通过空气跳跃式传播。集约化猪场最易接触感染，人工授精传播本病的可能性不大，但公猪的移动也能引起该病的传播。

5. 流行特点

新疫区一般传染性较高，老疫区则趋于稳定。拥挤、猪舍有害气体浓度过高、气温突变、相对湿度过高、猪的移动及并群等应激因素，都有助于该病的发生和传播。在急性暴发期，发病率可高达90%以上。

三、临床症状

(1)最急性型　多见于断奶仔猪。病猪突然发病，体温升高至41.5℃，初期精神沉郁、食欲废绝，咳嗽、呼吸困难，常出现心脏衰竭，短期轻度腹泻和呕吐。中后期则张口呼吸，呈犬坐姿势。口、鼻、四肢皮肤出现蓝紫色。一般发病1 d左右死亡，死前从口和鼻孔流出带泡沫血样渗出物，也有个别猪不见任何症状突然死亡。

(2)急性型　病猪体温升高至40.5～41℃，食欲减退，呼吸困难，张口伸舌，咳嗽，心衰。皮肤发红与出现紫斑。可死亡或转为慢性型。

(3)慢性型　常由急性转变而成，在慢性感染猪群中，常有大量无症状病猪。有时可见病猪体温升高至39～40℃，有些病例无体温升高症状，间歇性咳嗽，病情缓和，增重速度下降。但有时在其他病原体感染或应激条件下，可能使症状加重甚至转为急性。

四、病理变化

病变主要存在于呼吸道，特别是以局部肺炎病变为主。肺炎多为两侧性，涉及心叶、尖叶和部分隔叶，与周围健康组织界限分明，纤维素性胸膜炎很明显。

(1)最急性与急性型　突然死亡的猪，剖检多无明显病变。急性型剖检可见胸腔内有血样液体，呼吸道气管和支气管内充满带血色的黏液性泡沫渗出物，肺呈紫红色、坚实、切面似肝、间质充满血色黏液性液体，黏膜水肿、出血。全身淋巴结肿大、暗红色、切面呈大理石状花纹。

(2)慢性型　可见肺脏有大小不同的脓肿样结节，并由一层厚的结缔组织膜包裹，有黄色胶样渗出物，心包膜与心脏粘连。有些病例肺部病变消失，只残留部分病灶和胸膜粘连。

五、诊断

根据临床症状和剖检变化可做出初步诊断，确诊则需进行实验室检查。

1. 细菌学诊断

病原菌主要存在于病猪的呼吸道如鼻腔分泌物、支气管、病变肺组织中。有时还可能存在于血液和其他脏器如扁桃体内，而从陈旧病变或鼻腔中有时很难分离出病原菌。取病猪的肺脏、心血、肝接种血琼脂平板，进行溶血试验和卫星现象试验。若不溶血，有卫星现象，判为阳性。

2. 血清学诊断

血清学试验主要用于筛选试验和流行病学的研究。常用补体结合试验(CFT)2 -巯基乙醇凝集试验和酶联免疫吸附试验(ELISA)进行诊断。

3. 鉴别诊断

本病与猪肺疫、猪支原体肺炎的症状、病变相似，应注意区别。可进行实验室鉴别诊断。

六、防制

1. 预防

搞好猪舍日常环境卫生。坚持自繁自养，加强检疫，严格消毒，严防将带菌猪引入。

2. 定期接种

由于免疫母猪通过初乳传递的母源抗体可在 5～9 周内保护仔猪免受感染，所以仔猪首免不应早于6～8 周龄，首免后隔 2 周再免 1 次。初产的妊娠母猪产前 6～7 周首免，产前 2～3 周加强免疫 1 次。经产母猪每次分娩前 2～3 周免疫 1 次。种公猪在引入时或 6 月龄进行免疫。

3. 合理治疗

早期治疗效果较好，恩诺沙星有特效，也可以选用青霉素、氨苄青霉素及头孢(先锋)霉素等药物。另外庆大霉素、多黏菌素、增效磺胺及四环素也有一定效果。若猪食欲正常，可采取注射与口服同时给药治疗。胸膜肺炎放线杆菌容易产生耐药性，因此在饲料中不可长期添加同一种抗生素药物。

第十七节　猪传染性萎缩性鼻炎

一、简介

猪传染性萎缩性鼻炎是由产毒性多杀性巴氏杆菌单独或与支气管败血波氏杆菌联合引起猪的一种慢性呼吸道传染病。其特征是生长迟缓、鼻炎、鼻甲骨萎缩和鼻变形。断奶以后的仔猪感染，症状较轻，3 月龄以上的猪感染多呈隐性。世界各地都有本病，特别是美国、加拿大、瑞典，我国自 20 世纪 70～80 年代从国外传入，国际兽疫局将其列为 B 类疫病，我国将其列入二类动物疫病。

二、病的发生

1. 病原

本病的病原为支气管败血波氏杆菌和产毒性多杀性巴氏杆菌。支气管败血波氏杆菌为革兰氏染色阴性小杆菌，有运动性，不形成芽孢，为严格需氧菌。本菌在鲜血琼脂中能产生溶血，可使马铃薯培养基变黑而菌落呈黄棕色或微带绿色。本菌有 3 个菌相，Ⅰ相菌毒力较强，Ⅱ、Ⅲ相菌毒力较弱。本菌对外界环境抵抗力弱，常规消毒药即可达到消毒目的。

产毒性多杀性巴氏杆菌属巴氏杆菌科巴氏杆菌属。本菌为革兰氏染色阴性，不形成芽孢，无鞭毛，不能运动，所分离的强毒菌株有荚膜，并产生毒素。本菌的抵抗力不强，一般消毒药均可杀死。

2. 易感动物

任何年龄的猪均可感染，尤其以幼龄猪和生长阶段的猪易感。其他动物如犬、猫、牛、马、鸡、兔、鼠和人，也能感染引起慢性鼻炎和支气管肺炎。

3. 传染源

病猪和带菌猪是本病主要的传染源。

4. 传播途径

本病主要通过飞沫或气溶胶经口、鼻感染猪，也可通过呼吸道分泌物污染的媒介物接触传播。

5. 流行特点

本病传播比较缓慢，多为散发。存在明显的年龄相关性，年龄越小感染率越高，临床症状越严重。只有生后几天至几周的仔猪感染后才会发生鼻甲骨萎缩，成年猪感染后看不到症状而成为带菌猪。营养水平、遗传因素，不同的品种和品系以及饲养密度大、卫生条件差、通风不良可促使发病。

三、临床症状

最初呈现鼻炎症状，多见于 6～8 周龄仔猪。表现为喷嚏（当饲喂和运动时表现尤为剧烈）、剧烈地将鼻端向周围的墙、物上摩擦，鼻腔流出（少量）浆性或黏性、脓性鼻汁，吸气时鼻开张，发出鼾声，严重的张口呼吸。由于鼻泪管阻塞，同时可见流泪，附着于眼内角下的弯月形的黄、黑色斑点（泪斑）。继鼻炎后出现鼻甲骨萎缩，致使鼻腔和面部变形，是该病的特征症状。如两侧鼻甲骨病损相同时，外观鼻短缩；若一侧鼻甲骨萎缩严重，则使鼻弯向一侧；鼻甲骨萎缩额窦不能正常发育，使两眼间宽度变小和头部轮廓变形。体温一般正常，病猪生长停滞，难以育肥，有的成为僵猪。但多数病猪出现鼻甲骨萎缩与感染周龄、发生重复感染和其他应激因素有非常密切的关系。感染时年龄愈小，则发生鼻甲骨萎缩的愈多，也愈严重。一次感染后，若未发生新的重复或混合感染，萎缩的鼻甲骨可以再生。有的鼻炎延及筛骨板，则感染可扩散至大脑，发生脑炎。此外，病猪常有肺炎发生，其原因可能是由于鼻甲骨损坏，异物和继发性细菌侵入肺部造成，也可能是主要病原直接作用的结果。因此，鼻甲骨的萎缩促进肺炎的发生，而肺炎又反过来加重鼻甲骨萎缩。

四、病理变化

一般局限于鼻腔及其周围组织。剖检见鼻腔的骨组织软化和萎缩，主要是鼻甲骨有萎缩，特别是鼻甲骨的下卷最为常见。有时上下卷都呈现萎缩状态，甚至鼻甲骨完全消失。有时也可见鼻中隔部分或完全弯曲。鼻黏膜充血水肿，鼻窦内常积聚多量黏性、脓性或干酪样分泌物。肝、肾表面有淤血斑，脾表面广泛性点状出血或边缘有梗死灶，肺萎缩。

五、诊断

根据典型临床症状和病理变化可做出初步诊断，确诊需要进一步作实验室诊断。

1. 细菌分离培养

急性症状的患病仔猪有较高的检出率。但确诊需作细菌的分离鉴定（从病肺组织）用灭菌鼻拭子探进鼻腔的 1/2 深处，小心转动数次，取黏液性分泌物作细菌分离培养，最常用的培养基是含 1％葡萄糖的血清麦康凯琼脂，37℃经 48 h 后观察。如菌落呈烟灰色、中等大小、透明，培养物有特殊腐霉气味，染色为革兰氏阴性杆菌，用支气管败血波氏杆菌的兔免疫血清进行玻板凝集反应为阳性，则移植于肉汤、琼脂进一步作生化鉴定。最后用抗 O、抗 K 血清作凝集反应来确认 Ⅰ 相菌。

2. 病理解剖学诊断

在第 1、2 对臼齿间或第 1 臼齿与犬齿间的连线锯成横断面，可观察鼻甲骨的形态和变化。发生萎缩时，卷曲变小而钝直，甚至消失。

3. 鉴别诊断

注意与坏死性鼻炎、骨软病、传染性鼻炎、包涵体鼻炎等相区别。

六、防制

1. 加强饲养管理

减小猪群的饲养密度、维持良好的通风条件，以减少空气中的病原菌、有害气体和尘埃；应避免各种大的应激因素，如温差大，冷风袭击等。

2. 严格执行卫生防疫措施

发现病猪应淘汰处理。对猪场全面彻底消毒，病猪迅速隔离，淘汰症状严重的病猪，进行无害化处理，并彻底消毒，空栏 1 个月后，重新引种。采用全进全出制度，提高母猪群的年龄，避免一次性大量引种，不从疫区引进猪只，即使从非疫区引进猪，也需隔离检疫，确定健康后方可混群饲养。

3. 疫苗接种

我国已制成支气管败血波氏杆菌Ⅰ相菌油佐剂灭活菌苗，给妊娠母猪在分娩前 8 周和分娩前 3 周各皮下注射免疫 1 次，剂量分别为 1 mL 和 2 mL，下一胎在分娩前 4 周加强免疫 1 次，剂量为 2.5 mL；对未免疫母猪所生的仔猪，在 1 周龄和 3～4 周龄分别皮下注射免疫 1 次，再配合滴鼻用药，可明显提高猪体的抗感染能力。此外，还可以用支气管败血波氏杆菌Ⅰ相菌和产毒性 D 型多杀性巴氏杆菌油佐剂二联灭活菌苗，妊娠母猪在分娩前 4 周注射免疫 1 次，对未免疫的母猪所生仔猪，在 1、4 和 8 周龄各注射免疫 1 次，可产生极强的免疫力。

4. 药物预防

预防性投药是控制传染性萎缩性鼻炎的有效方法，用土霉素等抗生素及磺胺类药物防治本病有效。土霉素按每千克饲料 0.6 g 混合，连喂 3 d，可防止新病例出现，产前 1 个月、产后 1～3 个月长期投药，有预防效果，能提高增重率和饲料利用率，但难以消除带菌状态。

第十八节　猪附红细胞体病

一、简介

猪附红细胞体病是由附红细胞体寄生于红细胞表面引起的一种危害极大的急性、热性传染病。临床上以发热、贫血、溶血性黄疸、呼吸困难和皮肤发红为特征。自 1928 年 Schilling 和 Dinger 等首次从家兔体内发现以来，附红细胞体病已在世界 30 多个国家出现。20 世纪 80 年代初，我国发现附红细胞体病。近年来，随着养猪业的不断发展，猪附红细胞体病的发生不断增多，不仅引起猪生长缓慢，推迟出栏，种猪生产性能下降，而且还引起猪的大量死亡，给养猪业造成很大的损失。

二、病的发生

1. 病原

本病的病原为附红细胞体，属于原核生物，立克次氏体目，乏浆体科，附红细胞体属，单细胞原虫。其形态呈环状、哑铃状、S形、卵圆形、逗点形或杆状。大小为0.1～2.6 μm，无细胞壁，无明显的细胞核、细胞器，无鞭毛。对干燥和化学药品的抵抗力很低，但耐低温，在冷藏时可保存数十天，冻干保存可活几年。一般常用消毒剂均能杀死病原。

2. 易感动物

附红细胞体对宿主的选择并不严格，人、牛、猪、羊等多种动物均可感染，且感染率比较高。猪附红细胞体病可发生于各龄猪，但以仔猪和长势好的架子猪死亡率较高，母猪的感染也比较严重。

3. 传染源

患病猪及隐性感染猪是本病重要的传染源。

4. 传播途径

本病的传播途径有血源性、接触性、垂直性和媒介昆虫等传播方式，如通过摄食血液或带血的物质，舔食断尾的伤口、互相斗殴、注射针头等可以直接传播，通过蚊、疥螨、蛰蝇、虱、蠓等吸血昆虫进行传播，也可通过交配、人工授精、胎盘传播。

三、临床症状

本病的潜伏期为7 d。

猪附红细胞体病的典型临床症状表现为：母猪生产性能下降；仔猪体质变差，贫血，肠道及呼吸道感染增加；育肥猪日增重下降，急性溶血性贫血。

小于5日龄的仔猪感染后的主要症状是皮肤苍白和黄疸，1周龄后多可自愈。1月龄左右断奶时期的仔猪最初表现为贫血，后出现黄疸，生长发育不良，成为僵猪。

育肥猪根据病程长短不同可分为3种类型：急性型病例较少见，病程1～3 d。亚急性型病猪体温升高达39.5～42℃。病初精神委顿，食欲减退，颤抖转圈或不愿站立，离群卧地。出现便秘或拉稀，有时便秘和拉稀交替出现。病猪耳朵、颈下、胸前、腹下、四肢内侧等部位皮肤红紫，指压不褪色，成为“红皮猪”。有的病猪两后肢发生麻痹，不能站立，卧地不起。有的病猪流涎，呼吸困难，咳嗽，眼结膜发炎，病程3～7 d，或死亡或转为慢性经过。慢性型患猪主要表现贫血和黄疸。患猪尿呈黄色，大便干如栗状，表面带有黑褐色或鲜红色的血液。生长缓慢，出栏延迟。

母猪症状分为急性和慢性2种。急性感染的症状为持续高热(体温可高达42℃),厌食,偶有乳房和阴唇水肿,产仔后奶量少,缺乏母性。慢性感染猪呈现衰弱,黏膜苍白及黄疸,不发情或屡配不孕,如有其他疾病或营养不良,可使症状加重,甚至死亡。

四、病理变化

主要病理变化为贫血及黄疸。皮肤及黏膜苍白,血液稀薄、色淡、不易凝固,全身性黄疸,皮下组织水肿,多数有胸水和腹水。心包积水,心外膜有出血点,心肌松弛、色熟肉样、质地脆弱。肝脏肿大变性呈黄棕色,表面有黄色条纹状或灰白色坏死灶。胆囊膨胀,内部充满浓稠明胶样胆汁。脾脏肿大变软,呈暗黑色,有的脾脏有针头大至米粒大灰白(黄)色坏死结节。肾脏肿大,有微细出血点或黄色斑点,有时淋巴结水肿。

五、诊断

通过流行病学调查、临床症状及病理变化观察,可初步诊断出猪是否感染附红细胞体,确诊还需要进行实验室检验。

1. 组织涂片镜检

取病猪的心、肝、脾、肺、淋巴结等触片染色,镜检未发现附红细胞体,基本上能排除猪附红细胞体病。

2. 新鲜血片镜检

取病猪血液1滴于载玻片上,加等量生理盐水混合、加盖玻片,在高倍镜或油镜下观察,若发现猪的红细胞变形,血浆中有多量圆形、短杆形及月牙形强折光性的虫体不停地抖动、翻转和作不规则运动,可确定为附红细胞体病。

3. 血片染色镜检

取病猪血液推片,姬姆萨染色镜检,如见红细胞边缘不整齐,呈菜花状、星状,虫体呈淡紫色或紫红色,折光性很强;以瑞氏染色,可见虫体呈淡蓝色,均可确定为附红细胞体病。

六、防制

预防该病重点是驱灭蚊、蝇,防鼠和定期驱除猪体内外的寄生虫;阉割、断尾时注意器械消毒;注射时注意更换针头,减少人为传播的机会。

加强饲养管理,搞好猪舍内外的环境和饲养用具的卫生和消毒工作,及时清理粪便,减少应激因素。

发生本病，要及时将病猪与健康猪隔离，死亡猪作无害化处理。对患病猪及早治疗，常用药物有贝尼尔（血虫净）、四环素类（土霉素或四环素）、对氨基苯胂酸钠或阿散酸。但血虫净毒性较大，使用时应谨慎，尤其母猪不宜使用该药。另外，仔猪和慢性感染的猪要注意补铁如右旋糖酐铁、硫酸亚铁，以促进机体的抵抗力和解毒能力。

目前还没有可靠的疫苗，一般采用药物预防，前期全群每千克饲料中拌入土霉素 100 mg 及金霉素 200 mg 饲喂，连喂 2 周。或者同时对全场猪按每千克体重投服四环素类药物 10 mg，连用 4 d，均可取得满意效果。可补充右旋糖酐铁。

第十九节　猪梭菌性肠炎

一、简介

仔猪梭菌性肠炎又叫仔猪红痢、仔猪传染性坏死性肠炎，是由 C 型魏氏梭菌引起的初生仔猪急性传染病。本病的主要特征是出血性下痢，肠坏死，多发生于 3 日龄以内的仔猪，病程短，常造成初生仔猪整窝死亡，损失很大。1955 年由英国首先报道，并先后在欧洲各国被发现。我国也有本病发生。

二、病的发生

1. 病原

仔猪红痢的病原为 C 型魏氏梭菌（又叫 C 型产气荚膜梭菌），革兰氏染色为阳性，菌体较大，大小为(3～8) μm×(0.5～1.5) μm。无鞭毛，不运动，有荚膜，芽孢椭圆形，位于菌体中央或近端，但在人工培养基中芽孢不容易形成。在马氏血液琼脂平板上，菌落呈圆形，边缘整齐、光滑，中央隆起，呈明显溶血环。在 37℃厌气肉肝汤中培养 2～3 h 即开始生长，肉汤均匀浑浊，并产生大量气体，还可产生强烈的致死 α 和 β 毒素，引起仔猪肠毒血症、坏死性肠炎。葡萄糖琼脂表面生长的菌落与空气接触后变成绿色。

C 型魏氏梭菌繁殖体的抵抗力不强，一般消毒药均能杀死梭菌的繁殖体，但形成芽孢后，对热力、干燥和消毒药的抵抗力就显著增强，强力消毒液如 20%漂白粉、3%～5%的氢氧化钠溶液消毒才能使其失去活力。

2. 传播途径

C 型魏氏梭菌在环境中广泛存在，通常存在于土壤、尘埃、饲料、污水、粪便及人畜肠道中，一些母猪的肠道中也有，仔猪出生后很快接触被污染的环境，将本菌随奶或污染物吞入消化道，随后进入空肠，侵入绒毛上皮组织并产生毒素，组织受害充血、出血和坏死。

3. 流行特点

任何品种的猪对本病均易感，主要发生于3日龄以内的新生仔猪，且发病快，病程短。1周以上的仔猪很少发生，同一猪群不同窝的仔猪发病率往往相差很大。病死率高，一般为50%～70%，有时可高达100%。本病没有季节性，一年四季都可发生。

三、临床症状

(1)最急性型　仔猪出生当天就可发病，后躯沾满血样稀粪便，病猪虚弱，拒食，走路摇晃，很快进入濒死状态。少数病猪不表现症状，突然昏倒死亡。

(2)急性型　病程一般可维持2 d左右，病猪排出含有灰色坏死组织碎片的红褐色水样稀粪。病猪迅速脱水、消瘦、虚弱，一般在第3天衰竭死亡。

(3)亚急性型　病猪开始精神、食欲尚好，持续性腹泻，有的仔猪出现呕吐和不自主运动，粪便开始为黄色软便，后因含有坏死组织碎片和气泡，变为粥样。随病程发展，病猪逐渐消瘦、脱水，于出生后5～7 d死亡。

(4)慢性型　病程1周以上，病猪体温不高，呈现间歇性或持续性腹泻，粪便呈黄灰色糊状，逐渐消瘦、生长停滞，数周后数头甚至整窝死亡，很少有能够耐过的仔猪。

四、病理变化

外观无明显变化，剖检时可见胸腔和腹腔有大量的樱桃红色积液，主要病变在空肠，有时也可扩展至回肠，常见长短不一的出血性坏死，十二指肠一般无病变。

(1)最急性型　空肠呈暗红色，与正常肠段界线分明，肠腔内充满暗红色液体，有时结肠后部肠腔也含有带血液体。肠黏膜及黏膜下层广泛出血，肠系膜淋巴结深红色。

(2)急性型　出血不太明显，可见肠壁变厚，弹性消失，色泽变黄。坏死肠段浆膜下可见小米粒大小数量不等的小气泡，使肠壁显得粗糙和肥厚，肠腔内含有稍带血色的坏死组织碎片松散地附着于肠壁。肠系膜淋巴结充血。

(3)亚急性型和慢性型　病变肠段黏膜坏死状，可形成坏死性假膜，易于剥下，肠管外观正常。脾边缘有小出血点，肾呈灰白色，其他实质器官也呈组织变性，并有出血点。

五、诊断

根据本病的流行特点一般可以做出诊断，如有必要可进行实验室细菌学检查作出诊断。

1. 组织病料抹片镜检

取小肠病变部位的内容物，也可采取肝等内脏和胸腹水，涂片后革兰氏染色，镜检，观察到大量的产气荚膜梭菌即可确诊。

2. 肠内容物毒素检查

取病猪肠内容物加等量无菌生理盐水，3 000 r/min 离心沉淀 30～60 min，上清液用细菌滤器过滤，取滤液 0.5 mL 静脉注射小鼠，如迅速死亡，则说明毒素存在，即可确诊。在此基础上，还可用 C 型和 D 型产气荚膜梭菌抗毒素对上清液中的毒素作中和试验，以确定是否为 C 型魏氏梭菌的毒素。

3. 细菌分离

取肠内容物和肠淋巴结，接种于厌气肉肝汤，80℃水浴 20 min，杀灭非芽孢菌后 37℃培养。生长后移植于血液葡萄糖琼脂平板进行厌气培养，分离出病原菌毒素，可用小鼠作毒素试验和毒素中和试验进行验证。

六、防制

本病发展迅速，病程短，一旦临床症状明显，治疗几乎不能阻止病程的进展。因此，日常管理中产房要认真打扫，并进行消毒，母猪奶头要用清水擦干净，以减少本病的发生和传播。在常发病猪场，可在仔猪出生后，用抗生素如青霉素、链霉素、土霉素、泰乐菌素、黏杆菌素、痢特灵进行预防性口服，可取得良好的预防效果。对常发病猪场，给第 1 和第 2 胎的妊娠母猪各肌肉注射 2 次 C 型仔猪红痢干粉菌苗进行免疫，第 1 次分娩前 1 个月，第 2 次于分娩前 15 d 左右，剂量为每次 5～10 mL。以后每次在产仔前 15 d 注射 3～5 mL，能使母猪产生很强的免疫力，仔猪仅可通过初乳获得很好的被动免疫保护。

第二十节　猪　痢　疾

一、简介

猪痢疾是一种危害猪的严重传染病之一，又称血痢、黑痢、黏液出血性下痢等。病猪以大肠黏膜卡他性、出血性及坏死性炎症为特征。本病呈世界性分布，我国许多省市都存在本病，一旦侵入猪群，仔猪的发病率和死亡率都较高，育肥猪患病后生长速度下降，饲料利用率降低，给养猪业带来巨大的经济损失。

二、病的发生

1. 病原

本病的病原为猪痢疾蛇形螺旋体，属于密螺旋体属。长 6～8.5 μm，宽 0.32～0.37 μm，多为4～6 个疏螺弯曲，有的 5～6 个。形态为两端尖锐，如双翼状。革兰氏染色阴性，苯胺染料或姬姆萨液着色良好，但组织切片以镀银染色更好，新鲜病料在暗视野显微镜下可见活泼的螺旋体活动。本菌严格厌氧，对培养基要求较严格，常用酪蛋白胰酶消化大豆鲜血琼脂或酪蛋白胰酶大豆汤培养基进行培养，纯培养物也可用鲜血琼脂培养，可见明显的 β 型溶血，溶血区内一般不见菌落，偶尔可见云雾状表面生长或针尖大透明菌落。

病原对外界环境有较强的抵抗力，在粪便内 5℃环境下可存活 2 个月，25℃能存活 7 d，对消毒药敏感，普通消毒药如过氧乙酸、来苏儿和氢氧化钠均能迅速将其杀死。

2. 易感动物

只感染猪，不感染其他动物，各种品种和年龄的猪均易感染，但以 2～3 月龄猪发病多，哺乳仔猪发病较少。

3. 传染源

病猪和带菌猪是本病主要的传染源。康复猪可带菌、排菌长达数月。易感猪与临床康复 70 d 以内的猪在同一猪舍时，仍可感染发病。小鼠和犬感染后也可为传染源。

4. 传播途径

消化道是唯一的感染途径，通过污染的饲料、饮水、用具、人员、动物及环境等媒介引起间接传染。

5. 流行特点

季节性不明显，四季均有发生，流行缓慢，持续期长，流行初期多为急性经过，以后转变为亚急性和慢性病例。

三、临床症状

本病潜伏期为 2 d 至 3 个月不等，平均为 1～2 周，常见症状为不同程度的腹泻，有体温升高和腹痛现象，病程长的还表现脱水、消瘦和共济失调。

(1)最急性型　见于暴发初期。突然死亡且死亡率很高，多数病例表现为食欲废绝，病猪肛门松弛，剧烈下痢，粪便开始时呈黄灰色软便，含黏液、血液或血块，气味腥臭。随后迅速转为水样腹泻，高度脱水，寒战、抽搐、死亡。

（2）急性型　多见于流行初、中期。体温升高达 40～40.5℃，食欲减少，同时因腹痛表现为弓背，并迅速消瘦，贫血。病初排稀便继而粪便带有大量半透明的黏液而呈胶冻状，夹杂血液或凝血块及褐色脱落黏膜组织碎片。有的死亡，存活的病猪 1 周左右转为慢性。

（3）亚急性和慢性型　多见于流行的中、后期。病情较轻，食欲正常或稍减退，下痢时轻时重，反复发生。粪带黏液和血液，病程长的进行性消瘦，生长严重受阻，病死率低。亚急性病程为 2～3 周，慢性为 4 周以上，少数康复猪经一定时间还会复发。

四、病理变化

病变主要局限于大肠，最急性和急性病例表现为卡他性出血性炎症、病变肠壁肿胀，肠腔充满黏液和血液，呈红黑色或巧克力色。当病情进一步发展时，大肠壁水肿减轻，而黏膜炎症逐渐加重，出现坏死性炎症。病的后期，病变区扩大，可能分布于整个大肠部分，肠黏膜表面见有点状坏死和伪膜，呈麸皮样。刮去伪膜可露出糜烂面，肠内容物混有坏死组织碎片，血液相对较少。肠系膜淋巴结轻度肿胀、充血，腹水增多。小肠和小肠系膜及其他脏器无明显病变。

五、诊断

根据流行特点、临床症状和病理变化可做出初步诊断，确诊需进一步作实验室诊断。

1. 实验室镜检

取病猪新鲜粪便（最好为带血丝的黏液）少许，或大肠黏膜直接涂片，以草酸胺结晶紫、姬姆萨或复红染色液染色 3～5 min，水洗阴干后，在显微镜下观察，如每个高倍（400 倍）视野下能看到 3 个以上蛇形螺旋体，即可初步确诊。应注意健康猪粪中常存在少量非致病性密螺旋体，它一般只有 1 个弯曲，两端钝圆，长 4～6 μm。直接镜检法对急性后期、慢性、隐性及用药后的病例检出率很低，需进行分离培养。分离培养时，病料 10 倍连续稀释，每一稀释度取 0.05 mL 划线接种，然后厌氧培养。此外，也可将结肠病料制成悬液给公兔腹腔注射，5～10 d 后穿刺睾丸，取病料涂片、染色后镜检，以确诊。

2. 血清学诊断

有凝集试验（试管法、玻片法、微量凝集、炭凝集）、免疫荧光试验、间接溶血试验、琼脂扩散试验及酶联免疫吸附试验(ELISA)等方法。其中凝集试验和酶联免疫吸附试验(ELISA)具有较高的应用价值。

六、防制

本病目前尚无有效菌苗,在饲料中添加药物,有短期预防作用,但不能彻底消灭,须采用综合防制措施:禁止从疫区购猪,外地引进猪需隔离观察1个月以上;在无本病的地区或猪场发生本病时,最好全群淘汰,猪场彻底清扫和消毒,并空圈2～3个月,粪便及猪舍均应彻底消毒;若不能立即做到全群淘汰,应用凝集试验或其他方法进行检疫,对感染猪群实行药物治疗,无病猪群实行药物预防。经常定期消毒,严格控制本病的传播。

药物治疗可选用常见的痢菌净、二甲硝咪唑、呋喃唑酮、庆大霉素,硫酸新霉素、痢特灵、林可霉素、四环素族抗生素等多种抗菌药物都有一定疗效。

该病治后易复发,须坚持药物治疗、改善饲养管理及搞好清洁卫生相结合,方能收到好的效果。

第二十一节　猪增生性肠炎

一、简介

猪增生性肠炎(PPE)又称为增生性回肠炎或终端性回肠炎,是由细菌引起的胃肠道综合性传染病。PPE是生长育肥猪的一种常见病,以回肠和结肠隐窝内未成熟的肠细胞发生腺瘤样增生为特征的接触性传染病。早在1931年,英国就曾作过相关报道。目前,本病广泛发生于世界各地,特别是近几年有逐渐上升的趋势。由于我国的养猪业多数为散养,被感染的猪群死亡率不高,未造成明显危害,不被人们重视,但伴随着养猪集约化生产的推进,该病已逐渐呈蔓延态势。

二、病的发生

1. 病原

长期以来,一种肠上皮弯曲杆菌被认为是本病病原。直到1993年,由于分子生物学等方面技术的发展和应用,病理学家应用肠源细胞分离到胞内弯曲杆菌,并用纯培养物接种猪复制PPE成功,才最终确定了该菌的致病作用,命名为细胞内劳森氏菌(也称细胞内罗松菌)。该菌仅能在活细胞内生长繁殖。具有腺瘤样特征,故有增生性腺瘤病之称。

2. 易感动物

该病的宿主范围很广，除猪外，其他多种动物都可感染。白色品种猪易感高，猪群中各种年龄的猪都可感染，但多发生于断能后仔猪，特别是 18～45 kg 的猪多见，有时也发生于刚断奶的仔猪和成年公、母猪。

3. 传染源

该病传染源主要是病猪及病菌携带猪。

4. 传播途径

本病以水平传播为主。病猪和带菌猪病原菌随粪便排出体外，污染外界环境、饲料、饮水等，经消化道感染健康猪发病。

三、临床症状

本病潜伏期 3～6 周，常发生于 6～20 周龄的生长育成猪，有急性型与慢性型之分。但无论是急性型还是慢性型，如无继发感染，体温一般都趋于正常。

(1)急性型　多发于 4～12 月龄的猪，主要表现为突然严重腹泻，排黑色油状粪便，后期转为黄色或血样粪便，不久虚脱死亡，发病率、死亡率均较高，可达 40%。皮肤苍白、贫血等症状对本病具有一定诊断意义。

(2)慢性型　多发于 6～12 周龄的猪，症状较轻，间歇性下痢，颜色深暗，呈糊状或水样；在断奶后至育肥阶段，表现为食欲减退或废绝，消瘦、生长迟滞、被毛粗乱、精神沉郁或昏睡，少数死亡，大部分猪几天后自动痊愈，其中一些猪成为僵猪。一部分猪腹部膨大，犹如直肠狭窄猪。

(3)亚临床型　无明显的临床症状，有时发生轻微下痢，生长速度和饲料利用率明显下降。

四、病理变化

剖检常可见小肠末端、结肠袢的上 1/3 和盲肠的肠壁增厚，肠管加粗，浆膜下和肠系膜水肿明显。肠黏膜呈现分枝状皱褶，黏膜表面湿润而无黏液，有时附有颗粒状炎性渗出物。黏膜增生或增厚的程度在不同病例间存在很大的差异，有些病例回肠下段明显增厚，像橡胶管一样。有些病猪可见回肠黏膜出现不同程度的溃疡，表面覆盖有黄色、灰白色纤维素性渗出物，浆膜下层或肠系膜水肿。更多的猪表现出增生性、出血性肠炎。粪便呈黑色柏油状，回肠腔内充满凝血块，结肠内混有带血的粪便。

五、诊断

因增生性肠炎症状是非特异性的，故很难根据临床症状及剖检病变做出准确的诊断。实验室诊断一般采用抗酸染色法和姬姆萨染色法对肠黏膜涂片进行镜检，并结合病理变化作出初步诊断。目前常使用酶联免疫吸附试验（ELISA）检测猪血清中的病原抗体，诊断结果可靠性较强。另外，也可应用间接免疫荧光试验（IFA）、免疫过氧化物酶单层试验（IPMA）、核苷酸探针、多重聚合酶链反应等技术对发病猪血清和粪便样进行诊断。

该病常并发或继发猪痢疾、沙门氏菌病、结肠螺旋体病、鞭虫病等，引起严重的临床症状，要注意鉴别诊断。

六、防制

本病由于流行广泛，应以加强饲养管理，改善饲养环境，采用全进全出饲养制度，提高猪体本身的抵抗力为主要预防措施；在流行期间，可在饲料中阶段性添加泰妙菌素、林可霉素、大观霉素、泰乐菌素等药物，增强机体免疫力，从而有效地预防该病的发生。

抗生素对本病的治疗有一定效果，可选用四环素、二水杨酸亚甲基杆菌肽、新霉素、泰乐菌素、痢特灵和硫黏菌素，但疗效不一。

本病常与猪的霉菌中毒混合感染，预防过程中也应同时添加脱霉剂，以减少发病率，从而降低损失。

本章小结

猪的主要传染病

- 猪瘟
- 猪伪狂犬病
- 猪细小病毒病
- 猪繁殖与呼吸综合征
- 猪日本乙型脑炎
- 猪水疱病
- 猪传染性胃肠炎
- 猪流行性腹泻
- 猪圆环病毒感染
- 猪丹毒
- 猪链球菌病
- 猪大肠杆菌病（仔猪黄痢、仔猪白痢、猪水肿病）
- 猪沙门氏菌病
- 猪巴氏杆菌病
- 猪支原体肺炎
- 猪传染性胸膜肺炎
- 猪传染性萎缩性鼻炎
- 猪附红细胞体病
- 猪梭菌性肠炎
- 猪痢疾
- 猪增生性肠炎

- 简介
- 病的发生
- 临床症状
- 病理变化
- 诊断
- 防制

复习思考题

1. 试述猪瘟的主要临床症状，其病理变化与仔猪副伤寒有哪些不同点？

2. 近年来，国内外都报道一种所谓温和型猪瘟，它具有哪些主要特点？

3. 在猪瘟的平时预防中，应实行哪些具体措施以杜绝本病的传入？

4. 猪伪狂犬病具有哪些临床特征？如何防制？

5. 试述猪细小病毒病的临床特征与防制措施。

6. 试述猪繁殖与呼吸综合征的临床特征与防制措施。

7. 猪日本乙型脑炎具有哪些临床特征？如何防制？

8. 典型的猪水疱病病猪表现出哪些主要临床症状？

9. 在新、老疫区，猪传染性胃肠炎在流行病学上各表现出哪些特点？

10. 在猪传染性胃肠炎的鉴别中，特别要注意与哪些传染病相区别？如何区别？

11. 猪流行性腹泻病猪表现出哪些主要临床症状？如何防制？

12. 猪圆环病毒感染具有哪些临床特征？如何防制？

13. 急性败血型猪丹毒有哪些主要症状与主要病变？

14. 当猪群发生猪丹毒时，应立即采取哪些应急防制措施以控制疫情？

15. 急性败血性链球菌病的病猪主要有哪些临床症状与剖检病变？

16. 列举3种引起猪腹泻的传染病，如何进行鉴别诊断？

17. 目前国内有哪些预防仔猪黄痢的方法？对这些方法进行评价。

18. 猪肺疫有哪些主要临床症状和剖检病变？有这种情况的猪场怎么办？

20. 猪气喘病是发展集体养猪业的严重威胁，要新办一个集体猪场应如何使它健康化？

21. 在发生了猪支原体肺炎时，应如何处理？

22. 当猪场出现传染性胸膜肺炎时，应采取哪些应急措施？

23. 当良种母猪感染猪传染性萎缩性鼻炎时，应采取哪些有效措施？

24. 试述猪附红细胞体病的流行特点及防制措施。

25. 哺乳仔猪在什么情况下，容易感染猪梭菌性肠炎？

26. 怎样查明可疑猪梭菌性肠炎病猪的肠道是否存在C型魏氏梭菌毒素？

27. 试述猪梭菌性肠炎的病变要点。

实训八　巴氏杆菌病的实验室诊断

一、实训内容

巴氏杆菌病的病理剖检，巴氏杆菌病的细菌学诊断。

二、实训目标

掌握巴氏杆菌病的病理剖检变化，初步掌握巴氏杆菌病的诊断方法。

三、实训材料

外科刀、外科剪、镊子、玻片、5 mL 玻璃注射器、组织研磨器、酒精灯、酒精棉球、消毒的平皿及试管、瑞氏和美蓝染色液、显微镜、擦镜纸、香柏油、鲜血琼脂、血清琼脂、小鼠等。

四、方法与步骤

1. 巴氏杆菌病的病理剖检

根据具体情况，选择猪肺疫、禽霍乱或兔出血性败血症等病例或尸体，应用病理剖检技术进行剖检，详细观察其病理变化。家畜的主要病变是黏膜、浆膜和内脏器官出血、水肿，胸膜肺炎，皮下胶样浸润。家禽的主要病变是黏膜、浆膜出血，胸腹腔和肠浆膜以及心包腔有纤维素性炎症，肝脏上有密布灰白色坏死灶，慢性者有脓性干酪性关节炎。

2. 检查材料

大家畜取新鲜的实质器官（肝、脾、肾等）、心血（焊封于毛细管内），另做心血和实质器官的涂片数张；小动物或家禽可取完整的尸体。

3. 镜检

将病料触片染色（美蓝或瑞氏染色等）镜检时，多杀性巴氏杆菌呈卵圆形，有明显的两极性染色。血片用瑞氏染色时，两极性细菌呈蓝色或淡青色，红细胞染成淡红色（家禽红细胞含有紫色的核）。

4. 培养

将病料分别接种于鲜血琼脂、血清琼脂，在 37℃ 中培养。多杀性巴氏杆菌在鲜血琼脂上呈较平坦、半透明的露滴样菌落，不溶血。在血清琼脂上生长丰盛，于 45°角折射光线下检查，可见有不同色泽的荧光。如 Fg 型菌落呈现蓝绿色而带金光，边缘有狭窄的红黄光带；Fo 型菌落较大，呈现橘红带金光，边缘有乳白色光带。分离细菌后，在观察其形态、染色特性的同时做生化试验。

5. 动物试验

将病料研磨成糊状，用灭菌生理盐水稀释成 1∶(5～10)乳剂，接种于实验动物皮下或肌肉内，剂量为 0.2～0.5 mL。猪、牛、羊等家畜的病料可用小鼠或家兔；家禽的病料用鸽、鸡、或小鼠。实验动物如于接种后 18～24 h 死亡，则采取心血及实质器官做触片染色镜检和接种培养基进行分离培养。根据病原菌的形态、染色、培养、生化等特性加以鉴定。在采取材料做培养、镜检完毕后，还需对实验动物尸体剖检进行病理观察。在接种局部可见到肌肉及皮下组织发生水肿，胸腔和心包有浆液性纤维素性渗出物，心外膜有多数出血点，肝脏淤血（如用鸡接种，可见有密布的小点坏死灶）。

由于巴氏杆菌带菌者多，且巴氏杆菌病常发于其他传染病之后，所以不能以单纯检出巴氏杆菌而诊断为巴氏杆菌病，必须结合临诊和病理剖检，才能做出正确判断。

五、实训报告

结合剖检，根据细菌检查结果，写一份巴氏杆菌病诊断报告。

实训九　猪瘟的实验室诊断

一、实训内容

猪瘟兔体交互免疫试验，猪瘟荧光抗体试验。

二、实训目标

学会猪瘟兔体交互免疫试验诊断法，初步掌握猪瘟荧光抗体试验诊断法。

三、实训材料

荧光显微镜、冰冻切片机、煮沸消毒锅、染色缸、注射器（1 mL、5～10 mL）、注射针头、肛门体温计、灭菌乳钵、剪刀、镊子、兔笼等器材，0.01 mol pH 7.2 磷酸盐缓冲液（PBS）、伊文思蓝溶液、丙酮、青霉素、链霉素、生理盐水、猪瘟荧光抗体、猪瘟兔化弱毒苗等液体和药品，1.5 kg 以上健康家兔，可疑猪瘟病料等。

四、方法与步骤

1. 兔体交互免疫试验

选择健壮、体重 1.5 kg 以上、未做过猪瘟试验的家兔 4 只，分成 2 组，试验前连续测体温 3 d，每天 3 次，间隔 8 h，体温正常者才可用。将可疑病猪的淋巴结及脾脏做成 1∶10 悬液（每毫升悬液加青霉素、链霉素各 1 000 IU 处理），给试验组家兔每只 5 mL 肌肉注射。如用血液须加抗凝剂，每头接种 2 mL。对照组不接种。接种后给实验组和对照组兔测体温，每 6 h 1 次，连续 3 d（应无体温反应）。7 d 以后，用 1∶20 稀释的猪瘟兔化弱毒疫苗同时给试验组和对照组家兔耳静脉各注射 1 mL。24 h 后，每隔 6 h 测体温 1 次，连续测温 3 d。

判定标准：因一般猪瘟病毒不能使兔发生热反应，但可使之产生免疫力，而猪瘟兔化弱毒则能使家兔发生热反应。据此原理，如试验组接种病料后无热反应，后来接种猪瘟兔化弱毒也不发生热反应，对照组有热反应，则为猪瘟。如试验组接种病料后有热反应，后来接种猪瘟兔化弱毒不发生热反应，则表明病料中含有猪瘟兔化弱毒。如试验组接种病料后无热反应，后来接种猪瘟兔化弱毒发生热反应；或接种病料后有热反应，后来对猪瘟兔化弱毒又发生热反应，则都不是猪瘟。

2. 荧光抗体诊断法

（1）扁桃体冰冻切片或组织压片的制备　采取活体或新鲜尸体的扁桃体，按常规方法用冰冻切片机制成切片，吹干后在预冷的纯丙酮中于 4℃固定 15 min，取出风干。制作压片时，首先切取病猪的扁桃体、淋巴结、脾或其他组织 1 小块，用滤纸吸去外面的液体，取干净载玻片 1 块，稍微烘热，将组织小块的切面触压玻片，作成压印片，置室温内干燥。

（2）染色　用 1/40 000 伊文思蓝溶液将荧光抗体作 8 倍稀释，将稀释的荧光抗体滴加到标本片上，于 37℃温箱内感作 30～40 min。再用 0.01 mol pH 7.2 PBS 充分漂洗，分别于 2 min、5 min、8 min 更换 PBS，最后蒸馏水漂洗 2 次，风干，滴加缓冲甘油数滴，加盖玻片封片，用荧光显微镜检查。

（3）镜检　在腺窝（隐窝）上皮细胞内可见到明显的猪瘟病毒感染的特异性荧光。在 100 倍放大观察时能清楚地看到腺窝的横断面，上皮细胞部分呈现新鲜的黄绿色，腺腔呈红色，其他组织呈淡棕色或黑绿色。高倍放大观察时细胞核呈黑色圆形或椭圆形，细胞质呈明亮的黄绿色。

五、实训报告

写出一份根据猪瘟流行病学、临诊病状和剖检变化作出初诊及利用实验室诊断作出确诊的报告。

第五章　家禽的主要传染病

知识目标

- 掌握下列名词：禽流感、新城疫、马立克氏病、传染性法氏囊病、禽脑脊髓炎、鸡传染性支气管炎、鸡传染性喉气管炎、鸡产蛋下降综合征。
- 理解家禽主要传染病病的发生、病理变化和诊断方法。
- 掌握家禽主要传染病的临床症状和防制措施。

技能目标

- 能够用所学知识对发病家禽主要传染病作出初步诊断并能提出初步防制措施。
- 熟练掌握凝集反应、琼脂扩散试验、血凝和血凝抑制试验的操作技术。

第一节　禽　流　感

一、简介

禽流感(AI)是禽流行性感冒的简称，又称真性鸡瘟或欧洲鸡瘟，它是一种由A型流感病毒的一种亚型(也称禽流感病毒)引起的传染病，临床上以急性败血性死亡到无症状带毒等多种病征为特点。高致病性禽流感被国际兽疫局定为A类传染病,我国也将其列入一类动物疫病。近年来,一些国家先后暴发高致病性禽流感,造成巨大的经济损失。本病在我国的有些省市的一定范围内暴发,给我国养禽业带来极大的威胁,加强该病的防制已刻不容缓。

二、病的发生

1. 病原

本病的病原为禽流感病毒(AIV),是正黏病毒科流感病毒属A的成员。禽流感病毒呈球形、杆状或长丝状及多形性,病毒粒子直径为80～120 nm,为有囊膜的RNA病毒。病毒表面有一层棒状和蘑菇状的纤突,棒状的纤突对红细胞有凝集性,称血凝素(HA),蘑菇状的纤突有将吸附在细胞表面上的病毒粒子解脱下来的作用,称神经氨酸酶(NA)。HA和NA诱发的抗体,对病毒的感染有保护作用,可抑制病毒对红细胞的吸附以及抑制病毒自细胞的解脱。

该病毒易发生变异,至今A型流感病毒的HA已有16种,NA已有10种,在自然界它们组合成众多的亚型毒株。A型流感病毒的基因组是由分子质量不同的80个片段组成的,每个片段分别转录和复制不同的蛋白质,由于核酸是为由不同的片段组成的,两个以上不同的亚型毒株混合感染时,易发生基因的交换和重组,这是流感病毒易发生变异的基础。

该病毒能凝集鸡和某些哺乳动物红细胞,并能被特异性抗血清抑制,这一特性常被用来鉴定病毒和流行病学调查。

该病毒对紫外线敏感,对热的抵抗力较低,加热60℃经10 min或70℃经2 min可被灭活,对大多数防腐消毒药和去污剂敏感。在干燥尘埃中可存活2周,在4℃条件下可保存数周,在冷冻的禽肉和骨髓中可存活10个月之久。在冻干情况下或甘油中保存可使病毒存活数年。

2. 易感动物

禽流感病毒可感染多种家禽和野禽,在家禽中鸡和火鸡的易感性最高。禽流感病毒不仅感染家禽和野禽,也感染猪、马和人以及鲸鱼、血貂等多种动物,迁徙鸟也是传播本病的传染源之一。禽流感病毒感染宿主多样性的特点,使得禽流感防不胜防。

3. 传染源

家禽流感的传染来源较多,可来自感染或发病的家禽、其他种类的家禽,来自外来捕获的鸟、野生鸟类、移徙的水禽及其他动物,其中病禽是主要的传染源。

4. 传播途径

病毒通过病禽的分泌物、排泄物和尸体等污染饲料、饮水及其他物体,通过直接接触和间接接触发生感染，经消化道、呼吸道、伤口和眼结膜等引起传染，呼吸道和消化道是主要的感染途径。此外人员和车辆的来往也是不可忽视的因素。病禽的种蛋可以带毒，并能经卵垂直传播。

5. 流行特点

禽流感一年四季均可发生，但多暴发于冬、春季节，由A型流感病毒的变异株或新亚型引起的流感时，呈流行性或大流行性，发病率很高。

三、临诊症状

1. 急性禽流感

急性禽流感多见于高致病性禽流感（如 H_5、H_7 亚型引起），该型特点是潜伏期短（潜伏期几小时到数天，最长可达 21 d），发病急剧，发病率和死亡率均高，传播范围往往不大。禽群突然暴发，常无明显症状而突然死亡。病程稍长时，病禽体温升高（达 43℃以上），精神高度沉郁，食欲废绝，羽毛松乱；有咳嗽、啰音和呼吸困难，甚至可闻尖叫声；鸡冠、肉髯水肿、发绀，或呈紫黑色，或见有坏死，眼睑水肿；眼结膜发炎，眼、鼻腔有较多浆液性或黏液性或黏脓性分泌物；病禽腿部鳞片有红色或紫黑色出血；病禽有下痢，排出黄绿色稀便；产蛋鸡产蛋量明显下降，产蛋率可由 80％或 90％下降到 20％或以下，甚至停产；产蛋下降的同时，可见软皮蛋、薄壳蛋和畸形蛋增多；有的病鸡可见神经症状，共济失调，不能走动和站立。

2. 亚急性或低毒力型禽流感

亚急性或低毒力型禽流感多见于致病力较低的 H_9N_2 等血清亚型引起的禽流感。该型的特点是潜伏期长，发病比较缓和，病程稍长，发病率和死亡率较低，差异大，疫情范围逐渐扩大，疫情持续期稍长，主要引起产蛋鸡发病，青年鸡和雏鸡发病较少（肉鸡也可发病），一旦发病，疫情难控制，疫区难根除。

病鸡采食量明显减少，饮水量增加。病鸡精神、沉郁，羽毛蓬松、散乱，缩颈，呆立。从鼻腔流出分泌物，鼻窦肿胀。眼结膜发红，流泪，流出分泌物。头部肿胀、变大，鸡冠、肉髯淤血，重者呈紫黑色，肉髯可变厚、变硬，触之有热感。腿部毛少处可见出血斑。

呼吸道症状一般较轻，严重程度不一。有的病鸡表现为咳嗽、有呼吸音，有的呼吸困难、伸颈张嘴、有明显的呼吸音。有的呼吸道症状较轻，3 d 左右消失。病鸡腹泻，排出水样稀粪，带有未完全消化的饲料，有的排出黄色、绿色或浅绿色稀粪。

患病鸡群产蛋量下降，有的鸡群出现呼吸道症状后不久即可造成产蛋量下降，有的鸡群先出现产蛋量下降，后出现呼吸道和消化道症状。产蛋量下降的幅度与持续时间各个鸡群不完全相同，一般来说，产蛋量下降 20%～35%，甚至 60%，同时可见软壳蛋、褪色蛋、沙皮蛋、畸形蛋等明显增多。一般 7～10 d 后下降到最低点，在此水平停留 2 周左右才缓慢回升。产蛋量下降幅度与回升快慢等与当地鸡群感染毒株的毒力、是否用过疫苗、饲养管理好坏、是否及时进行对症治疗等有密切关系。总的情况是，鸡群感染的毒株为低毒力的、曾经用过禽流感疫苗、饲养管理条件较好、及时进行了对症治疗等，其产蛋量下降幅度较小，产蛋量恢复也较快，有的鸡群甚至可恢复到发病时的产蛋水平。

青年鸡的症状不十分明显，较少出现死亡。如小鸡发病，呼吸道症状较明显，发病率高，死亡率与并发感染密切相关，可达 5%～60%。鼻流黏液，少数头部肿胀。病情发展，患鸡咳嗽、打喷嚏，呼吸有啰音。呼吸困难明显、张口呼吸，有叫声，甩头等。患鸡下痢，排出呈黄色或黄绿色的稀粪。羽毛松乱、无光。

在亚急性禽流感发生时，如果鸡群有并发和继发感染时，其症状更为严重，病情更为复杂，还会有并发和继发病的症状，要密切观察、分析，以求较正确地判断。

3. 慢性型禽流感

在实际中，可以见到禽流感发生后，病势缓和，病情逐步发展、蔓延，先发病的鸡群已经恢复，而未发病的鸡群才开始发病，一般症状不明显，仅表现轻微的呼吸道症状，采食稍见减少，消化道症状也不明显，产蛋鸡的产蛋率下降 10%以内，软皮蛋、畸形蛋也不多，褪色蛋、沙壳蛋相对多一些。这些临床表现与慢性呼吸道疾病症状相似，采用慢性呼吸道疾病的防制办法不能收到效果，建议重视是否有慢性禽流感的可能。

四、病理变化

禽流感的病理变化因感染病毒株毒力的强弱、病程长短和禽种的不同而变化不一。高致病性 AIV 的主要特征是暴发时的突然死亡和高死亡率，可能见不到明显的病变。急性死亡的鸡，营养状况良好，亚急性或慢性病死的鸡，瘦弱、脱水，皮肤及皮下干燥，眼、鼻有分泌物，鸡冠及肉髯发紫或见水肿，有的可见颜面、头部肿大。鼻窦内充满黏液，或见眶下窦内积有黏液或干酪样物物，喉头、气管黏膜充血、出血，在黏膜表面有多量黏性分泌物，肺淤血，气囊膜增厚，内有纤维素性或干酪样物。消化道病变比较明显，口腔内有黏液，嗉囊内积有酸臭的液体，腺胃乳头出血、有脓性分泌物，腺胃与食道、腺胃与肌胃交界处有带状出血；肌胃角质膜下出血，十二指肠及小肠黏膜红肿，有程度不等的出血点或出血斑，盲肠扁桃体肿大、出血，直肠黏膜及泄殖腔出血。火鸡还能见到卡他性或纤维素性肠炎和盲肠炎。生殖道病变也较明显，卵泡充血、出血，呈紫红、紫黑色，有的卵泡变形、破裂，卵黄液流入腹腔，形成卵黄性腹膜炎；卵巢和输卵管充血、出血，管腔内有黄白色黏性或脓性分泌物，间或见纤维素性及干酪样物、米粒大小橘粒样结节。公鸡睾丸肿大、出血。

肝脏肿大，有出血点，可见灰黄色坏死点、血肿（毛细血管破裂）。心包膜增厚，冠状沟及心外膜出血，心肌条状或点状坏死。皮下、内脏浆膜、腹部脂肪及心冠状沟脂肪可见出血点。胰腺出血和淡黄色斑点状坏死点。肾脏肿大，肾小管中含有尿酸盐沉积。

青年鸡、仔鸡和肉鸡因流感死亡的病理变化与蛋鸡病变基本相似。仔鸡的变化主要集中在呼吸道和消化道。眼结膜充血，喉头、气管黏膜充血、出血，严重时水肿，并伴有黄色纤维素渗出物或干酪样物。支气管中也可见到渗出物。肾脏常见肿大及尿酸盐沉积。心外膜、冠状沟脂肪、腺胃乳头和腺胃黏膜出血。肠道黏膜有出血点、出血斑或有溃疡。泄殖腔黏膜出血。盲肠扁桃体出血。肝脏肿大淤血。

五、诊断

根据流行特点、临诊症状和剖检变化可做出初步诊断，确诊需进行实验室诊断。

1. 病原学诊断

病毒的分离和血清学试验：用灭菌的棉花拭子擦拭鼻咽部分泌物，接种于9～11日龄的鸡胚，培养至5 d，收获尿囊液做血凝试验和血凝抑制试验。亚型和毒力鉴定需送国家级参考实验室。

2. 鉴别诊断

本病易与鸡新城疫、鸡传染性喉气管炎、产蛋下降综合征及传染性支气管炎等相混淆，应注意鉴别诊断，禽流感(AI)与新城疫、传染性喉气管炎鉴别诊断见表5-1和表5-2。

表 5-1　禽流感(AI)与鸡新城疫(ND)的鉴别诊断

鉴别项目	AI	ND
鸡冠、肉髯、眼睑肿胀	+++	−
气囊壁增厚、纤维素性渗出	+++	−
出血性素质	++++	++
心肌弛缓、柔软	+++	−
肠管伪膜性、溃疡性病变	−	+++
心脏、肝脏灶状坏死	+++	−
肝脏的铁反应	++++	++

续表 5-1

鉴别项目	AI	ND
脾脏的铁反应	在动脉管周围	在红髓区内
肾小球坏死	++++	—
肾髓质及集合管坏死	++++	+
淋巴组织坏死	+	+++
脑神经细胞坏死	+++	+
脚鳞出血	++	—
鸡新城疫血凝抑制(HI)试验	—	+
禽流感血凝抑制(HI)试验	+	—
禽流感琼脂扩散试验	+	—
凝集马、驴、骡、绵羊、山羊红细胞	+	—

表 5-2　禽流感(AI)与鸡传染性喉气管炎(ILT)的鉴别诊断

鉴别项目	AI	ILT
呼吸困难	++	++++
咳出血样渗出物	—	++
鸡冠、肉髯、头、颈肿胀	+++	—
喉头、气管内干酪样凝固物	+	++++
出血性素质(皮下及胸内脂肪、腺胃及泄殖腔等处)	+++	—
喉头、气管上皮细胞核内包涵体	—	+
禽流感琼脂扩散试验	+	—
禽流感血凝抑制(HI)试验	+	—
鸡传染性喉气管炎琼脂扩散试验	—	+

六、防制

当前预防禽流感仍采取严格的生物安全措施。严格检疫，彻底消毒，杜绝病原传入。候鸟可传播本病，当发现有鸟死亡时，应就地烧毁。疫苗的研究虽然取得了很大进展，但由于禽流感病毒抗原复杂且易变异，亚型多且各亚型之间缺乏明显的交叉免疫，这给疫苗的应用带来了很大的困难。目前已有不同类型的禽流感疫苗研制成功和应用，如我国研制成功的 H_5N_1 亚型重组禽流感病毒灭活疫苗、H_5 亚型禽流感重组鸡痘病毒载体活疫苗、禽流感灭活疫苗（H_5 亚型，N_{28} 株），能彻底切断高致病性禽流感的传播。

发生高致病性禽流感时，应按国家有关规定采取相应措施。

第二节 新城疫

一、简介

新城疫(ND)是由新城疫病毒引起多种禽类的一种急性高度接触性传染病，强毒感染易感禽常呈败血症经过。主要特征为呼吸困难、下痢、神经紊乱、黏膜和浆膜出血。本病1926年首次被发现于印度尼西亚，分布于世界各地。我国1948年证实了本病的存在，近年来，国内以高发病率、高死亡率、暴发性为特征的典型新城疫较为少见，但是，低发病率、低死亡率、高淘汰率、散发的非典型新城疫却呈上升趋势。该病被国际兽疫局定为A类传染病，我国也将其列入一类动物疫病。

新城疫(ND)又称新城鸡瘟、亚洲鸡瘟、伪鸡瘟等。我国一般俗称新城疫为"鸡瘟"，但学名上的鸡瘟是指禽流感。新城疫和禽流感是两种完全不同的病毒性传染病。

二、病的发生

1. 病原

本病的病原为新城疫病毒(NDV)，属于副黏病毒副黏病毒属，为单股RNA，至今认为该病毒只有1个血清型，分为几种类型：嗜内脏速发型，引起各种年龄的鸡急性致死性感染，消化道出血明显；嗜神经速发型，感染各种年龄鸡，以神经症状为特征；中发型，感染后仅引起幼禽死亡；缓发型，表现轻微或不明显的呼吸道感染，可作弱毒苗；无症状型，主要为肠道感染。

该病毒能在鸡胚中生长繁殖，以尿囊腔接种9～10日龄鸡胚，强毒株在30～60 h内引起鸡胚死亡，弱毒株90～120 h内引起鸡胚死亡。死亡的鸡胚，以尿囊液含毒量最高，胚胎全身出血，头部、足趾、翅膀出血尤为明显。

该病毒具有血凝性，能吸附于鸡、火鸡、鸭、鹅及某些哺乳动物(豚鼠等)的红细胞表面，引起红细胞凝集(HA)，这种血凝现象能被抗NDV的抗体抑制(HI)。

鸡新城疫病毒对外界环境抵抗力较强，对热和光等物理因素的抵抗力较其他病毒稍强，在pH 2～12的环境下1 h不被破坏。加热至60℃经30 min、煮沸1 min可死亡，在直射阳光下，病毒经30 min死亡。一般的熏制方法不能杀死鸡肉中的病毒，在90～95℃热水中煮40 min后熏制，可杀死鸡肉中的病毒。病毒对消毒药的抵抗力较弱，如2%～3%的氢氧化钠溶液、4%～5%甲醛及甲醛蒸气、1%来苏儿、5%漂白粉溶液，3%～5%碘酊及70%酒精等均能在数分钟内杀死病毒。

2. 易感动物

鸡、火鸡、鸽子、鹌鹑及野鸡对本病都有易感性,以鸡最易感。各种年龄的鸡中以幼雏和中雏易感性最高。鸭、鹅对本病有抵抗力,但可从体内分离到NDV。哺乳动物对本病有很强的抵抗力,但人可感染,表现为结膜炎或类似流感的临诊症状。

3. 传染源

本病的主要传染源是病鸡和带毒鸡。感染鸡可通过口鼻分泌物、粪便、蛋等排出病毒。病死鸡的血、肉、内脏、羽毛、消化道的内容物和洗涤水等,如不加以妥善处理,也是主要的传染源。带有病毒的飞沫和灰尘,对本病也有一定的传播作用。非易感的野禽、外寄生虫、人和家畜均可机械地传播本病毒。

4. 传播途径

本病的传染主要是通过病鸡与健康鸡的直接接触。在自然感染的情况下,主要是经呼吸道和消化道感染。此外,亦可经眼黏膜、伤口和交配感染。

5. 流行特点

本病一年四季均可发生,但以春、秋两季较多。近年来免疫鸡群常因免疫失败而发生非典型新城疫。

三、临床症状

本病潜伏期一般为3～5 d,根据临诊表现和病程的长短,可分为最急性、急性、亚急性或慢性3种类型。

(1)最急性型　突然发病,常无特征症状而迅速死亡,多见于流行初期和雏鸡。

(2)急性型　病初体温升高达43～44℃,食欲减退或停食,有渴感,精神委靡,不愿走动,垂头缩颈或翅膀下垂,眼半开或全闭,似昏睡状,鸡冠及肉髯呈暗红色或暗紫色,母鸡产蛋停止或产软壳蛋。随后出现比较典型的症状,病鸡咳嗽,呼吸困难,有黏液性鼻漏,伸颈张口呼吸,并发出"咯咯"的喘鸣声或尖锐的叫声。嗉囊内充满液状内容物,倒提时常有大量酸臭液体从口角流出。拉稀,粪便呈黄绿色或黄白色,有时混有少量血液,后期排出蛋清样的排泄物。有的病鸡还出现神经症状,如翅、腿麻痹等。最后体温下降,昏迷死亡。病程2～5 d,1月龄的小鸡病程较短,症状不明显,病死率高。

(3)亚急性或慢性型　初期症状与急性相似,但同时出现神经症状,患鸡翅、腿麻痹,跛行或站立不稳,头颈向后或向一侧扭转,常伏地旋转,反复发作,瘫痪或半瘫痪,10～20 d死亡。此型常发生于流行后期的成年鸡,病死率较低。产蛋鸡常表现产蛋量下降。

个别患鸡可以康复，部分不死的病鸡遗留特有的神经症状，表现腿、翅麻痹或头颈歪斜。有的鸡状似健康，但若受惊扰刺激或抢食时，突然后仰倒地，全身抽搐就地旋转，数分钟后恢复正常。

免疫鸡群发生新城疫，仅表现呼吸道和神经病状，其发病率和死亡率较低，称为“非典型新城疫”。

鸽感染 NDV 时，其临诊症状是腹泻、神经症状和呼吸道症状；幼龄鹌鹑感染 NDV 时，表现神经症状，死亡率较高，成年鹌鹑多为隐性感染；火鸡和珠鸡感染 NDV 后，一般与鸡相同，但成年火鸡症状不明显或无症状。

四、病理变化

本病表现为败血症变化，尤以消化道的变化最为明显，即消化道黏膜的弥漫性出血和溃疡。腺胃黏膜出血，大多限于腺胃乳头突起和乳头间，在腺胃与食道或腺胃与肌胃的交界处常呈带状或不规则的出血斑，近食道的腺胃黏膜的出血斑点常形成溃疡。这些是富有特征性的变化。肌胃角质层下的肌肉有出血点，从小肠到盲肠和直肠黏膜有大小不等数量不一的出血点。小肠肠黏膜红肿，有小点状或麸皮样坏死灶，有些大似枣核状、单个、突出于肠表面、黄褐色、脱落后成溃疡。这种局灶性溃疡在肠浆膜面可以清楚见到，呈紫红色。盲肠与直肠黏膜皱褶常呈条纹状出血，在盲肠基部的扁桃体呈紫红色肿大、出血或坏死。

鼻腔及喉头充满污灰色黏液，黏膜充血或有小点出血，偶有纤维素性坏死点。气管内集有大量的黏液，黏膜充血或出血。肺淤血或水肿。心冠脂肪、心内外膜有小出血点。产蛋鸡卵黄膜充血或出血，甚至卵黄破裂流入腹腔。

非典型新城疫仅见黏膜卡他性炎症，喉头和气管黏膜充血，腺胃乳头少见出血，直肠黏膜、泄殖腔、盲肠和扁桃体多见出血。

五、诊断

根据流行病学、病状和病变进行综合分析，可作出初步诊断，确诊需进行病原学和血清学诊断，特别是免疫鸡群或雏鸡群发病时，因缺乏典型病变，更需进行实验室检查才能确诊。

1. 病原学检查

采取病死鸡的脾、脑、肺等病料混合磨碎，加生理盐水制成 5～10 倍组织乳剂，每毫升加入青霉素、链霉素或庆大霉素 1 000 IU，作用 2～4 h，经离心沉淀，取上清液作接种材料。取 0.1 mL 接种于发育 8～10 日龄鸡胚的尿囊腔内。接种后 5 d 以内鸡胚死亡。取尿囊液,用配制好的0.5%~1%红细胞液与之进行红细胞凝集试验(HA),红细胞凝集试验为阳性者,再用已知的新城疫阳性血清进行红细胞凝集抑制试验(HI)。也可用鸡肾或鸡胚的成纤维细胞进行组织培养并分离病毒。

用病死鸡的气管、脾、肺、肝、脑等组织制作冷冻切片,或用已接种病料的发育鸡胚的脑细胞、尿囊膜细胞,用荧光抗体法来确诊病毒。

2. 血清学诊断

应用红细胞凝集抑制试验鉴定待检病鸡血清中的特异性抗体。凡未接种新城疫疫苗的鸡,血清凝集抑制抗体在1∶40以上稀释度,可判定多新城疫阳性鸡。已免疫鸡群,血清HI滴度在1∶256以上,表明鸡群已有强毒感染。

3. 鉴别诊断

根据我国目前的情况,本病应注意与禽霍乱、传染性支气管炎和禽流感相区别,特别要与禽流感区别。

根据我国近些年鸡新城疫发生的新动向,要特别重视非典型性鸡新城疫的诊断,这已是我国鸡新城疫发生的主要方式。

六 防制

目前对于本病尚无有效的治疗方法,加之发生后传播迅速、病死率高,往往给鸡群以毁灭性的打击,因此对于养鸡业来说,预防本病乃是防疫工作的重点。

(一)一般措施

建立和健全并执行严格的卫生防疫制度,防止一切带毒动物(特别是鸟类)和污染物品进入鸡群;进出的人员和车辆应严格消毒;饲料来源要安全;不从疫区引进种蛋和苗鸡;新购进的鸡须接种新城疫疫苗,并隔离观察2周以上,证明健康者方可合群。

(二)预防接种

合理做好预防接种,增强鸡的特异免疫力,对此应注意以下几个问题:

1. 疫苗的性质、使用对象及方法

目前我国使用的鸡新城疫活疫苗有5种,即Ⅰ系苗(或称Mukteswar株)、Ⅱ系苗(或称HB_1株)、Ⅲ系苗(或称F株)、Ⅳ系苗(或称Lasota株)、V_4弱毒苗。

Ⅰ系苗为中等毒力的活苗,用于经2次弱毒力的疫苗免疫后的鸡或2月龄以上的鸡,多采用肌肉注射或刺种的方法接种。幼龄鸡使用后会引起较重的接种反应或发病。Ⅰ系苗产生免疫力快(3~4 d),免疫期长(6个月以上)。

Ⅱ、Ⅲ、Ⅳ系苗都属于弱毒力的活苗，最常用的是Ⅳ系及其克隆株，大小鸡均可使用，多采用滴鼻、点眼等方法接种。对于大群雏鸡可用Ⅲ系或Ⅳ系苗作饮水免疫，要求倍量使用或复饮1次。如作气雾免疫，最好在2月龄以后采用，以减少诱发呼吸道传染病。

V_4弱毒苗为嗜肠道型且耐热性较好，适用于热带地区的农村养鸡，多采用饮水免疫，与Ⅳ系苗联合使用效果较好。

2. 母源抗体对免疫应答的影响

母鸡经过鸡新城疫苗接种后，可将其抗体通过卵黄传递给雏鸡，雏鸡在3日龄抗体滴度最高，以后逐渐下降，每日大约下降13%。具有母源抗体的雏鸡既有一定的免疫力，抵抗强毒的侵袭，又对疫苗的接种有干扰作用，因此有人主张在7日龄作第1次疫苗接种，在25～30日龄时作第2次接种，或在第1次免疫同时接种灭活苗。

3. 建立免疫监测

根据HI抗体水平确定初免和再次免疫时间。如果HI效价高于5 $\log_2$时，进行首免几乎不产生免疫应答，因此可以以4 $\log_2$作为免疫接种的界线。为此要定期对免疫鸡群抽样采血做HI试验，既可以作为制定程序的理论依据，又可以了解疫苗免疫接种的效果。

4. 免疫抑制

疫苗免疫接种后，抗体产生受到抑制，其保护能力受到影响。如感染传染性法氏囊病毒、传染性贫血病毒、网状内皮增生症病毒等均会导致免疫抑制，传染性支气管炎疫苗与新城疫疫苗同时使用也会干扰新城疫的免疫。营养缺乏、应激均会导致ND免疫抑制，因此在进行ND疫苗免疫接种时，应注意其他病的防疫工作及饲养管理。

（三）新城疫的防制

鸡群一旦发病，应封锁鸡场，紧急消毒，分群隔离，将病鸡和接触过病鸡的可疑鸡分群，对全场鸡群用Ⅰ系或Ⅳ系苗进行紧急接种。在病初用ND高免血清进行紧急注射，也能减少死亡。应做好病鸡和死亡鸡的无害化处理。当疫区最后一个病例处理后2周，经严格的终末消毒后，方可解除封锁。

第三节　马立克氏病

一、简介

鸡马立克氏病(MD)是由鸡马立克氏病病毒引起鸡的一种高度接触传染、最常见的一种鸡淋巴组织增生性传染病,以外周神经、性腺、虹膜、各种脏器、肌肉和皮肤的单核细胞浸润为特征。本病呈世界性分布。自20世纪70年代广泛使用火鸡疱疹病毒(HVT)疫苗以来,本病的损失已大大下降,但疫苗免疫失败屡有发生。近年来,世界各地相继发现毒力极强的马立克氏病病毒,给本病的防制带来了新的问题。该病被国际兽疫局定为B类传染病,我国也将其列入二类动物疫病。

二、病的发生

1. 病原

本病的病原为马立克氏病病毒(MDV),为疱疹病毒科 α-疱疹病毒,线状双股DNA,是1种细胞结合性病毒,存在鸡体组织内的病毒有2种形式,即病毒粒子无囊膜的裸体病毒和有囊膜的完全病毒。MDV有3个血清型:致瘤的MDV、不致瘤的MDV和火鸡疱疹病毒(HVT)。羽囊上皮细胞中的病毒粒子有囊膜,随角化细胞脱落,成为传染性很强的细胞游离病毒。

从感染鸡羽囊随皮屑排出的游离病毒,对外界环境有很强的抵抗力,污染的垫料和羽屑在室温下其传染性可保持4～8个月,但常用化学消毒剂可使病毒失活,5%福尔马林或熏蒸的甲醛蒸气、2%氢氧化钠、3%来苏儿、0.2%过氧乙酸等常用消毒剂可在10 min内杀灭病毒。

2. 易感动物

鸡是马立克氏病病毒最重要的自然宿主,不同品种或品系的鸡均能感染MDV,但对发生MDV的抵抗力差异很大。伊莎、罗曼、海赛等蛋鸡品种和国内的北京油鸡、狼山鸡和乌骨鸡均对MDV高度易感。感染时鸡的年龄对发病的影响很大,特别是出雏室和育雏室的早期感染可导致很高的发病率和死亡率。

3. 传染源

本病的主要传染源是病鸡和带毒鸡。

4. 传播途径

本病主要是经带毒的尘埃通过呼吸道传播。在羽囊上皮细胞复制的传染性病毒，随羽毛、皮屑排出，使污染鸡舍的灰尘成年累月保持传染性。很多外表健康鸡可长期持续带毒排毒。

5. 流行特点

鸡群所感染的MDV的毒力对发病率和死亡率影响很大。MDV分为温和毒（mMDV）、强毒（vMDV）和超强毒（vvMDV）。病毒随疫苗的使用出现毒力不断增强的趋势，应激等环境因素也可影响MD的发病率。

三、临床症状

本病是一种慢性肿瘤性疾病，潜伏期长。根据病变发生的部位和临床症状，本病可以分为四种类型，即神经型（古典型）、内脏型（急性型）、皮肤型和眼型。有时混合发生。

(1)神经型　又称为“古典型”，主要侵害外周神经。由于被侵害神经部位的不同，则症状也不相同。当坐骨神经丛或坐骨神经受害，表现运动失调和步态异常，富有特征性的姿势是病鸡的一只脚伸向前方，另一只伸向后方，似“劈叉”姿势，或横卧、麻痹等不正常姿势，这是由于肢体发生单侧性不全麻痹或麻痹的结果所致；当臂神经丛或翅神经发生病变时的特征症状是翅膀下垂，俗称“穿大褂”；当支配颈部肌肉的神经受到损害，病鸡即发生头下垂和可能出现头颈歪斜；颈部迷走神经经受侵害时，可引起嗉囊发生麻痹或扩张，俗称“大嗉子”，以及无声的张口呼吸。

(2)内脏型　又称为“急性型”，该型多呈急性暴发，病性急骤，开始时以大批鸡精神委顿，食欲不振，羽毛散乱，行走缓慢，常缩颈呆立于墙角为特征。几天后部分病鸡出现共济失调、脸色苍白及下痢，随后出现单侧或双侧肢体麻痹。部分病鸡死亡而无特征临诊症状。很多病鸡表现脱水、消瘦和昏迷。这种病例常见于50～70日龄的鸡，对肉鸡威胁严重。

(3)皮肤型　较少见。大多见于大腿、颈、翅膀、背部或尾部皮肤上毛囊肿大、皮肤变厚，形成小结节及瘤状物。多在宰后的去毛鸡身上才发现。

(4)眼型　少见，表现单眼或双眼视力丧失，虹膜色素消退，呈同心的环状或斑点状，以至弥漫性的清蓝色或淡灰色的浑浊，俗称“眼鱼”、“灰眼”、“珍珠眼”或“白眼病”。瞳孔收缩，边缘不整齐，似锯齿状，逐渐失去对光调节的能力。严重时，整个瞳孔最后缩至针头大的小孔，病鸡视力减退或消失。

四、病理变化

(1)神经型(古典型)　最常见病变是周围神经，以腹腔神经丛、坐骨神经、臂神经及迷走神经为常见。病变的神经肿大,比正常增粗2～3倍,甚至更多,表面光亮,失去原有的银白色条纹外观,而呈灰白或黄白色,有的呈水肿样,有的可见到明显结节状,神经变得粗细不匀。这些变化是由于神经组织中有大量淋巴细胞浸润和水肿所致。病变的神经大多数是一侧性的,与对侧神经对比时,有助于诊断。

(2)内脏型(急性型) 病鸡的肿瘤可出现在各个器官,如肝、肾、心、肺、卵巢、睾丸、腺胃等,可见到大小不等的单个或多个灰白色肿瘤。最常见的是性腺器官、肝、肾、脾肿大,比正常的增大数倍,肝、肾肿瘤由小米粒大到核桃大小,粗糙、颗粒状、质坚实,常突出于脏器表面,亦有肿瘤组织浸润在实质中,切面平整,呈油脂状。卵巢肿瘤如菜花状,表面光亮,淡灰色,有的如脑样,大如核桃。睾丸肿大,可达正常的10倍,重者可被肿瘤代替。腺胃肿大2～3倍,浆膜下有灰白色块、变硬、乳头变大而突起,顶端溃烂。心脏肿瘤呈灰白色,小如米粒,大如玉米粒,单个或多个结节状,突出心外膜,质韧。法氏囊常萎缩,不形成肿瘤,这与淋巴细胞性白血病不同。

(3)皮肤型 皮肤的病变多发生在毛囊部,呈孤立或融合的白色隆起结节,严重时似疥癣样,表面为淡褐色结痂,不形成肿瘤,这不同于淋巴细胞性白血病。

(4)眼型 主要见虹膜内有大量淋巴细胞浸润。

五、诊断

神经型马立克氏病,可根据病鸡显现的特征性的劈叉、麻痹症状和病理变化即可确定诊断。症状轻微而不能确定的病变,需同其他疾病加以鉴别,例如与鸡新城疫所见到的神经症状,鸡脑脊髓炎所引起的运动障碍以及因维生素和矿物质缺乏所发生的运动障碍和发育障碍等。

内脏型马立克氏病与淋巴细胞性白血病进行鉴别,因两者病理变化相似,仅根据内脏的病变还不能区别是马立克氏病或是淋巴细胞性白血病。但两者各具临床诊断特点,具有一定的诊断意义。

①在周围神经确认有病变者,为马立克氏病。

②在皮肤、肌肉确认有病变者,为马立克氏病。

③在120日龄以内发病且仅在内脏器官上有病变,虽未见有周围神经病变,亦可能为马立克氏病。

④达150日龄开始发病,且不见有上述神经、皮肤或肌肉病变,仅有内脏病变者,虽不能区别为马立克氏病或是淋巴细胞性白血病,但当法氏囊肿大,肝、肾和脾等器官有肿瘤病变时,则为淋巴细胞性白血病。

⑤眼球的虹膜褪色,瞳孔不整齐,可能是马立克氏病。

本病的确诊断是分离并鉴定病毒。采取病鸡与症状有关的某些周围神经和内脏的病变材料做组织切片检查。如果有条件也可以用细胞培养、雏鸡接种及用荧光抗体法做诊断。

羽囊琼脂扩散沉淀试验的方法比较简单，我国许多化验室都可进行，它是用马立克氏病高免血清或自然康复鸡血清来检查病鸡的羽毛囊中是否有病毒（抗原）存在，以确定诊断。可在病鸡腿外侧、肋骨和背腹部等处，拔下数根羽毛，剪下毛根尖端约 5 mm 的一小段，放在琼脂板的外围孔内，每只鸡的 2～3 根羽毛占用 1 个孔，再将定量的马立克氏病高免血清放入扩散板的中央孔内，在室温中放置 2～3 d，最后观察反应结果。在放羽毛的孔和放血清的中央孔之间，如果出现一条白色不透明的沉淀线，即为阳性反应。

六、防制

疫苗接种是防制本病的关键，以防止出雏室和育雏室早期感染为中心的综合性防制措施，对提高免疫效果和减少损失亦有重要作用。

我国生产有 2 种疫苗，一种是火鸡疱疹病毒冻干苗，另一种是马立克氏病冷冻苗。火鸡疱疹病毒（HVT）冻干菌，使用于各品种的 1 日龄雏鸡。按瓶签说明头份和剂量用专用稀释液稀释后，每只鸡肌肉或皮下注射 0.2 mL（含 2 000 个以上蚀斑单位），注射 10～14 d 后可产生免疫力，免疫期 1 年以上。鸡马立克氏病冷冻苗按瓶签注明头份及剂量，每只雏鸡肌肉或是皮下注射，注射 8 d 后产生免疫力，免疫期 1 年以上。冷冻疫苗，在 −196℃ 液氮中保存，使用时按要求取出后，迅速放在 38℃ 水中融化后按要求注射。我国还生产有二联或三联苗，按疱疹病毒血清型配苗，可根据各地的疫情选用。影响疫苗的免疫效果因素很多，如母源抗体干扰、早期感染、应激、免疫抑制等。针对每个环节，必须制定相应措施，才能有效地提高疫苗保护率。选育生产性能好的抗病品系商品鸡，是未来防制马立克氏病的一个重要方面。

发生马立克氏病的鸡场或鸡群，对病鸡必须检出淘汰，特别是种鸡场，严格做好检疫工作，发现病鸡，立即隔离或淘汰，以消除传染来源。严重感染的种鸡群或商品鸡群，除淘汰更新外，养鸡的环境及饲养全过程，均应严格消毒。

第四节　传染性法氏囊病

一、简介

传染性法氏囊病是由传染性法氏囊病病毒引起雏鸡的一种急性、高度接触性传染病。以腹泻、颤抖、极度虚弱、法氏囊、腿肌和胸肌、腺胃和肌胃交界处出血为特征。雏鸡感染后发病率高、病程短、死亡率高，导致免疫抑制，并可诱发多种疫病或使多种疫苗免疫失败。目前本病在世界上养鸡的国家和地区广泛流行，也是近年来严重威胁我国养鸡业的重要传染病之一。该病被国际兽疫局定为B类传染病，我国也将其列入二类动物疫病。

二、病的发生

1. 病原

本病的病原为传染性法氏囊病病毒(IBDV)，属于双股双节RNA病毒科双股双节RNA病毒属，基因组由两个片段的双股RNA构成。病毒能在鸡胚上生长繁殖，经尿囊腔接种后3～5 d鸡胚死亡，胚胎全身水肿，头部和趾部充血、有点状出血，肝有斑驳状坏死。由变异株引起的病变仅见肝坏死和脾肿大，不致死鸡胚。

目前已知IBDV有2个血清型，即血清Ⅰ型(鸡源性毒株)和血清Ⅱ型(火鸡源性毒株)。血清Ⅰ型毒株中可分为6个亚型(包括变异株)，这些亚型毒株在抗原性上存在明显的差别，这种毒株之间抗原差异性可能是免疫失败的原因之一。病毒在外界环境中极为稳定，能够在鸡舍内长期存在，且特别耐热。

2. 易感动物

自然感染仅发生于鸡，各种品种的鸡都能感染，主要发生于2～15周龄的鸡，3～6周龄的鸡最易感，成年鸡一般呈隐性经过。

3. 传染源

病鸡是主要传染源，其粪便中含有大量的病毒，可污染饲料、饮水、垫料、用具、人员等，通过直接和间接接触传播。

4. 传播途径

本病主要通过消化道感染，也可经呼吸道感染。

5. 流行特点

本病往往突然发生，传染性强，传播迅速，通常在感染后第3天开始死亡，5～7 d达到高峰，以后很快停息，表现为高峰死亡和迅速康复的曲线。本病常与大肠杆菌、新城疫、鸡支原体病混合感染。

三、临床症状

本病潜伏期为2～3 d，最初发现有鸡自啄泄殖腔。病鸡羽毛松乱，采食减少，畏寒，常聚堆。随后出现腹泻，排出白色黏稠和水样稀粪，泄殖腔周围的羽毛被粪便污染。在后期体温低于正常，严重脱水，极度虚弱，最后死亡。由IBDV的亚型毒株或变异株感染的鸡，表现为亚临诊病状，炎症反应弱，法氏囊萎缩，死亡率低，但免疫抑制严重，造成更大危害。

四、病理变化

病死鸡脱水，腿部和胸部肌肉出血，法氏囊内黏液增多，法氏囊水肿和出血，体积增大，重量增加，比正常值重 2 倍，5 d 后法氏囊开始萎缩，切开后黏膜皱褶多浑浊不清，黏膜表面有点状出血或弥漫性出血。严重时，法氏囊内有干酪样渗出物，肾脏有不同程度的肿胀，腺胃和肌胃交界处有条状出血。若为超强毒株感染，则出血程度更为严重。

五、诊断

根据本病流行病学和病变特征就可作出诊断。由 IBDV 变异株感染的鸡，只有通过法氏囊的病理组织学观察和病毒分离才能作出诊断。病毒分离鉴定、血清学试验和易感鸡接种是确诊本病的主要方法。

1. 病毒分离鉴定

取病死鸡的法氏囊和脾，磨碎后无菌处理，经绒毛尿囊腔接种 9～12 日龄鸡胚。感染鸡胚 3～5 d 死亡，可见胚胎水肿、出血。用中和试验鉴定分离出 IBDV，即可确诊。

2. 琼脂扩散试验

琼脂扩散试验常用于 IBD 的诊断。应用此法还可进行流行病学调查和检测疫苗免疫后的 IBD 抗体，但是不能区分血清型差异，不能查出群特异性抗原。

3. 易感鸡感染试验

取病死鸡的典型病变法氏囊，磨碎制成悬液，经滴鼻和口服感染 21～25 日龄易感鸡，在感染后 48～72 h 出现病状，死后剖检法氏囊有特征性的病变，即可确诊为鸡传染性法氏囊病。

六、防制

鸡感染 IBDV 后，或用疫苗免疫后，都能刺激机体产生免疫应答，体液免疫是该病保护性免疫应答的主要机制。目前发现应用血清Ⅰ型的疫苗毒株，对雏鸡免疫后所产生的免疫应答不能抵抗亚型或变异毒株的感染。为此，防制本病不能仅用疫苗，需采取综合措施。

1. 严格执行兽医卫生措施

病毒在外界环境中极为稳定，能在鸡舍内长期存活。因此，应注意对环境的消毒，特别是育雏室。用有效消毒药对环境、鸡舍、用具和笼具进行喷洒，经 4～6 h 后，进行彻底清扫和冲洗，重复 2～3 次消毒后再引进雏鸡，以防 IBDV 的早期感染。

2. 提高种鸡的母源抗体水平

种鸡群在 18～20 周龄和 40～42 周龄经 2 次接种 IBD 油佐剂灭活苗后，可产生高水平的抗体并传递给子代，使雏鸡获得较整齐和较高母源抗体，在 2～3 周龄内得到较好的保护，防止雏鸡早期感染。

3. 雏鸡的免疫接种

目前我国常用的活苗一是弱毒苗，对法氏囊无任何损害，受母源抗体干扰严重，免疫保护率较低；二是中等毒力疫苗，接种后对法氏囊有轻度损伤，对血清Ⅰ型强毒的保护率高，一般推荐在 14～18 日龄进行免疫。灭活苗是由鸡胚细胞毒、鸡胚毒、病死鸡的法氏囊组织制备的。变异株病毒制成弱毒疫苗或灭活苗，既可预防变异株引起的感染，又可对血清Ⅰ型 IBDV 产生保护性免疫应答。

4. 发病时的防制

除对鸡舍和环境进行严格消毒外，发病早期用 IBD 高免血清或康复血清进行注射，也可用高免鸡所产的蛋制备卵黄抗体进行注射，对鸡群有较好的疗效。治愈后应对鸡群进行主动免疫。

第五节　禽脑脊髓炎

一、简介

禽脑脊髓炎又称流行性震颤，是由禽脑脊髓炎病毒引起鸡的一种急性、高度接触性传染病。该病主要侵害雏鸡中枢神经系统，其主要特征为共济失调，头颈肌肉震颤和两肢轻瘫及不完全麻痹，母鸡产蛋量急速下降。虽然大多数鸡群最终感染病毒，但临床的发生率较低。我国自 20 世纪 80 年代初开始，已证实在大多数商业化养禽地区存在本病。我国将其列入三类动物疫病。

二、病的发生

1. 病原

本病的病原为禽脑脊髓炎病毒，属于小 RNA 病毒科中的肠道病毒，无囊膜。病毒抗原集中存在于鸡胚的胃肠道（腺胃、肌胃、肠道）肌层中，这些器官的组织匀浆是琼脂扩散试验的最佳抗原。病毒对氯仿、酸、胰酶、胃蛋白酶、DNA 酶有抵抗力，双价镁离子可保护其不受热影响。该病毒对环境的抵抗力很强。

2. 易感动物

本病自然感染于鸡、野鸟、鹌鹑和火鸡。各年龄的鸡均有易感性，但3周龄以内的雏鸡易感性最高。

3. 传染源

病禽及带毒禽是本病的主要传染源。

4. 传播途径

病毒污染的饲料、饮水和垫草等污染物是主要的传播媒介，通过消化道传播，也可通过尘埃经呼吸道、伤口传播，也能垂直传播。

5. 流行特点

本病一年四季均可发生，发病率及死亡率随易感鸡的多少、病原的毒力强弱、感染日龄的大小等的不同而异。雏鸡的发病率一般为40%～60%，死亡率10%～25%，甚至更高。

三、临床症状

本病潜伏期经胚胎感染为1～7 d，通过接触传播至少为11 d。

发病初期表现精神不振，嗜睡，头颈震颤，站立不稳，运动失调，行步时两翅开张以保持平衡，或以肘和胫爬行，仍能自行采食，饮欲正常，最后由于瘫痪、不能采食和饮水而体重减轻，衰竭死亡。有些病雏常发生晶状体浑浊或瞳孔反射消失。

病程一般为7 d左右，长的可达1个月。成年鸡感染可发生轻微腹泻，产蛋率下降10%～20%，种蛋孵化率也明显下降，3周后恢复正常。

四、病理变化

禽脑脊髓炎唯一的眼观变化是病雏肌胃有带白色的区域，是由浸润的淋巴细胞团块所致，但该变化易被忽略。严重病例可见肝脏脂肪变性、脾肿大和轻度的肠炎。

五、诊断

根据本病的特有流行特点和临诊病状可作出初步诊断。在鉴别诊断时需与新城疫、维生素E缺乏症、雏鸡佝偻病和马立克氏病相区别。通过病毒分离、组织学检查、血清学检查可以确诊。

取脑、胰或十二指肠等进行病毒分离，接种来自易感鸡群5～7日龄鸡胚卵黄囊，待孵化出壳后观察10 d是否出现症状。有症状时取病鸡脑、胰和腺胃检查显微变化或用荧光抗体法检查病毒抗原。通过病毒中和试验、间接荧光抗体法、琼脂扩散试验、酶联免疫吸附试验（ELISA）和被动血凝试验来检测血清抗体，以确定是否感染。

六、防制

急性型病鸡尚无有效疗法。首先是不从有该病的地区引进种鸡、种蛋，防止本病的传入；其次是种鸡群在开产前 4 周接种疫苗，保证其在性成熟后不被感染，以防止病毒通过蛋源垂直传播。母源抗体也可保护雏鸡在 2～3 周龄内不受禽脑脊髓炎病毒的接触感染。大多数鸡群都用鸡胚繁殖的活疫苗通过饮水和喷雾等自然途径免疫，也可用灭活油剂苗注射免疫。病愈雏鸡生长发育受到影响，应将其淘汰。

第六节　鸡传染性支气管炎

一、简介

鸡传染性支气管炎（IB）是由鸡传染性支气管炎病毒（IBV）引起的鸡的一种急性、高度接触性的呼吸道传染病。其特征是病鸡咳嗽、喷嚏和气管发生啰音。在雏鸡还可出现流鼻涕，蛋鸡产蛋量减少和质量低劣，肾病变型肾肿大，有尿酸盐沉积。该病 1930 年首先在美国被发现，目前呈世界性分布。我国大部分地区有本病蔓延。该病被国际兽疫局定为 B 类传染病，我国也将其列入二类动物疫病。

二、病的发生

1. 病原

本病的病原为鸡传染性支气管炎病毒（IBV），属于冠状病毒科冠状病毒属中的一个代表种。多数呈圆形，直径 80～120 nm。单股 RNA，有囊膜，其上有花瓣状纤突。病毒主要存在于病鸡呼吸道渗出物中，肝、脾、肾和法氏囊中也能发现病毒。在肾和法氏囊内停留的时间可能比在肺和气管中还要长。IBV 没有凝血蛋白，无自然凝血活性，但经 1％胰蛋白酶（或乙醚）在 37℃处理 3 h 后，则能凝集鸡红细胞。IBV 能干扰鸡 NDV 在雏鸡、鸡胚和鸡肾细胞中的增殖，而鸡脑脊髓炎病毒则又能干扰 IBV 在鸡胚内的增殖。病毒能在 9～11 日龄的鸡胚中生长。多数病毒株在 56℃经15 min灭活，－20℃能保存 7 年之久。病毒对一般消毒剂敏感，如用 0.01％高锰酸钾 3 min 内死亡。病毒在室温中能抵抗 1％盐酸（pH 2）、1％石炭酸和1%氢氧化钠(pH 12)1 h,鸡新城疫、传染性喉气管炎和鸡痘病毒在室温中不能耐受pH 2环境,这在鉴别上有一定意义。

2. 易感动物

本病仅发生于鸡,但小雉可感染发病,其他家禽均不感染。各种年龄的鸡都可发病,但雏鸡最为严重。有母源抗体的雏鸡有一定的抵抗力(约4周)。

3. 传染源

本病传染源是病鸡和带毒鸡。

4. 传播途径

本病的主要传播途径是病鸡从呼吸道排病毒,经空气飞沫传染给易感鸡。此外,通过饲料、饮水等,也可经消化道传染。病鸡康复后可带毒49 d,在35 d内具有传染性。

5. 流行特点

本病无季节性,传染迅速,几乎在同一时间内有接触史的易感鸡都发病。过热、严寒、拥挤、通风不良以及维生素、矿物质和其他营养缺乏以及疫苗接种等均可促进本病的发生。

三、临床症状

本病潜伏期36 h或更长时间,人工感染为18～36 h。突然出现呼吸病状,并迅速波及全群为本病特征。4周龄以下鸡常表现伸颈、张口呼吸、喷嚏、咳嗽、啰音,病鸡全身衰弱、精神不振、食欲减少、羽毛松乱、翅下垂、昏睡。个别鸡鼻窦肿胀、流黏性鼻涕、眼泪多、逐渐消瘦,康复鸡发育不良。5～6周龄以上鸡,症状是啰音、气喘和微咳,同时伴有食欲减速退、沉郁或下痢症状。成年鸡出现轻微的呼吸道症状,产蛋鸡产蛋量下降,并产软壳蛋、畸形蛋或粗壳蛋。蛋的质量变差,如蛋白稀薄呈水样,蛋黄和蛋白分离以及蛋白黏附于壳膜表面等。

肾型毒株感染鸡,呼吸道症状轻微或不出现,或呼吸症状消失后,病鸡沉郁、持续排白色或水样稀粪、迅速消瘦、饮水量增加。

四、病理变化

主要病变是气管、支气管、鼻腔和窦内有浆液性、卡他性和干酪样渗出物。气囊浑浊或含有黄色干酪样渗出物。在死亡鸡的后段气管或支气管中可能有一种干酪性的栓子。在大的支气管周围可见到小灶性肺炎。产蛋母鸡的腹腔内可发现液状的卵黄物质,卵泡充血、出血、变形。有的输卵管发育异常,致使成熟期不能正常产蛋。

肾病变型，肾肿大出血，多数呈斑驳状的“花肾”，肾小管和输尿管因尿酸盐沉积而扩张。在严重病例，白色尿酸盐沉积可见于其他组织器官表面。

五、诊断

肾型 IB 一般易作出现场诊断，一般的 IB 和混合感染的 IB 确诊需进行实验室检验。

1. 病毒分离

无菌采取数只急性期的病鸡气管渗出物和肺组织，制成悬浮液，每毫升加青霉素和链霉素各 1 万 IU，置 4℃冰箱过夜，以抑制细菌污染。经尿囊腔接种于10～11日龄的鸡胚，初代接种的鸡胚，孵化至 19 d，可使少数鸡胚发育受阻，而多数鸡胚能存活，这是本病毒的特征。若在鸡胚中连续传代几次，则可使鸡呈现规律性死亡，并出现特征性的病变。收集尿囊液再经气管内接种易感鸡，如有本病毒存在，则被接种的鸡在 18～36 h 后可出现病状，发生气管啰音。也可将尿囊液经 1%胰蛋白酶 37℃作用 4 h，再作血凝及血凝抑制试验进行初步鉴定。

2. 干扰试验

IBV 在鸡胚内可干扰 NDV-B_1株（即Ⅱ系苗）血凝素的产生，因此可利用这种方法对 IBV 进行诊断：取 9～11 日龄鸡胚 10 枚，分为 2 组，一组先尿囊接种被检 IBV 鸡胚液；另一组作对照。10～18 h 后 2 组同时尿囊内接种 NDV-B_1，孵化36～48 h 后，置鸡胚于 4℃经 8 h，取鸡胚液作 HA。如果为 IBV，则试验组鸡胚液有50%以上 HA 滴度在 1∶20 以下，对照组 90%以上鸡胚液 HA 滴度在 1∶40 以上。

六、防制

1. 疫苗接种

常用 M_{41} 型的弱毒苗如 H_{120}、H_{52} 及其灭活油剂苗。一般认为 M_{41} 型对其他型病毒株有交叉免疫作用。H_{120} 毒力较弱，对雏鸡安全；H_{52} 毒力较强，适用于 20 日龄以上鸡；油苗各种日龄均可使用。一般免疫程序为 5～7 日龄首免用 H_{120}，25～30 日龄二免用 H_{52}，种鸡于 120～140 日龄用油苗作三免。使用弱毒苗应与 NDV 弱毒苗同时或间隔 10 d 再进行 NDV 弱毒苗免疫，以免发生干扰作用。弱毒苗可采用点眼（鼻）、饮水和气雾免疫，油苗可作皮下注射。

对肾型 IB，弱毒苗有 M_a-5，1 日龄及 15 日龄各免疫 1 次，方法同上。除此之外还有多价（2～3 个型毒株）灭活油剂苗，按 0.2～0.3 mL/只雏鸡、0.5 mL/只成鸡皮下注射。

2. 治疗

本病尚无特效疗法，发病鸡群注意保暖、通风换气和鸡舍带鸡消毒，增加多维素饲用量。为了补充钠、钾损失和消除肾脏炎症，可以给予复方口服补液盐。有继发感染可使用抗生素等。

第七节　鸡传染性喉气管炎

一、简介

鸡传染性喉气管炎(ILT)是由传染性喉气管炎病毒(ILTV)引起鸡的一种急性、接触性呼吸道传染病，以呼吸困难、咳嗽、咳出含有血液的渗出物、喉和气管黏膜肿胀、出血并形成糜烂、坏死和大面积出血为特征。该病在世界很多国家和地区均有发生或流行。我国有些地区呈地方流行，死亡率较高，是当前严重威胁养鸡业的重要呼吸道传染病之一。该病被国际兽疫局定为B类传染病，我国也将其列入二类动物疫病。

二、病的发生

1. 病原

本病的病原为传染性喉气管炎病毒，属于疱疹病毒科疱疹病毒属，双股DNA，有囊膜。病毒大量存在于病鸡的气管组织及其渗出物中，肝、脾和血液中含量少。病毒容易在鸡胚中繁殖，使鸡胚感染后2～12 d死亡，胚体变小，绒毛尿囊膜增生、坏死，形成浑浊的斑块病灶。

病毒的抵抗力弱，对一般消毒剂都敏感，如3%来苏儿或1%氢氧化钠溶1 min即可杀死，低温冻干后在冰箱中可存活10年。

2. 易感动物

主要侵害鸡，不同年龄的鸡均易感，但以成年鸡的症状最为明显。野鸡、孔雀、幼火鸡也可感染。

3. 传染源

本病传染源主要是病鸡和带毒鸡。

4. 传播途径

病毒存在于气管和上呼吸道分泌物中，通过咳出血液和黏液经呼吸道传播。康复鸡可带毒长达2年，接种活苗的鸡可在较长时间排毒，若与易感鸡长时间接触，可使后者感染发病。污染的垫料、饲料和饮水，可成为传播媒介。

5. 流行特点

本病在易感鸡群内传播迅速,感染率可达 90%,病死率为 5%~70%。

三、临床症状

本病潜伏期为 6~12 d,急性病例的特征症状是鼻孔有分泌物和呼吸时发出湿性啰音,继而咳嗽和喘气。严重病例,呈现明显的呼吸困难,咳出带血的黏液,有时死于窒息。检查口腔时,可见喉部黏膜上有淡黄色凝固物附着,不易擦去。病鸡迅速消瘦,鸡冠发紫,有时排绿色稀粪,衰竭死亡。

发病比较缓和的鸡群其病状为生长迟缓、产蛋量下降、流泪、结膜炎、眶下窦肿胀、发病率仅为 2%~5%,病鸡多死于窒息。

四、病理变化

主要病变为喉和气管黏膜肿胀、充血、出血,甚至坏死。气管内有血凝块、黏液、淡黄色干酪样渗出物,可能会将气管完全堵塞。炎症也可扩散至支气管、肺和气囊或眶下窦。比较缓和的病例,仅见结膜和窦内上皮水肿及充血。

五、诊断

根据特征性病状和典型的病变,结合流行病学即作出初步诊断。在症状、病变不典型时,与传染性支气管炎、鸡支原体感染、禽流感等病不易区别,须进行实验室鉴别诊断。

1. 鸡胚接种

以病鸡的喉头、气管黏膜及分泌物,无菌处理后接种 9~11 日龄鸡胚尿囊膜上,4 ~5 d 鸡胚死亡,见绒毛尿囊膜增厚,有灰白色坏死斑,即可确诊为本病。

2. 包涵体检查

取发病后 2~3 d 的喉头黏膜上皮或有灰白色坏死斑的绒毛尿囊膜做包涵体检查,可见细胞核内包涵体,即可确诊为本病。

六、防制

坚持严格隔离、消毒、免疫措施是防止本病流行的有效方法。因此,易感鸡不与病愈鸡接触,新购进鸡群可放入少数易感鸡混合饲养,观察 2 周易感鸡不发病,此时方可与原来鸡合群,疫区和发生过该病的地区免疫是一种行之有效的措施。药物治疗仅是防止继发感染和使呼吸困难的病状缓解。目前有 2 种疫苗可用于免疫接种。一种是弱毒疫苗,经点眼、滴鼻免疫,一般较安全;另一种是强毒苗,可涂擦于泄殖腔黏膜，4～5 d后，黏膜出现水肿和出血性炎症，表示接种有效，但排毒的危险性很大。

第八节 鸡病毒性关节炎

一、简介

鸡病毒性关节炎又称病毒性腱鞘炎，是由鸡病毒性关节炎病毒引起鸡的一种传染病。以跗、趾关节肿大，跛行，瘫痪，腱鞘、滑膜、心肌发炎为特征。多发生于肉鸡。本病首先发生在美国、英国和加拿大。目前世界上许多国家的鸡群中均有发生。我国将其列入三类动物疫病。

二、病的发生

1. 病原

本病的病原为鸡病毒性关节炎病毒，属于呼肠病毒科呼肠病毒属。病毒直径为70～75 nm，呈二十面体对称，无囊膜，对脂溶剂有抵抗力。病毒的合成与成熟发生在细胞浆内，可形成包涵体。

禽呼肠病毒采用中和试验方可区分出11个血清型。禽呼肠病毒经鸡胚卵黄囊内或尿囊膜接种，均可分离到病毒。经卵黄囊内接种时，在接种后5～7 d胚胎死亡，表现全身充血出血、胚体萎缩，剖检肝肿大，脾有坏死灶。尿囊膜接种时，在尿囊膜上可形成小的坏死斑。病毒对鸡以外的动物不感染。

病毒对环境因素的抵抗力较强。卵黄囊中的病毒能耐60℃经8～10 h，56℃经22～24 h，37℃经15～16周，22℃经48～51周，4℃经3年，－20℃可存活4年以上。对pH 3、过氧化氢、2%来苏儿、乙醚、氯仿和酸具有抵抗力。但70%乙醇、0.5%有机碘可使其灭活。

2. 易感动物

本病仅见于鸡，多在4～7周龄发病。肉鸡比蛋鸡易感。

3. 传染源

本病的传染源主要是病鸡和带毒鸡。病毒可长期存在于带毒鸡的盲肠扁桃体和跗关节内，特别是幼龄受到感染的鸡常是同舍感染的主要来源。

4. 传播途径

本病在鸡群中既能水平传播，又能垂直传播。病毒主要通过粪便排出体外，污染饲料、饮水、垫料和周围环境，经呼吸道和消化道感染易感雏鸡。

5. 流行特点

本病一年四季均可发生，没有明显季节性。本病感染率高可达100%，病死率低，通常低于6%。

三、临床症状

本病潜伏期自然感染28～150 d，人工感染1～13 d。病鸡精神沉郁、食欲不振、发育不良、生长迟缓。跗、趾关节肿胀，多见一侧跛行或单腿跳动。病鸡因行走困难不能饮食足够的水和饲料而日渐消瘦、贫血、发育迟滞，少数病鸡逐渐衰竭而死。

大多数鸡受感染后，不出现任何症状呈隐性经过，偶有少数鸡只发生跟腱断裂，患部肿胀、硬化等变化。在感染的鸡群中，有症状的病例一般占鸡群总数的1%～20%。成年种鸡群或蛋鸡群受感染后，产蛋鸡群的产蛋量可下降10%～20%。

四、病理变化

急性病例的病变主要表现在患肢的跗关节，关节周围肿胀，切开皮肤可见到关节上部腓肠肌腱水肿，关节腔充满淡红色透明的黏液，趾屈腱和腓肠肌腱周围水肿。病程较长者，周围组织可与滑膜脱离。大雏或成鸡易发生腓肠肌腱断裂。由于腱断裂，局部组织可见到明显的血液浸润。患肢的其他关节腔中淡红色关节液增加。慢性经过的鸡（主要是成鸡）关节腔内渗出物较少，腓肠肌腱增厚、硬化、纤维化并与周围组织粘连，关节硬固，不能将附关节伸直到正常状态。

五、诊断

根据本病的流行病学、临床症状和病理变化可作出初步诊断。确诊需经实验室诊断，实验室诊断可采用琼脂扩散试验、免疫荧光抗体试验、病毒分离和鉴定等方法诊断。

六、防制

病毒性关节炎尚无有效的治疗方法。若发现病情，可将病鸡集中隔离饲养，症状严重的应淘汰，以免扩大感染面，同时做好兽医卫生工作。在换群的间歇期，对鸡舍进行彻底清扫和严格消毒，以免下次进雏后再次感染本病。

免疫接种是预防本病的主要方法。肉鸡可在开产前2～3周注射油乳剂灭活苗，产生的抗体可通过卵传递给雏鸡，一般可使雏鸡在3周内不受感染。此外，雏鸡也可在1～7日龄和4周龄时各接种1次弱毒苗，在开产前再注射1次油乳剂灭活苗。

第九节　鸡传染性贫血

一、简介

鸡传染性贫血（CIA）是由鸡传染性贫血病毒（CIAV）引起鸡的以再生障碍性贫血和全身淋巴组织萎缩为特征的传染病。该病可以造成免疫抑制，是危害养鸡生产很大的传染病之一。20世纪80年代，世界上多数养鸡发达的国家都先后有发生本病的报道，1992年我国也有分离到此病毒的报道，并引起国内养鸡业人士的普遍重视。

二、病的发生

1. 病原

本病的病原为鸡传染性贫血病毒（CIAV），属于圆环病毒科圆环病毒科属。呈球形，无囊膜，病毒粒子呈二十面体对称，无血凝性。只有1个血清型，不同病毒株毒力有一定差异，但抗原性无差别。病毒能在鸡胚中增殖，卵黄囊接种时有些毒株可在16～20日龄时引起胚胎死亡。

CIAV对乙醚和氯仿有抵抗力。在60℃耐1 h以上，100℃经15 min可使其灭活。对酸稳定，在pH 3经3 h仍然稳定。在5%酚中作用5 min，在5%次氯酸37℃作用2 h失去感染力。福尔马林和含氯制剂可用于消毒。

2. 易感动物

鸡是本病毒唯一的宿主，所有年龄的鸡都可感染，自然发病多见于2～4周龄，1～7日龄的雏鸡最易感，随日龄的增长易感性降低。

3. 传染源

本病主要传染源是病鸡。

4. 传播途径

垂直传播是本病主要的传播方式，母鸡感染后3～14 d内种蛋带毒，带毒的鸡胚出壳后10～15 d发病并死亡。也可通过消化道及呼吸道水平传播，但通常只产生抗体反应，不引起临床发病。

5. 流行特点

CIAV能使1～7日龄鸡发生贫血，并引起淋巴组织和骨髓肉眼可见的病变，感染后 12～16 d 病变最明显，第 12～28 天出现死亡，死亡率一般为 30%。

三、临床症状

本病潜伏期为 8～12 d。临床特征主要是贫血。病鸡表现沉郁、衰弱、羽毛粗乱、消瘦和体重减轻。一般发病后的第 2 天，病鸡开始出现死亡，病死高峰发生在临床症状出现后的 5～6 d，其后逐渐下降，再过 5～6 d 恢复正常。濒死鸡可能有腹泻，常有局部皮肤病变，见于翅膀，也可出现于头、尾、胸、腹侧、腿和爪部，表现为出血、坏死。继发感染其他细菌后，可成为坏疽性皮炎。血稀如水，血凝时间延长，血细胞比容值可下降到 20%以下，重者甚至可下降到 10%以下，红、白细胞数显著减少。发病率和病死率变化较大，在自然感染情况下，发病率一般为 20%～60%，病死率为 5%～10%，但有时也可高达 60%。

四、病理变化

病鸡主要表现全身贫血，消瘦，肌肉与内脏器官苍白、贫血；肝脏和肾脏肿大、褪色或淡黄色；血液稀薄，凝血时间延长。骨髓萎缩是在病鸡所见到的最特征性的病变，大腿骨的骨髓呈脂肪色、淡黄色或粉红色。在有些病例，骨髓的颜色呈暗红色。胸腺萎缩是最常见的病变，呈深红褐色，可能导致其完全退化，随着病鸡的生长，抵抗力的提高，胸腺萎缩比骨髓病变更容易观察到。法氏囊萎缩不很明显，有的病例法氏囊体积缩小，在许多病例的法氏囊的外壁呈半透明状态，以致于可见到内部的皱襞。有时可见到腺胃黏膜出血和皮下与肌肉出血，严重贫血鸡可见肌胃黏膜糜烂或溃疡。若有继发细菌感染，可见到坏疽性皮炎，肝脏肿大呈斑驳状以及其他组织的病变。部分病鸡有肺实质病变。心肌、真皮及皮下可能有出血点。组织学变化特征是所有造血组织被脂肪样组织所取代。淋巴组织普遍萎缩。

五、诊断

根据临诊症状和病理变化一般可做出初步诊断。但本病所出现的精神沉郁、发育不良和贫血等症状并不是其特有的，有多种原因可以引起类似症状。尤其要注意与原虫病、黄曲霉毒素中毒及服用过量磺胺等相区别，因为这些病均能导致再生障碍性贫血，引起出血综合征和免疫抑制。此外，本病常与其他传染病混合感染或继发感染，容易混淆。因此，为了确诊，还需进行病毒分离或血清学试验。

感染鸡的所有组织和粪便中均含有病毒，常用肝脏悬液加等量氯仿处理后接种 1 日龄无特定病原雏鸡，或接种鸡胚卵黄囊进行病毒分离培养。接种雏鸡经

14～16 d 后进行检查，如发现雏鸡红细胞压积下降，股骨骨髓变为黄白色及胸腺萎缩等典型病变，即可确诊。

六、防制

①加强种蛋检疫，禁止引进感染本病毒的种蛋；防止过早地暴露于有本病毒的环境中，切断传染源及传播途径。

②强化鸡群的免疫监测工作，并根据监测结果及时进行免疫接种。经常发生本病的地方和鸡场，应采用弱毒冻干苗免疫 12～16 周龄鸡，接种后 6 周产生免疫力，并将持续到 60～65 周龄鸡，接种后 6 周内产的蛋不可作种蛋用，不可在3～4周龄免疫鸡，以防经种蛋传播本病。当在后备鸡中检测到本病毒抗体时，就没有必要再免疫了。

③鸡马立克氏病、传染性法氏囊病及网状内皮细胞增殖病与本病的发生有密切关系，并降低预防本病疫苗的效力。因此，应加强这些传染病的预防工作，降低本病的易感性。

④本病尚无有效治疗方法。由于本病的主要危害是引起免疫抑制，导致其他传染病的混合或继发感染。因此，在发病后用广谱抗菌药物预防继发感染，在一定的程度上可以降低经济损失。

第十节　鸡产蛋下降综合征

一、简介

鸡产蛋下降综合征是由禽腺病毒引起鸡以产蛋下降为特征的一种传染病。其主要表现为鸡群产蛋骤然下降，软壳蛋和畸形蛋数量增加，褐色蛋蛋壳颜色变淡。我国在 1991 年从发病鸡群分离到病毒，证实有本病存在。本病流行广泛，曾经给养禽业造成巨大的损失。我国将其列入二类动物疫病。

二、病的发生

1. 病原

本病的病原为产蛋下降综合征病毒，属于禽腺病毒（Ⅲ群），无囊膜，为双股 DNA 型，目前已知只有 1 个血清型。病毒粒子大小为 76～80 nm，呈二十面体对称。该病毒能凝集鸡、鸭、鹅和鸽的红细胞，但不能凝集家兔、绵羊、马、猪和牛的红细胞。血凝滴度，在 4℃可保持很长时间，但 70℃却被破坏。鸭胚尿囊液病毒的

HA 滴度可达 18 $\log_2$～20 $\log_2$，而鸡胚尿囊液病毒的 HA 滴度较低。病毒对乙醚、氯仿不敏感，对 pH 适应谱广，0.3%福尔马林 48 h 可使病毒完全灭活。

2. 易感动物

本病除鸡易感外，自然宿主为鸭、鹅和野鸭。鸡的品种不同对产蛋下降综合征病毒易感性有差异，产褐壳蛋母鸡最易感。本病主要侵害 26～32 周龄鸡，35 周龄以上较少发病。幼龄鸡感染后不表现病状，血清中也查不出抗体，在性成熟而开始产蛋后，血清才转为阳性。

3. 传染源

本病的传染源主要是病鸡与带毒鸡。

4. 传播途径

本病的传播方式主要是垂直传播，水平传播也是很重要的方式，因为从鸡的输卵管、泄殖腔、粪便、肠内容物都分离到病毒，它可向外排毒经水平传播给易感鸡。

5. 流行特点

鸡感染产蛋下降综合征病毒后，在性成熟前对鸡不表现致病性，在产蛋初期由于应激反应，致使病毒活化而使产蛋鸡发病。

三、临床症状

本病人工感染的潜伏期为 7～9 d，有时延至 17 d。

被感染鸡群没有明显的临床症状，往往在 26～32 周龄产蛋鸡突然出现群体性产蛋下降，产蛋率可比正常时的下降 20%～30%，甚至 50%。与此同时，产出薄壳蛋、软壳蛋、无壳蛋、小蛋和畸形蛋，蛋壳表面粗糙或蛋端呈细颗粒状如砂纸样，蛋黄色淡，蛋清稀薄如水，有时蛋清中混有血液或异物等，异常蛋可占产蛋量的 15%以上，蛋的破损率可达 40%左右。病鸡所产种蛋的受精率和孵化率一般不受影响，弱雏数可能增加。病程一般可持续 4～10 周，以后可逐渐恢复到正常。

发病鸡群中，部分病鸡出现精神不振、鸡冠发白、羽毛蓬乱、食欲减退和下痢等症状。

四、病理变化

本病无特征性眼观病变。剖检产软壳蛋的病鸡，可见卵巢萎缩或充血，卵泡充血、变形或发育不全；输卵管轻度萎缩，黏膜有炎症，有时输卵管内有卵黄样凝块和少量黏液。有时肠道有轻度卡他性炎症，肝、脾、肾可能轻度肿大。输卵管腺体水肿，单核细胞浸润，黏膜上皮细胞变性坏死，病变细胞中可见到核内包涵体。

五、诊断

根据流行病学特征和症状可作出诊断，进一步确诊需进行实验室诊断。

1. 病原分离和鉴定

取病鸡的输卵管、泄殖腔、肠内容物和粪便作病料，经无菌处理后，以尿囊腔接种 10～12 日龄鸭胚(无腺病毒抗体)。首次分离时鸭胚死亡不多，随着传代次数增加，鸭胚死亡数增多。病料也可以接种于鸭胚和鸡胚成纤维细胞。分离的病毒发现有血凝现象，再用已知抗 EDS_{76} 病毒血清，进行 HI 试验或中和试验进行鉴定。

2. 血清学试验

鸡感染产蛋下降综合征病毒后，能产生高效价抗体。HI 试验是常用的诊断方法之一，如果鸡群 HI 效价在 1∶8 以上，证明此鸡群已感染。此外还可采用中和试验，酶联免疫吸附试验(ELISA)，荧光抗体和双向免疫扩散试验等方法诊断本病。

六、防制

采取综合防制措施。本病主要是经胚垂直传播，所以应从非疫区鸡群中引种，引进种鸡要严格隔离饲养，产蛋后经 HI 试验监测，确认 HI 抗体阴性者，才能留作种鸡用。严格执行兽医卫生措施，加强鸡场和孵化室消毒工作，在日粮配合中，必须注意氨基酸、维生素的平衡。做好免疫接种，油佐剂灭活苗对鸡免疫接种起到良好的保护作用。鸡在 110～130 日龄进行免疫接种，免疫后 HI 抗体效价可达 $8\ \log_2$～$9\ \log_2$，免疫后 7～10 d 可测到抗体，免疫期 10～12 个月。试验证明以新城疫病毒和 EDS_{76} 病毒制备二联油佐剂灭活苗，对这两种病有良好保护力。

第十一节　禽白血病

一、简介

禽白血病是由禽白血病/肉瘤病毒群中的病毒引起禽类多种肿瘤性传染病的统称，在自然条件下以淋巴白血病最常见，其他如成红细胞白血病、成髓细胞白血病、髓细胞瘤、纤维瘤和纤维肉瘤、肾母细胞瘤、血管瘤、骨石症等出现频率很低。大多数鸡群均感染该病毒，但出现临诊症状的病鸡数量较少。我国将其列入二类动物疫病。

二、病的发生

1. 病原

本病的病原为禽白血病/肉瘤病毒群中的病毒(ALV),属反转录病毒科,禽C型反转录病毒群,单股RNA。本群病毒分为A～J共10个亚群,其中以A～E及J亚群比较常见,A、B和J亚群的病毒是现场常见的外源病毒,C和D亚群病毒在现场很少发现,而E亚群病毒则包括无所不在的内源性白血病病毒,无致病力。白血病/肉瘤病毒对脂溶剂和去污剂敏感,对热的抵抗力弱。

2. 易感动物

鸡是自然宿主,不同品种或品系的鸡对病毒感染和肿瘤发生的抵抗力差异很大,J亚群病毒仅侵害肉用型鸡。

3. 传染源

本病传染源主要是病鸡和带毒鸡。

4. 传播途径

外源性白血病病毒的传播方式有2种:通过蛋从母鸡到子代的垂直传播和通过直接或间接接触的水平传播,主要以垂直传播为主。内源性白血病病毒通常通过公鸡和母鸡的生殖细胞遗传传递,内源病毒无致瘤性或致瘤性很弱。

5. 流行特点

先天感染的胚胎对病毒发生免疫耐受,出壳后成为有病毒血症而无抗体鸡,血液和组织含毒量很高,到成年时母鸡把病毒传给子代有相当高比例。出生后最初几周感染病毒,白血病发病率高。感染的时间后移,则白血病发病率大大降低。

三、临床症状

淋巴白血病的潜伏期长,自然病例可见于14周龄后的任何时间,但通常以性成熟时发病率最高。病鸡鸡冠苍白、皱缩、间或发绀,食欲不振、消瘦和衰弱。腹部增大,可触摸到肿大的肝脏、法氏囊和肾。蛋鸡和种鸡的产蛋性能受到严重影响,性成熟推迟,蛋小而壳薄,受精率和孵化率低。肉鸡的生长速度亦受影响。

四、病理变化

病理变化常见于肝、法氏囊和脾,几乎都有肉眼能看到的肿瘤,肾、肺、性腺、心、骨髓和肠系膜也可受害。肿瘤大小不一,可呈结节状、粟粒状或弥漫状。亚群病毒主要侵害肉用型鸡,引起髓样细胞瘤,一般于9～20周龄发病,早的4～5周龄发病。肿瘤常发生于肝、脾和胸腺。

五、诊断

主要根据流行病学和病理学检查建立临诊诊断。注意与马立克氏病进行鉴别诊断。

病毒分离鉴定和血清学检查在日常诊断中很少使用,但它们是建立无白血病种鸡群所不可缺少的。病毒分离材料为血浆、血清和肿瘤,新蛋的蛋清、10 日龄鸡胚和粪便也可含有病毒。检测特异性抗体的样品以血清和卵黄为好,检测方法有间接免疫酶试验、酶联免疫吸附试验(ELISA)和间接免疫荧光技术。

六、防制

由于本病的垂直传播性,先天感染的免疫耐受鸡是重要的传染源,所以疫苗免疫对防制的意义不大,目前也没可用的疫苗。减少种鸡群的感染率和建立无白血病的种鸡群是防制本病最有效的措施。通常的做法是通过母鸡检测和淘汰以减少感染,在多数情况下均能奏效。

第十二节 禽大肠杆菌病

一、简介

禽大肠杆菌病是由致病性大肠杆菌引起各种禽类急性或慢性的细菌性传染病。包括急性败血症、气囊炎、肝周炎、心包炎、卵黄性腹膜炎、输卵管炎、滑膜炎、眼炎、关节炎、脐炎、肉芽肿以及肺炎等。最常见的是急性败血症和卵黄性腹膜炎。

二、病的发生

1. 病原

本病的病原为大肠杆菌,是中等大小的杆菌,有鞭毛,无芽孢,一般无可见荚膜,革兰氏染色阴性。在血液琼脂平板上,某些致病性菌株形成β溶血。在麦康凯和远藤氏琼脂上形成红色菌落。本菌生化试验活泼,常用的化学消毒药数分钟内可将其杀死。

根据大肠杆菌 O 抗原、K 抗原和 H 抗原的不同,本菌可分成不同的血清型。通常以抗原结构式表示某型大肠杆菌,引起禽大肠杆菌病的菌型,常见的有 O_{85}、O_{19}、O_{16}、O_{119} 及 O_{86} 等。

2. 易感动物

各种品种以及不同日龄的禽类都可感染发病。幼雏和中雏发病较多，发病较早的为4日龄、7日龄和9～10日龄，通常以1月龄前后的雏鸡发病较多。成鸡特别是产蛋鸡发生该病，因产蛋量下降以及防制本病花费的人力物力等，也可造成严重的经济损失。

3. 传染源

本病的主要传染源是病鸡和带菌鸡。

4. 传播途径

本病的传染途径比较复杂，主要有以下几种途径：一是通过污染饲料和饮水经消化道传染，尤其是水源被污染引起发病最为常见；二是经本菌污染的尘埃被易感鸡只吸入，进入下呼吸道后侵入血液而引起；三是经蛋壳穿透进入蛋内而传染；四是患本病的公、母鸡与易感鸡交配可以传播本病；五是经蛋传播，患有大肠杆菌性输卵管炎的母鸡，在蛋的形成过程中本菌即可进入蛋内，造成本病的垂直传播，此种传播途径不容忽视。

5. 流行特点

当禽群环境卫生和饲养管理不良、气候变化或鸡群存在传染性法氏囊病、包涵体肝炎时，容易引起本病的大群暴发。

三、临床症状和病理变化

由致病性大肠杆菌引起的疾病在临诊上表现极其多样化。通常包括以下病型：

(1)急性败血型　病鸡不显症状而突然死亡或症状不明显。部分病鸡离群呆立或挤堆，羽毛松乱，食欲减退或废绝，排黄白色稀粪，肛门周围羽毛污染。发病率和死亡率都较高。这是目前危害最大的一个病型。

病理变化主要表现在以下3个方面：一是纤维素性心包炎，表现为心包积液，心包膜浑浊、增厚、不透明，甚者内有纤维素性渗出物，与心肌相粘连；二是纤维素性肝周炎，表现为肝脏不同程度肿大，表面有不同程度纤维素性渗出物，甚者整个肝脏为一层纤维素性薄膜所包裹；三是纤维素性腹膜炎，表现为腹腔有数量不等的腹水，混有纤维素性渗出物，或纤维素性渗出物充斥于腹腔肠道和脏器间。

(2)卵黄性腹膜炎　又称为“蛋子瘟”，多见于产蛋中后期。这是笼养蛋鸡的一种重要疾病。病鸡的输卵管常因感染大肠杆菌而产生炎症，炎症产物使输卵管伞部粘连，漏斗部的喇叭口在排卵时不能打开，卵泡因此不能进入输卵管，跌入腹腔而引发本病。广泛的腹膜炎产生大量毒素，可引起发病母鸡死亡。不少蛋鸡场或种鸡场常因本病造成重大的经济损失。病母鸡，外观腹部膨胀、重垂，剖检可见腹腔积有大量卵黄，肠道或脏器间相互粘连。

(3)输卵管炎 多见于产蛋期母鸡。输卵管充血、出血或内有多量分泌物，产生畸形蛋和内含大肠杆菌的带菌蛋，严重者减蛋或停止产蛋。

(4)肠炎 致病性大肠杆菌引起鸡的原发性肠炎较少见。病鸡肛门下方羽毛潮湿、污秽、粘连，这是本病引起腹泻的一种征兆。当感染某些病毒性疾病时，常可诱发致病性大肠杆菌菌株对肠道的致病作用，表现为腹泻和病态。

(5)生殖器官病 患病母鸡卵泡膜充血，卵泡变形，局部或整个卵泡红褐色或黑褐色，有的硬变，有的卵黄变稀。有的病例卵泡破裂，输卵管黏膜有出血斑和黄色絮状或块状的干酪样物；公鸡睾丸膜充血，交媾器充血、肿胀。此外，本菌会引起母鸡卵泡囊肿。

(6)关节炎或足垫肿 幼、中雏感染居多。一般呈慢性经过，病鸡关节肿胀、跛行，从此类病鸡的关节或足垫中常可分离到大肠杆菌。

(7)肉芽肿 常见于鸡或火鸡，多发生于产蛋期将要结束的母禽。部分成鸡感染本菌后常在肠道等处产生大肠杆菌性肉芽肿。十二指肠和盲肠等部位以及偶尔在肝和脾脏产生肉芽肿，病理变化可从很小的结节到大块组织坏死。该型比较少见，但发病后死亡率比较高。

(8)死胚和孵化率低下 此种情况比较多。本菌可经蛋传播，常在污染的种蛋或穿透蛋壳进入蛋内的情况下发生。检查死胚时可见卵黄囊内容物呈干酪样或黄棕色的水样物，后期死亡的鸡胚或孵出的雏鸡出现卵黄囊炎，脐炎或心包炎。

(9)卵黄囊炎和脐炎 指幼鸡的蛋黄囊、脐部及周围组织的炎症。主要发生于孵化后期的胚胎及1～2周龄的雏鸡，死亡率为3%～10%，甚者高达40%。表现为蛋黄吸收不良，脐部闭合不全，腹部肿大下垂等异常变化。引起本病的病因相当复杂，但据报道，以大肠杆菌导致的发病率为最高。

(10)全眼球炎 患大肠杆菌性全眼球炎的病鸡，眼睛灰白色，角膜浑浊，眼前房积脓，常因全眼球炎而失明。

(11)大肠杆菌性脑病 某些大肠杆菌可以突破鸡的血脑屏障进入脑部，引起病鸡昏睡、神经症状和下痢，不吃不喝，难以治愈，多以死亡而告终。本病可在滑膜支原体病、败血支原体病、传染性鼻炎和传染性喉气管炎的基础上继发或混合感染，又可独立发生。

(12)肿头综合征 大肠杆菌可引起病鸡头部皮下组织及眼眶发生急性或亚急性蜂窝炎。主要发生于4～6周龄肉鸡，鸡肿头综合征和病因比较复杂，大肠杆菌只是其中的病原之一。

四、诊断

根据流行病学、临床症状、病理变化等可以作出初步诊断，确诊则依靠实验室检验。

1. 病原分离

初始分离可同时使用普通肉汤、普通琼脂斜面和麦康凯培养基。在琼脂培养基上长出中等大小、半透明、露珠样菌落，在麦康凯培养基上菌落呈红色。一些菌株在琼脂培养基上能溶血。

2. 染色镜检

将分离到的菌进行革兰氏染色镜检，本菌为阴性的短小杆菌。

3. 生化试验

本菌分解乳糖和葡萄糖，产酸产气，不分解蔗糖，不产生硫化氢，V-P 试验阴性，利用枸橼酸盐阴性，不液化明胶，靛基质及 M. R. 反应为阴性，动力试验不定。但生化试验不能鉴别分离到菌株有无致病力。

4. 致病性试验

经上述步骤鉴定的大肠杆菌，用其 24 h 的肉汤培养物注射于小鸡或小鼠，即可测知其致病力。

通过上述几个步骤，即可确定所分离到的是否为大肠埃希氏杆菌以及是否属致病性菌株。本病常与其他疾病并发，同时支原体、葡萄球菌、链球菌、沙门氏菌等也可引起关节炎，巴氏杆菌、葡萄球菌及链球菌等也可引起急性败血症，应注意鉴别。此外，鸭大肠杆菌病还应注意与鸭疫巴氏杆菌病相区别。

五、防制

大肠杆菌是环境性疾病，搞好环境卫生，加强饲养管理是预防本病的关键措施。特别要注意下列几方面：检查水源是否被大肠杆菌污染，如有则应彻底更换；注意育雏期保温及饲养密度；禽舍及用具经常清洁和消毒；种鸡场应及时集蛋，每天收蛋 4 次，脏蛋应以清洁细沙擦拭之。

一般认为使用菌苗预防是经济、有效和安全的方法。但应在对当地或养殖场内致病性大肠杆菌血清型监测的基础上，选择合适的疫苗进行免疫。

选用抗生素、磺胺及呋喃类药物及时治疗。为了防止耐药菌株的存在和出现，应以药敏试验结果选择药物。一般用四环素族药物按 0.02%～0.06%拌料，连喂 3～4 d；敌菌净按 0.02%饮水；呋喃唑酮按 0.02%～0.04%拌料，连喂 7～10 d。病鸡可直接注射庆大霉素 5 000 IU/羽，卡那霉素 3 000 IU/羽饮水或注射，每日2次，连用3 d。也可用链霉素、壮观霉素等。

第十三节　禽沙门氏菌病

一、简介

禽沙门氏菌病是由沙门氏菌属中的一种或多种沙门氏菌引起禽类的急性或慢性传染病。在临床上将鸡白痢沙门氏菌引起沙门氏菌病称为鸡白痢；鸡伤寒沙门氏菌引起的称禽伤寒；而由其他有鞭毛能运动沙门氏菌引起的称为禽副伤寒。禽副伤寒的病原体包括许多种沙门氏菌，其中以鼠伤寒沙门氏菌和肠炎沙门氏菌最为常见。引起禽副伤寒的沙门氏菌也能广泛地感染各种动物和人，人类的沙门氏菌感染和食物中毒常来源于感染副伤寒的禽类、蛋品或其他产品，因此禽副伤寒在公共卫生上有着十分重要的意义。鸡白痢被国际兽疫局定为B类传染病，我国也将其列入二类动物疫病。禽伤寒被国际兽疫局定为B类传染病，我国也将其列入三类动物疫病。

二、病的发生

1. 病原

(1)鸡白痢　病原为鸡白痢沙门氏菌。属沙门氏菌属，是革兰氏染色阴性小杆菌，菌体两端钝圆，不形成荚膜和芽孢，无鞭毛，不能运动。在麦康凯鉴别培养基上生长良好，24 h后可见细小、透明、圆形和光滑的菌落，培养基不变色，大肠杆菌则为红色菌落，并可抑制革兰氏染色阳性细菌的生长，故可用于分离培养和鉴别。

(2)禽伤寒　病原为禽伤寒沙门氏菌，是革兰氏染色阴性杆菌，不产生芽孢，无荚膜，不能运动，在四硫磺酸肉汤等选择性培养基上生长良好。

(3)禽副伤寒　病原主要是以鼠伤寒沙门氏菌、肠炎沙门氏菌为主。属沙门氏菌属，革兰氏染色阴性，不产生芽孢，菌体带有周鞭毛，能运动。

2. 易感动物

人和各种动物对本病均有易感性，各种年龄动物均可感染，幼年动物较成年易感。

3. 传染源

患病动物和带菌动物是本病的主要传染源，患病动物的分泌物、排泄物以及病禽的蛋、羽毛等均含有大量的病原菌。

4. 传播途径

本病可以经卵垂直传播，雏鸡患鸡白痢耐过后，或成年鸡感染白痢后，多成为慢性和隐性带菌，感染母鸡产的蛋成为带菌蛋，带菌蛋经孵化，鸡白痢沙门氏菌在蛋内繁殖，使鸡胚死亡，孵化率降低。部分未死的鸡胚，孵出的幼雏多于1周内发病或死亡。孵出的幼雏粪便内带有大量病菌，通过粪及污染饲料、饮水、垫草传染给同群饲养的健康雏鸡。雏鸡出壳后经消化道传播，一是在孵化出雏时雏禽啄食被污染的蛋壳感染；二是通过被污染的饲料和饮水感染。呼吸道和眼结膜也可传播。

5. 流行特点

鸡白痢以2～3周龄以内雏鸡最易发病，呈流行性。成年鸡感染呈慢性或隐性感染。近年来，育成鸡发病也日趋严重。禽伤寒主要发生于成年鸡，也有6月龄以下的中雏发病。禽副伤寒对各种家禽和野禽均易感。家禽中鸡和火鸡最常见。鸡主要以2周龄以内雏鸡最易发病呈流行性，成年鸡感染呈隐性带菌，发病后耐过的鸡长期带菌。一个鸡场一旦传入本病后，将会连绵不断地在鸡场中长期蔓延，难以根除。如不采取有力的净化措施，可给养鸡业造成严重的损失。另外，禽副伤寒沙门氏菌能广泛地感染人类和各种动物，故在公共卫生上应受到重视。

三、临床症状

1. 鸡白痢

鸡白痢在雏鸡和成年鸡中临床表现有明显差异。出壳后感染的雏鸡，7～10日龄开始出现症状，到2～3周龄时达到高峰。病雏呈最急性者无任何症状而突然死亡。急性者出现精神委顿、不愿走动、拥挤在一起，食欲减少或停食，之后下痢，排白色糊状稀粪，因粪便干结封住肛门，影响排便，另外由于肛门周围发炎常引起疼痛性尖叫，最后因呼吸困难和心衰而死亡。有的出现失明，有的因关节炎呈跛行。耐过的雏鸡发育不良，成为隐性感染鸡。成年鸡无临诊表现，只是产蛋量和受精率降低，极少数鸡发生腹泻，有的发生卵黄性腹膜炎，出现“垂腹”现象。有时成年鸡可呈急性发病。

2. 禽伤寒

禽伤寒潜伏期一般为4～5 d多呈散发性。雏鸡和雏鸭症状与鸡白痢相似。年龄较大的鸡和成年鸡突然发病，停食、排黄绿色稀便、体温升高、冠与肉髯苍白或萎缩，突然死亡，病死率10%～50%或更高。

3. 禽副伤寒

雏禽的症状与鸡白痢相似，在出壳后2周内发病，6～10 d时达到高峰，呈地方流行性。表现为精神委顿、闭眼、嗜睡、翅膀下垂、拒食、饮水增加、下痢和肛门周围被粪便污染。经带菌蛋感染或在孵化器内感染本菌者常呈败血经过,往往无任何症状突然死亡。中雏主要表现水样腹泻,很少死亡。成年禽一般无症状,呈隐性感染,成为带菌者。雏鸭表现颤抖、喘息及眼睑水肿,常突然倒地死亡。

四、病理变化

1. 鸡白痢

急性死亡的雏病理变化不明显。病程稍长者,在心肌、肺、盲肠、大肠及肌胃中有灰白色坏死灶或结节。盲肠中有干酪样物堵塞肠腔,有时混有血液。胆囊肿大,输尿管因充满尿酸盐而扩张,常有腹膜炎。稍大的病雏肺有灰黄色结节和灰色肝变,肝明显肿大,可达正常的2～3倍,呈暗红色至深紫色,其表面有小红点或大小不等的坏死结节,质地极脆,易内出血,故常见腹腔内有大量血水和血凝块。成年母鸡卵泡变形、变色,呈囊状,有腹膜炎,引起广泛的腹腔脏器粘连,常见心包炎。

2. 禽伤寒

雏鸡(鸭)病理变化与鸡白痢相似。成年鸡最急性病理变化轻微或无任何肉眼可见病理变化。急性者常见肝、脾、肾充血肿大。亚急性和慢性者肝肿大,呈淡绿色、棕色或青铜色,肝和心肌有灰白色粟粒大小的坏死结节。成年鸡卵巢和腹膜炎病理变化同鸡白痢。

3. 禽副伤寒

最急性死亡的雏鸡无可见病理变化。急性者肝、脾充血,有条纹状或点状出血和坏死灶,肺和肾出血,心包有心包炎,常有出血性肠炎。雏鸭肝肿大,有坏死灶。

成年鸡肝、脾、肾充血肿胀,肠有出血性坏死性肠炎,还有心包炎和腹膜炎。产蛋鸡输卵管坏死、增生,卵巢坏死、化脓。

五、诊断

根据流行病学、症状和病理变化,特别是肝的坏死灶可做出初步诊断。但确诊还需做病原分离和鉴定。

1. 病原学检查

病原分离常取肝、心血、肺、卵黄囊、肠和胆汁等病料制成乳剂,取其上清液或液体样品接种普通琼脂培养基(加有葡萄糖或血清)或麦康凯琼脂培养基,培养24 h后可见细小、透明、圆形和光滑的菌落,培养基不变色(大肠杆菌则为红色菌落)。也可用含有亚硫酸钠的琼脂培养基进行分离培养。然后再做生化鉴定。也可以用核酸探针技术和聚合酶链反应(PCR)技术进行病原学检查。

2. 血清学反应

凝集反应是应用最普遍的方法，特别是全血玻板快速凝集反应。

六、防制

1. 综合防制措施

防制禽沙门氏菌病的原则是杜绝病原菌的传入，清除群内带菌鸡，同时严格执行卫生、消毒和隔离制度。第一，通过严格的卫生检疫和检验措施，防止饲料、饮水和环境污染；第二，健康鸡群应定期通过全血平板凝集反应进行全面检疫，淘汰阳性鸡和可疑鸡，以建立健康种鸡群；第三，坚持种蛋孵化前的消毒工作，杀灭环境中的病原菌；第四，加强禽群的饲养管理，保持育雏室、养禽舍及运动场的清洁、干燥，加强日常的消毒工作。

2. 药物防治

磺胺类、抗生素类、喹诺酮类等药物治疗本病都有效。使用药物治疗时应注意耐药性菌株的出现，最好经药敏试验，选择对本病原菌敏感的药物。磺胺类药物可选用磺胺嘧啶、磺胺甲基嘧啶和磺胺二甲基嘧啶，呋喃类药物可选用呋喃唑酮，抗生素选用土霉素、四环素、庆大霉素、卡那霉素，喹诺酮类可用氟哌酸，拌入饲料中喂服或加入饮水中饮用。近年来，国内使用“促菌生”或其他活菌制剂预防雏鸡白痢，均取得较好的效果。

第十四节　禽巴氏杆菌病

一、简介

禽巴氏杆菌病又名出血性败血症、禽霍乱，是由多杀性巴氏杆菌引起多种禽类发生的一种传染病。该病的特征是急性者表现为败血症和炎性出血等变化，慢性者则表现为皮下、关节以及各脏器的局灶性化脓性炎症。本病分布于世界各地。该病被国际兽疫局定为B类传染病，我国也将其列入二类动物疫病。

二、病的发生

1. 病原

本病的病原为多杀性巴氏杆菌，属于巴氏杆菌属，为两端钝圆、中央微凸的革兰氏阴性短杆菌，多单个存在。不形成芽孢，无鞭毛，新分离的强毒菌株具有荚膜。病料涂片用瑞氏、姬姆萨或美蓝染色呈明显的两极浓染，但其培养物的两极着色现象不明显。

本菌为需氧及兼性厌氧菌，在加有血清或血液的培养基中生长良好，菌落为灰白色、光滑、湿润、隆起、边缘整齐的中等大小菌落，并有荧光性，但不溶血。根据细菌的荚膜抗原将多杀性巴氏杆菌分为 A、B、D、E 和 F 5 个型；根据菌体抗原将多杀性巴氏杆菌分为 1～16 型，两者结合起来形成更多的血清型。本菌的抵抗力很低，在干燥空气中 2～3 d 死亡，在血液、排泄物和分泌物中能生存 6～10 d，直射阳光下数分钟死亡，一般消毒药在数分钟内均可将其杀死。近年来发现巴氏杆菌对抗菌药物的耐药性也在逐渐增强。

2. 易感动物

本菌对多种动物和人均有致病性。禽类以鸡、火鸡和鸭最易感，鹅、鸽感染性较低。

3. 传染源

患病动物和带菌动物为主要传染源，健康动物上呼吸道也可能带菌。

4. 传播途径

主要经过消化道和呼吸道传染，也可经皮肤、黏膜的损伤和吸血昆虫叮咬感染，健康带菌者在机体抵抗力降低时也可发生内源性传染。

5. 流行特点

本病一年四季均可发生，但以冷热交替、气候剧变、闷热、潮湿、多雨时期发生较多。一些诱发因素如营养不良、寄生虫感染、长途运输、饲养管理条件不良等可促进本病发生。一般为散发，有时可呈地方流行性。

三、症状

本病自然感染潜伏期为 2～9 d，人工感染期为 12～48 h。在潮湿、多雨、气温较高的季节时有发生。根据病程长短，一般分为最急性、急性和慢性 3 种。

(1)最急性型　多见于流行初期。个别禽只，尤其是高产禽和营养状况良好的禽常无明显症状，突然倒地，双翼扑动几下就死亡。该型常看不到明显病理变化，有时只能看见心外膜有少量出血点，肝脏表面有数个针尖大小的灰黄色或灰白色的坏死点。

(2)急性型　大多数病例为急性经过，主要表现为精神委顿，羽毛松乱，缩颈闭眼，翅膀下垂，不愿运动，离群呆立。呼吸困难，鼻和口中流出混有泡沫的黏液，鸡冠和肉髯发绀呈黑紫色。常有剧烈腹泻，粪便灰黄色或绿色，泄殖腔周围羽毛污秽。体温升高,食欲废绝,饮欲增强。肉髯水肿、发热和疼痛。发病禽群产蛋量减少或停止,最后衰竭而死,病程1～3 d。

(3)慢性型　多发生于流行后期或由急性病例转来,由毒力较弱的菌株引起。病鸡精神不振,食欲减退;鸡冠和肉髯肿胀、苍白,随后干酪样化,甚至坏死脱落;关节肿胀、跛行,并有慢性肺炎和胃肠炎症状。病程可达1个月以上,生长发育和产蛋长期不能恢复。

四、病理变化

(1)最急性型和急性型　一般可见皮下组织、腹部脂肪和肠系膜常见大小不等出血点。心包变厚,心包积有淡黄色液体并混有纤维素。心外膜、心冠脂肪有出血点。肝脏病理变化具有特征性,表现为肿大、质脆,呈棕红色、棕黄色或紫红色,表面广泛分布针尖大小、灰白色或灰黄色、边缘整齐、大小一致的坏死点。肠道尤其是十二指肠黏膜红肿,呈暗红色,有弥漫性出血或溃疡,肠内容物含有血液,病死鸭可见肠道淋巴集结环状出血。

(2)慢性型　可见鼻腔、气管、支气管有多量黏性分泌物。肺质地变硬。肉髯肿大,内有干酪样渗出物。关节肿大、变形,有炎性渗出物和干酪样坏死。产蛋母鸡还可见到卵巢出血,卵黄破裂,腹腔内脏表面上附有卵黄样物质。

五、诊断

根据流行病学特点、临床症状和病理剖检变化作出初步诊断,但确诊需要通过实验室方法进行。

1. 病料涂片镜检

采取急性病例的心、肝、脾或体腔渗出物以及其他病型的病变部位、渗出物、脓汁等作病料涂片,经瑞氏或姬姆萨染色镜检,可见两极染色的卵圆形杆菌。

2. 细菌学诊断

细菌培养将病料接种于鲜血琼脂、血清琼脂或马丁琼脂培养基,置37℃培养24 h,观察培养结果。必要时可进一步作生化特性鉴定。

3. 动物试验

取病料研磨,用生理盐水作成1∶10悬液,取上清液(或用24 h肉汤纯培养物)接种于小鼠、鸽,接种动物在1～2 d后发病,呈败血症死亡,再取其病料涂片镜检或培养,即可确诊。

六、防制

根据该病的流行特点和发病特点,平时的预防措施主要应包括加强饲养管理，注意通风换气和防暑防寒，避免过度拥挤，减少或消除降低机体抗病能力的因素，并定期进行禽舍及运动场消毒，杀灭环境中可能存在的病原体。坚持全进全出的饲养制度。常用的治疗药物有青霉素、链霉素、磺胺类、四环素类等多种抗菌药物，也可选用高免或康复动物的抗血清。周围的假定健康动物应及时进行紧急预防接种或药物预防，但应注意弱毒菌苗紧急预防接种时，被接种动物应于接种前后至少 1 周内不得使用抗菌药物。

第十五节　鸡传染性鼻炎

一、简介

鸡传染性鼻炎是由副鸡嗜血杆菌引起鸡的一种急性上呼吸道传染病，主要特征是流鼻涕、打喷嚏、面部肿胀、结膜发炎、鼻腔和窦腔黏膜发炎，产蛋下降。本病主要侵害育成鸡和产蛋鸡，严重影响鸡群生长发育和产蛋，所以对养鸡业危害较大，常造成严重的经济损失。我国将其列入三类动物疫病。

二、病的发生

1. 病原

本病的病原为副鸡嗜血杆菌，属于巴氏杆菌科、嗜血杆菌属的成员。革兰氏染色阴性，为球杆状或多形性，有时呈丝状，无鞭毛，不能运动，不形成芽孢。大多数有毒力的菌株在体内或初次分离时带有荚膜。在病料中以单个、成双或短链形式散在或呈丛存在。本菌为兼性厌氧，可在鸡胚中生长，接种 6～7 日龄鸡胚卵黄囊后，24～48 h 致鸡胚死亡。细菌在卵黄和胚体中含量最高。本菌主要存在于病鸡或带菌鸡的鼻腔、鼻窦、眶下窦及气管等器官黏膜和分泌物中。它对外界环境的抵抗力较弱，在宿主体外很快失活。病鸡排泄物中的病原菌在自来水中仅能存活 4 h。本菌对各种消毒药物和消毒方法均敏感。在体内和体外对多种抗菌药物敏感，尤其是磺胺类及广谱抗生素。

2. 易感动物

本病自然感染主要发生于鸡。各种年龄的鸡均可感染，但 4 周龄以上鸡最易感，发病后较为严重。成年鸡感染后潜伏期短而病程长。尽管有其他家禽或鸟类偶然发病的报道，但尚缺乏自然感染的充分证据。人工感染时，火鸡、鸭、鸽子、麻雀、乌鸦、兔子、小鼠及豚鼠等均有抵抗力。

3. 传染源

病鸡和健康带菌鸡是本病在鸡群中长期流行的重要原因。

4. 传播途径

本病可通过污染的饮水、饲料等经消化道传播，也可通过空气经呼吸道传播。

5. 流行特点

本病一年四季均可发生，但秋、冬季节多见。除气候外，饲养管理条件、鸡群年龄等因素也与本病的发生和严重程度有关，如饲养密度过大、通风不良、闷热或寒冷潮湿、氨气浓度偏高、不同年龄的鸡混群饲养、维生素A缺乏、某些疫苗接种引起的应激反应、其他传染病如鸡传染性支气管炎、鸡慢性呼吸道病或寄生虫病的存在等。

三、临床症状

本病的潜伏期较短，只有1～3 d，因此在鸡群中传播很快，几天之内可席卷全群。病鸡明显的变化是颜面肿胀、肉髯水肿，鼻腔有浆液性或黏液性分泌物。其次可见结膜炎和窦炎。病初眼结膜发红、肿胀、眼睑水肿、流泪、打喷嚏、流浆液性鼻涕，后转为黏液性。鸡群中不时发出快而短促的"库、库"声。由于炎性分泌物的不断增加和积蓄，病鸡眶下窦、鼻窦肿胀、隆起，上下眼睑粘连、闭合。病情严重或炎症蔓延至下呼吸道时，可见病鸡摇头、张口呼吸、有呼吸道啰音。未开产鸡表现发育不良，开产鸡群则产蛋量明显下降(10%～40%)，产蛋量下降的程度与发病后采取的治疗措施有关。病程一般1～2周，若无继发感染则很少引起死亡。若继发感染其他病，则病情加重，病程延长，死亡增多。

四、病理变化

本病的主要病理变化在鼻腔、鼻窦和眼睛。鼻腔、鼻窦黏膜有急性卡他性炎症，黏膜充血肿胀，被覆有黏液。病程较长者鼻腔、鼻窦内有鲜亮、淡黄色干酪样物。结膜充血肿胀，眼睑及脸部水肿，结膜囊内可见干酪样分泌物。有些急性病例可见口腔、喉头或气管有浆液或黏液性分泌物，另外可见气囊炎、肺炎和卵泡萎缩变性、坏死。当有支原体继发或合并感染时，上述病变更明显。

五、诊断

单纯感染本病时，根据其流行特点和临床症状，不难作出初步诊断。若要确诊或有混合感染和继发感染时则要进行实验室诊断。

常用的血清学诊断方法是平板和试管凝集试验，主要用于检测抗体，包括自然感染产生的抗体和菌苗免疫产生的抗体。此外，还可用琼脂扩散试验、间接血凝试验、荧光抗体技术、补本结合试验及酶联免疫吸附试验(ELISA)等进行实验室诊断。

六、防制

为预防本病，平时应注意加强饲养管理，搞好卫生消毒，包括带鸡消毒。防止鸡群密度过大，不同年龄的鸡应隔离饲养。在寒冷季节，既要搞好防寒保暖，又要注意通风换气，降低空气中粉尘和有害气体含量。

免疫接种是预防本病的主要措施之一。目前主要使用灭活菌苗，国内预防鸡传染性鼻炎以 A 型单价灭活苗为主，但鉴于我国也存在由 C 型菌引起的感染，为了能更全面、更有效地预防和控制本病的发生和流行，已有学者开展了 A、C 二价疫苗的研究。常规的免疫程序为 4～6 周龄时皮下注射 0.3 mL，开产前 1 个月皮下注射 0.5 mL 加强免疫，保护期可达 9 个月以上。

多种抗生素和磺胺类药物都可用于治疗本病，但应注意本细菌易产生耐药性，治疗中断后容易复发。常用药物包括磺胺二甲基嘧啶，复合磺胺制剂（磺胺类药物 5 份，磺胺增效剂 1 份），土霉素一般连续拌料 5～7 d。对不吃料的鸡可肌肉注射链霉素、庆大霉素、卡那霉素等，每日 2 次，连用 2～3 d。同时还应做好隔离、消毒工作，以尽快控制疫情。

第十六节　禽曲霉菌病

一、简介

禽曲霉菌病又称曲霉菌性肺炎或育雏室肺炎，是真菌中的曲霉菌引起多种禽类（鸡、火鸡、鸭、鹅）的一种真菌性疾病。其病变特征是肺和气囊发生广泛的炎症和小结节。常见于幼禽，呈急性暴发。成年禽则为散发。本病的发病率和病死率都很高，可以引起大批死亡，使养禽业遭受重大损失。本病流行的地区广泛，我国也广泛存在。

二、病的发生

1. 病原

该病主要病原体为半知菌纲曲霉菌属中的烟曲霉，其次为黄曲霉，此外，黑曲霉、构巢曲霉、土曲霉等也有不同程度的致病性，偶尔也可从病灶中分离出青霉、木霉、头孢霉、毛霉、白曲霉等菌体。曲霉菌的气生菌丝一端膨大形成顶囊，上有放射状排列小梗，并分别产生许多分生孢子，形如葵花状。

本菌为需氧菌，在室温和37～45℃均能生长。在一般霉菌培养基，如马铃薯葡萄糖琼脂和其他糖类培养基上均可生长。烟曲霉在固体培养基中，初期形成白色绒毛状菌落，经24～30 h后开始形成孢子，菌落呈面粉状、淡灰色、深绿色、黑蓝色，而菌落周边仍呈白色。致病性曲霉菌对自然条件变化的适应能力很强，一般自然条件的冷、热、干、湿均不能破坏孢子的生活能力。120℃干热60 min才能使其培养物失去发芽的能力，煮沸5 min才能杀死，一般消毒剂须经1～3 h才可灭活。曲霉菌对抗生素和化学药物不敏感，一般的消毒剂只能使孢子致弱，如2%甲醛10 min、3%石炭酸1 h、3%氢氧化钠3 h对孢子只起致弱作用。制霉菌素、两性霉素B、灰黄霉素、克霉唑及碘化钾对曲霉菌有抑制作用。某些曲霉菌能产生毒素，可使动物痉挛、麻痹、致死和组织坏死等。

2. 易感动物

各种禽类都对本病有易感性，以幼禽（4～12日龄）的易感性最高，常为急性和群发性，成年禽为慢性和散发。哺乳动物如马、牛、绵羊、山羊、猪和人也可感染，但为数甚少。实验动物中兔和豚鼠可人工感染。

3. 传染源

曲霉菌的孢子广泛分布于自然界中，发霉的饲料或垫料等都可能存在，与环境因素密切相关，具有一定的自然疫源性。

4. 传播途径

禽类常因接触发霉饲料和垫料经呼吸道或消化道而感染。曲霉菌孢子易穿过蛋壳而引起死胚，或出壳后不久出现症状。孵化室严重污染时新生雏可受到感染，几天后大多数出现症状，1个月基本停止死亡。

5. 流行特点

阴暗潮湿鸡舍和不洁的育雏器及其他用具、梅雨季节、空气污浊等均能使曲霉菌增殖而引起本病。

三、临床症状

本病自然感染的潜伏期一般为2～7 d，人工感染为24 h。根据临床症状和病程可分为急性型和慢性型。

(1)急性型　主要见于1个月以内的雏禽。病禽初期常无特征症状，仅精神不振，食欲减少，继之出现口渴，频频饮水，羽毛粗乱，两翼下垂，喜立于墙角或蹲于僻静处，闭目无神。病程稍长者，表现呼吸困难，伸颈张口呼吸。呼吸状态的变化是本病的特征。当肺部结节密集或气管炎性渗出物增多充塞时，出现伸脖张口吸气，时常发出啰音及哨音，有时摇头连续打喷嚏，接着出现腹式呼吸，两翼煽动，尾巴上下摆动，颈向上前方一伸一缩，口黏膜和面部紫绀，最后窒息而死。鸭、鹅的症状不如鸡明显。患眼曲霉菌病的雏禽，初期结膜充血肿胀，继之眼睑肿胀，常在一侧眼的瞬膜下出现黄色干酪样小球，使眼睑鼓起，或在角膜中央出现溃疡。鸡患皮肤烟曲霉菌病时，患部呈黑褐色坏死。通常在出现症状后 2～7 d 死亡。很少有康复者。

(2)慢性型　幼禽表现生长缓慢，发育不良，羽毛蓬乱无光，不喜运动，闭目呆立，眼窝下陷，步行不稳，喜立一隅或热源处。有的口腔黏膜出现溃疡，逐渐消瘦而死亡。成禽多数表现为慢性型的症状，母禽则停止产蛋或产蛋量减少。病程可延至数周。

四、病理变化

病变主要表现在肺和气囊。典型病例均可在肺脏表面散在或密集针头大、小米大、绿豆大乃至豌豆大灰白色或淡黄色的结节，易于从周围组织剥离。结节柔软有弹性，切开见有层次的结构，中心为干酪样坏死组织，内含大量菌丝体，外层为类似肉芽组织的炎性反应层，并含有巨细胞。气囊壁增厚，气囊内常含有灰白色或黄白色的炎性渗出液或脓汁，继之变成凝乳块样，最后形成大小不等的干酪块。慢性病例，干酪样结节更大，数量更多，气囊壁变厚呈皮革样，并融合形成更大的淡黄色大块干酪样病灶。随着病程的延长，曲霉菌在干酪样及增厚的囊壁上形成分生孢子，此时可见气囊壁上形成圆形隆起的灰绿色霉菌斑，呈绒球状。

五、诊断

根据流行病学、临床症状和病理剖检可作出初步诊断，确诊则需微生物学检查。

1. 霉菌孢子检查

采取病灶部位的霉菌结节或霉菌斑置于载玻片上，加 20%氢氧化钾溶液 1～2 滴，用针划破病料，加盖玻片后镜检可见大量霉菌孢子，并见有多个菌丝形成的菌丝团，分隔的菌丝排列成放射状，在病变组织切片中找到本菌即可确诊。

2. 霉菌分离培养

曲霉菌比较容易分离培养，可将病料接种沙氏培养基、察氏培养基和马铃薯葡萄糖琼脂等，每天观察培养物，并在光学显微镜下进行检查，根据其形态特征和生长特性可对所分离的菌株进行鉴定。由于霉菌的分布广泛，霉菌培养结果阳性时应综合临床症状和病理变化再作出诊断结论。

六、防制

预防本病的关键是不使用发霉的垫料和饲料，垫料要经常翻晒，妥善保存，尤其是阴雨季节，防止霉菌生长繁殖。种蛋、孵化器及孵化厅均按卫生要求进行严格消毒。

育雏室应注意通风换气和卫生消毒，保持室内干燥、清洁。长期被烟曲霉污染的育雏室，土壤、尘埃中含有大量孢子，雏禽进入之前应彻底清扫、换土和消毒。消毒可用福尔马林熏烟法，或0.4%过氧乙酸溶液或5%石炭酸溶液喷雾后密闭数小时，经通风后使用。

发现疫情时应迅速查明原因并立即排除，同时进行环境、用具等的消毒。本病目前尚无特效的治疗方法。据报道用制霉菌素防治本病有一定效果，剂量为每只雏鸡1次用5 000万 IU，每日2次，连用2～4 d。用0.05%的硫酸铜溶液或0.5%～1%碘化钾溶液饮水，连用3～5 d也有一定疗效。

第十七节 鸭 瘟

一、简介

鸭瘟又名鸭病毒性肠炎，是鸭瘟病毒引起鸭、鹅和天鹅等雁形目禽类的一种急性、败血性及高度致死性的病毒性传染病。在临床上以发病快、传播迅速、发病率和病死率高，部分病鸭流泪、头肿、下痢、食道黏膜出血及坏死，肝脏出血或坏死等为主要特征。该病给国家或地区养鸭造成了巨大的经济损失，被国际兽疫局定为B类传染病，我国也将其列入二类动物疫病。

二、病的发生

1. 病原

本病的病原为鸭瘟病毒，又称鸭疱疹病毒Ⅰ型，系疱疹病毒科的成员，具有疱疹病毒的典型形态结构。有囊膜，病毒粒子呈球形或椭圆形，该病毒对乙醚、氯仿敏感，在37℃下经胰蛋白酶、胰凝乳蛋白酶及脂肪酶处理18 h可使该病毒部分失活或完全失活。鸭瘟病毒具有广泛的组织嗜性，在病（死）鸭的脏器、血液、分泌物及排泄物中均含有病毒，但以肝、脾、脑、食道和泄殖腔的含毒量最高。

鸭瘟病毒对乙醚、氯仿和常用的消毒剂敏感。0.1%升汞10～30 min、75%酒精5～30 min、0.5%石炭酸60 min、0.5%漂白粉及5%石灰乳30 min对病毒有致弱和杀灭作用。

2. 易感动物

不同品种、日龄的鸭均可感染该病，以番鸭、麻鸭、绵鸭和绍兴鸭等易感性较高。在自然感染病例中，以1月龄以上成年鸭多见，发病率可高达100%，病死率达95%以上。近年有鹅感染鸭瘟出现大量死亡的报道。自然条件下，野生的雁形目鸭科成员（野鸭、野鹅等）常成为带毒者，而鸡、火鸡、鸽、麻雀和哺乳动物等对鸭瘟有抵抗力，但人工感染2周龄雏鸡可以发病，经鸡胚致弱的鸭瘟病毒对鸭失去致病力，但对1日龄至1月龄雏鸡的毒力大大增强，致死率很高。

3. 传染源

鸭瘟的传染源主要是病鸭、病愈不久的带毒鸭及潜伏期的感染鸭。被病鸭分泌物、排泄物污染的饮水、饲料、场地、水域、用具、运输工具以及某些带毒的野生水禽（如野鸭）和飞鸟等也可成为本病的传染源。

4. 传播途径

自然条件下许多途径均能引起发病，包括消化道、眼、鼻、皮肤外伤及泄殖腔等。该病主要通过水平传播，吸血昆虫可能是本病潜在的传播媒介，目前尚未发现该病的垂直传播。感染途径主要是消化道，但也可通过生殖器官、眼结膜及呼吸道等途径感染。

5. 流行特点

本病一年四季均可以生，但在我国南方和北方的发病差异很大，南方发病多，且主要见于春、夏两季及运销旺季，而北方少见发病，偶见于秋季，与饲养密度、数量、饲养方式等因素有关。

三、临床症状

本病自然感染的潜伏期一般为2～5 d，而人工感染的潜伏期为2～3 d。患病鸭特征性的临床病状为高热稽留（43℃以上），眼周围羽毛沾湿，流泪，部分鸭头颈部肿胀（俗称“大头瘟”），严重下痢，排青绿色或灰白色粪便。病鸭精神委顿、多蹲伏，不愿下水，食欲减退或废绝、渴欲增强、口流黄色液体、鼻腔流出分泌物、呼吸困难。外翻泄殖腔黏膜时，可见表面有黄绿色假膜、不易剥离。本病病程一般为2～5 d，慢性病例可拖至1周以上，导致生长发育迟缓。

自然或人工感染鸭瘟的病鹅主要表现体温升高（42.5～43℃）、精神委顿、流泪、两脚发软、排灰白色或青绿色稀粪，个别病鹅还表现出神经症状，头颈扭曲和不随意旋转。

四、病理变化

鸭瘟是一种急性败血性传染病,其病理变化主要为血管损伤、组织器官出血、消化道黏膜有疹性损害、淋巴器官有特征性病变和实质器官出现退行性变化。

剖检可见喉头、食道及泄殖腔黏膜出血,出现灰黄色或黄绿色伪膜性溃疡,尤其是食道常可见纵行排列的灰黄色假膜覆盖或出血斑点。心冠脂肪、肝脏、脾脏、肺、胰腺、肾脏、腺胃与肌胃交界处、腺胃与食道膨大部交界处、肠道、卵黄蒂、法氏囊、肛周黏膜、脑膜等出血或充血,尤其是肝脏和肠道病变具有诊断意义。肝脏除出血外还有多量大小不一的、不规则的灰白色或灰黄色坏死点或坏死灶,少数坏死点中心有小出血点或其外围有出血带。肠道出血,以十二指肠和直肠出血最为严重,肠道淋巴结集处肿胀,呈环状出血。产蛋母鸭发生鸭瘟时除以上剖检病变外,还可见卵巢充血、出血,卵泡膜出血,有时卵泡破裂而引起腹膜炎,输卵管黏膜充血、出血。雏鸭感染鸭瘟时,其剖检病变与成年鸭基本相同,但法氏囊病变更为明显,表现为明显出血,黏膜表面有针尖大小的坏死灶并附有白色干酪样渗出物。喉头、食道和泄殖腔等黏处的膜病变较轻微,但肝脏出血点和腺胃出血带较为明显。

鹅感染鸭瘟的病变与鸭相似,主要表现在肝脏和消化器官,肝脏以出血和坏死为特征,消化道表现为充血、出血和伪膜性坏死。鸭瘟的特征性组织学病变为血管壁损伤,小静脉和毛细血管内皮细胞明显受损。肝细胞肿胀、脂肪变性和颗粒变性及坏死,肝索结构破坏,肝细胞浆内有含铁血黄素沉着。脾窦及血管显著充血,血管周围有凝固性坏死,脾髓中多量淋巴细胞浸润和含铁血黄素沉着。食道和泄殖腔上皮细胞坏死脱落,黏膜下层疏松、水肿,并有淋巴样细胞浸润。

五、诊断

根据该病的流行病学特点(传播迅速、高发病率、高病死率、鸭鹅均可感染发病等),特征性临床症状(高热稽留、流泪、严重下痢及部分病鸭头颈肿胀)和有诊断意义的剖检病变(食道和泄殖腔等处黏膜特征性灰黄色假膜、肝脏及肠道等出血以及肝的坏死点或坏死灶等),一般较易作出初步诊断,确诊有赖于进行实验室检查。

六、防制

由于鸭瘟的传播速度快,致死率高,一旦传入鸭群可造成巨大的经济损失,因此对该病的防制应给予足够的重视。在该病的非疫区,应加强本地良种繁育体系建设,尽量减少从外地,尤其是从疫区引种的机会,防止该病的引入。受威胁地区除应加强检疫、消毒等兽医卫生措施外,易感鸭群应及时进行鸭瘟疫苗的免疫接种。在疫区,除对所有鸭群进行免疫接种外,发生鸭瘟时要采取严格的封锁和隔离措施,及时扑杀、销毁发病鸭群,对被病鸭污染的场地、水域和工具等进行彻底消毒,疫点周围受威胁的鸭群立即接种鸭瘟高免血清或鸭瘟弱毒疫苗,防止该病扩散传播。

疫苗免疫接种是预防和控制鸭瘟的主要措施,目前国内应用的疫苗主要是鸭瘟病毒弱毒苗。种用鸭或蛋用鸭于30日龄左右首免,以后每隔4～5个月加强免疫1次。3月龄以上鸭免疫1次即可,免疫有效期可达1年。但应注意免疫接种安排在开产前20 d左右或停蛋期或低产蛋率期间。对于肉用鸭,于7日龄左右首免,20～25日龄时二免。

第十八节 小 鹅 瘟

一、简介

小鹅瘟又称鹅细小病毒感染,是由鹅细小病毒引起雏鹅和雏番鸭的一种急性或亚急性的败血性传染病。本病主要侵害4～20日龄的雏鹅,以传播快、高发病率与高病死率、严重下痢、渗出性肠炎、肠道内形成腊肠样栓子为特征,是当前危害养鹅业的主要病毒性传染病。我国将其列入二类动物疫病。

二、病的发生

1. 病原

本病的病原为鹅细小病毒,是细小病毒科细小病毒属的成员。病毒粒子呈球形或六角形,直径为20～22 nm。无囊膜、二十面体对称、核酸为单链DNA。电镜可见有完整病毒粒子和病毒空壳。迄今国内外分离到的鹅细小病毒毒株抗原性几乎相同,均为同一个血清型,鹅细小病毒无血凝活性,但能凝集黄牛的精子。

病鹅的内脏、脑、肠道及血液中均含有病毒。初次分离可用鹅胚或番鸭胚或其成纤维细胞,以鹅胚成纤维细胞初次分离该病毒时一般不产生细胞病变(CPE)。但随着传代次数的增加,CPE越来越明显。以鹅胚分离鹅细小病毒时,一般在接种后5～7 d死亡,死亡鹅胚绒毛尿囊膜局部增厚,胚体皮肤、肝脏及心脏等出血。随着在鹅胚中传代次数的增多,该病毒对鹅胚的致死时间稳定在接种后3～4 d。

鹅细小病毒对外界环境的抵抗力强,20℃冰冻状态下可存活2年以上,65℃

经30 min或 80℃经 10 min 对滴度无影响，56℃能存活 3 h，对乙醚、氯仿等有机溶剂不敏感，在胰酶和 pH 3 环境中稳定，对 2%～5%氢氧化钠、10%～20%石灰乳敏感。

2. 易感动物

自然条件下，只有雏鹅和雏番鸭对本病易感，其他禽类和哺乳动物均无感染性。

3. 传染源

病鹅和带毒鹅是本病重要的传染源，带毒的种蛋，污染的用具、水源、草场等也可成为本病的传染源。

4. 传播途径

种蛋、带毒鹅和康复鹅以及隐性感染的鹅的排泄物、分泌物容易污染水源、环境、用具和草场等，易感鹅通过消化道感染，能够很快波及全群。

5. 流行特点

本病多发于 1 月龄内的雏鹅，但在流行高峰期，雏鹅的易感性随年龄增加而减弱，7 日龄以内的雏鹅发病率常达 70%～95%，甚至 100%；10 日龄以上的雏鹅发病，死亡率一般不超过 60%；1 月龄以上的发病较少。发生及流行具有一定的周期性，一般为 1～2 年。本病一年四季均可流行发生，但我国南北方由于饲养鹅的季节和饲养方式不同，发病季节也有所不同，南方多发生于春、夏两季，北方地区多见于夏季和早秋发病。

三、临床症状

2 周龄内雏鹅无论是自然感染，还是人工感染，其潜伏期为 2～3 d；2 周龄以上雏鸭潜伏期为 4～7 d。

(1)最急性型　常发生于 1 周龄内的雏鹅或雏番鸭，发病、死亡突然，传播迅速，发病率 100%，病死率高达 95%以上。雏鹅表现精神沉郁后数小时内即出现衰弱、倒地、两腿划动并迅速死亡。死亡雏鹅喙端、爪尖发绀。

(2)急性型　常发生于 1～2 周龄内的雏鹅，患病雏鹅症状明显，表现为精神委顿、食欲减退或废绝，渴欲增强，喜蹲伏，严重下痢，排灰白色或青绿色稀粪，粪中带有纤维碎片或未消化的饲料，临死前头多触地、两腿麻痹或抽搐。病程 2 d 左右。

(3)亚急性型　多发生于 2 周龄以上的雏鹅，常见于流行后期。患病雏鹅以精神沉郁、拉稀和消瘦为主要症状。少数幸存者在一段时间内生长不良。病程一般为 3～7 d，甚至更长。

四、病理变化

本病的剖检病变以消化道炎症为主，最急性型一般只有小肠前段黏膜肿胀、充血，表现为急性卡他性炎症。胆囊肿大、胆汁稀薄。其他脏器无明显病变。急性型和亚急性型常有典型的肉眼病变，尤其是肠道的病变具有特征性。小肠的中、后段显著膨大，呈淡灰白色，形如香肠样，触之坚实较硬，剖开膨大部肠道可见肠黏膜坏死脱落，与凝固的纤维素性渗出物形成栓子或包裹在肠内容物表面堵塞肠道。心脏变圆、心肌松软。肝脏肿大。淤血。胰腺充血。脾脏淤血或充血。

五、诊断

根据本病特有的流行病学表现，结合症状和特征性病变，可作出初步诊断。确诊须进行病毒分离鉴定或特异抗体检查。

1. 病毒分离鉴定

可取病雏的脑、脾或肝的匀浆上清液，接种鹅胚或原代细胞培养。鹅胚接种含毒材料后，可在 5～7 d 死亡，主要变化为胚体皮肤充血、出血及水肿，心肌变性呈灰白色，肝脏变性或有坏死灶。细胞培养于接种后 3～5 d 出现细胞病变，用 HE 染色可见有孝德里氏 A 型核内包涵体。死亡鹅胚或细胞培养中的病毒可用免疫荧光抗体或中和试验进一步证实。

2. 血清学检查

血清中特异抗体检查的方法有中和试验、琼脂扩散试验及 ELISA 试验。

3. 鉴别诊断

临床上应与小鹅流感相区别。小鹅流感主要以呼吸系统疾患为特征，病变常限于气管、支气管、喉头及鼻腔内有半透明的渗出液，肠道内无渗出性肠炎变化。

六、防制

除遵循一般性措施外，本病的预防主要在 2 方面：一是孵坊中的一切用具和种蛋彻底消毒，刚出壳的雏鹅不要与新引进的种蛋和成年鹅接触，以免感染。二是做好雏鹅的预防，对未免疫种鹅所产蛋孵出的雏鹅于出壳后 1 日龄注射小鹅瘟弱毒疫苗，且隔离饲养到 7 日龄；而免疫种鹅所产蛋孵出的雏鹅一般于 7～10 日龄时需注射小鹅瘟高免血清或高免蛋黄，每只皮下或肌肉注射 0.5～1.0 mL。雏鹅群一旦发生本病，应迅速将病雏鹅挑出淘汰且对整群鹅尽早注射小鹅瘟高免血清或高免蛋黄，每羽 1.0～1.5 mL，必要时隔 2～3 d 后需再注射 1 次，治愈率一般为 50％～80％。

本章小结

- 家禽的主要传染病
  - 禽流感
  - 新城疫
  - 马立克氏病
  - 传染性法氏囊病
  - 禽脑脊髓炎
  - 鸡传染性支气管炎
  - 鸡传染性喉气管炎
  - 鸡病毒性关节炎
  - 鸡传染性贫血
  - 鸡产蛋下降综合征
  - 禽白血病
  - 禽大肠杆菌病
  - 禽沙门氏菌病
  - 禽巴氏杆菌病
  - 鸡传染性鼻炎
  - 禽曲霉菌病
  - 鸭瘟
  - 小鹅瘟
    - 简介
    - 病的发生
    - 临床症状
    - 病理变化
    - 诊断
    - 防制

复习思考题

1. 如何防制高致病性禽流感？
2. 鸡新城疫的特征临床症状有哪些？
3. 如何防制鸡新城疫？
4. 鸡马立克氏病在临床症状上有哪几个类型？各类型的主要症状是什么？
5. 如何防制鸡传染性法氏囊病？
6. 如何防制鸡传染性喉气管炎？传染性支气管炎特征是什么？
7. 如何防制鸡产蛋下降综合征？
8. 禽大肠杆菌病有哪些临床类型？各有什么症状？
9. 如何防制鸡白痢？
10. 如何进行鸡传染性鼻炎的防制？
11. 如何防制禽巴氏杆菌病？
12. 鸡曲霉菌病典型的病理变化有哪些？
13. 鸭感染鸭瘟主要临床症状有哪些？
14. 禽脑脊髓炎的主要临床症状有哪些？
15. 怎样防制小鹅瘟？
16. 简述鸡病毒性关节炎的临床症状和病理变化特点。
17. 怎样防制鸡传染性贫血？
18. 简述禽白血病的发生。

实训十　鸡白痢的检疫

一、实训内容

鸡白痢全血平板凝集试验、鸡白痢血清试管凝集试验。

二、实训目标

掌握鸡白痢全血平板凝集试验的方法。

三、实训材料

玻璃板、20 或 22 号注射针头、带柄不锈钢金属丝环(环直径约 4.5 mm)、橡皮乳头滴管(其滴管尖端的大小一次垂直滴下液量约为 0.05 mL)、干燥的灭菌试管、酒精棉、酒精灯、消毒盘、玻璃笔、纱布、火柴和工作服等;鸡白痢全血凝集反应抗原、鸡白痢阴性、阳性血清等诊断液。

四、方法与步骤

(一)快速全血平板凝集反应

1. 操作方法

先将瓶中抗原充分摇匀,用滴管吸取抗原,垂直滴 1 滴(约 0.05 mL)于玻片上,然后使用注射针头刺破鸡的翅静脉或冠尖,以金属环蘸取血液一满环(约 0.02 mL)混入抗原内,随即搅拌均匀,并使之散开至直径 1~2 cm 为度。

2. 结果判断

①抗原与血液混合在 2 min 内发生明显颗粒状或块状凝集者为阳性。

②2 min 内不出现凝集,或出现均匀一致的极微小颗粒,或在边缘处由于临干前出现絮状者判为阴性反应。

③在上述情况之外不易判断为阳性或阴性者,判为可疑反应。

3. 注意事项

①抗原应在 2~15℃冷暗处保存,在使用前必须充分振荡,抗原有效期 6 个月,避免温热及日光曝晒。

②本抗原适用于产蛋母鸡及 1 年以上公鸡,幼龄鸡敏感度较差。

③每批鸡检查开始时,必须做阴性、阳性血清对照。

④本试验应在室温 18℃以上进行,否则影响反应结果。

(二)血清试管凝集反应

1. 鸡血清样品

以 20 或 22 号针头刺破鸡翅静脉,使之出血,用一清洁、干燥的灭菌试管靠近流血处,采集 2 mL 血液,斜放凝固以析出血清,分离出血清,置 4℃待检。

2. 抗原

试管凝集反应抗原,必须具有各种代表性的鸡白痢沙门氏菌菌株的抗原成分,对阳性血清有高度凝集力,对阴性血清无凝集力。固体培养中洗下的抗原需保存于 0.25%~0.50%石炭酸生理盐水中,使用时将抗原稀释成每毫升含菌 10 亿,并把 pH 调至 8.2~8.5,稀释的抗原限当天使用。

3. 操作步骤

在试管架上依次摆 3 支试管,吸取稀释抗原 2 mL 置于第 1 管,吸取各 1 mL

分别置于第2、3管。先吸取被检血清0.08 mL注入第1管,充分混合后从中再吸取1 mL移入第2管,充分混合后从中吸取1 mL移入第3管,混合后从中吸出混合液1 mL舍弃,最后将试管摇振数次,使抗原和血清充分混合,置37℃温箱中20 h后观察结果。

4. 结果判断

试管1、2、3的血清稀释倍数依次为1∶25、1∶50、1∶100,凝集阳性者,抗原显著凝集于管底,上清液透明;阴性者,试管呈均匀浑浊;可疑者,介于前两者之间。在鸡1∶50以上凝集者为阳性。在火鸡1∶25以上凝集者为阳性。

五、实训报告

根据实训过程与结果写出实训报告。

实训十一　鸡新城疫的诊断和免疫监测

一、实训内容

鸡新城疫的实验室诊断和免疫监测。

二、实训目标

学会鸡新城疫实验室检查中常用的诊断技术。

三、实训材料

恒温培养箱、微量振荡器、离心机、离心管、微量加样器、96孔V型反应板、注射器(1 mL、5 mL)、针头、试管、吸管等仪器;pH 7.2磷酸盐缓冲盐水、0.5%鸡红细胞悬液、灭菌生理盐水、青霉素、链霉素、鸡新城疫病毒尿囊液、标准阳性血清等药品。

四、方法与步骤

(一)实验室诊断

1. 病毒的分离培养

活禽用气管拭子和泄殖腔拭子(或粪),死禽以脑为主,也可用心、肝、脾、肺、肾和气囊等。样品用灭菌生理盐水制成1∶5悬液,拭子浸入2～3 mL灭菌生理盐水中,反复挤压至无水滴出,弃之。溶液中加青霉素、链霉素各1万IU。泄殖腔拭子(粪)样品,青霉素、链霉素量各提高5倍。然后调pH至7.0～7.4,37℃作用

1 h，再 1 000 r/min离心 10 min，取上清 0.1 mL 经尿囊腔接种 9～10 日龄 SPF 鸡胚。直立孵化 3～7 d。孵化期间，每日照蛋 2 次，观察胚胎存活情况，取接种 24 h 以后死亡的鸡胚，置 4℃冰箱内 4 h 或过夜，次日取出收集尿囊液，并观察病变。尿囊液应清朗，胚体无腐败，头、翅和趾出血明显。收集尿囊液作血凝试验，并与标准阳性血清作血凝抑制试验，确定有无新城疫病毒繁殖。

2. 鸡新城疫血凝及血凝抑制试验

本法确诊鸡新城疫有 2 种情况：一是检查病原，二是检查抗体。检查病原时，取可疑病料接种鸡胚的尿囊液，进行血凝试验检测其血凝性，如凝集再用鸡新城疫阳性血清进行血凝抑制试验可确诊。检查抗体时，需采取鸡群可疑新城疫急性期和康复后期的双份血清，即间隔 10 d 的双份血清，用血凝抑制试验，证实抗体滴度增高可确诊。

(1)试验准备　制备 pH 7.0～7.2 磷酸盐缓冲盐水：氯化钠 170.0 g，磷酸二氢钾 13.6 g，氢氧化钠 3.0 g，蒸馏水 1 000.0 mL。高压灭菌，4℃保存，使用时作 20 倍稀释。

0.5%鸡红细胞悬液制备：从健康公鸡翅静脉采血，加入含有抗凝剂(3.8%柠檬酸钠)的试管内，用 20 倍的磷酸缓冲盐水洗涤 3～4 次，每次以 2 000 r/min离心 3～4 min，最后一次 5 min。直至上清液完全透明。弃去上清液，并彻底洗去血浆和白细胞，最后取红细胞用磷酸盐缓冲液配成 0.5%红细胞悬液。

被检血清：采取被检鸡新鲜血液，分离血清。万只以上的抽样率不少于0.1%～0.2%，鸡群小的抽样率为 5%。每只鸡采血量不少于 1 mL(大鸡翅下静脉、小鸡心脏采血)。分离的血清要透明、微黄色，浑浊、溶血或有异味的不可用于实验。

标准 96 孔反应板的准备：注意将每个孔穴刷净，置 2%盐酸中浸泡 14 min，长流水漂洗 1 h 以上，然后再用蒸馏水冲洗 5～8 次，放 30℃温箱中干燥(切勿放烘干箱内干烤)。

(2)操作方法　微量血凝(HA)试验：用微量加样器向反应板的 1～12 孔各加 0.05 mL 磷酸盐缓冲液。以另一微量加样器吸取 0.05 mL 抗原加在第 1 孔，混匀后，移入第 2 孔 0.05 mL，同法混匀，如此进行对倍梯度稀释至 11 孔，混匀后弃去 0.05 mL，第 12 孔不加抗原作红细胞对照。用另一微量加样器吸取 0.5%红细胞悬液各孔加入 0.05 mL。加样完毕，将反应板置于微型振荡器上振荡 1～2 min 或手持反应板绕圆圈混匀，在 18～20℃静置 30～40 min 或 37℃温箱中作用 15～30 min取出，根据血凝图像判定结果(表 5-3)。

以出现完全凝集的病毒最大稀释度为该病毒的血凝滴度或称血凝价。如表 5-3 中表示面凝价为 2^7(128)，而进行 HI 时应用 4 个血凝单位的病毒浓度，即 4 单位病毒应稀释的倍数为 128÷4＝32。

微量血凝抑制(HI)试验：操作方法同上，如表 5-4 所示进行。

表 5-3 NDV-HA 微量法

孔 号	1	2	3	4	5	6	7	8	9	10	11	12
病毒稀释倍数	2^1	2^2	2^3	2^4	2^5	2^6	2^7	2^8	2^9	2^{10}	2^{11}	红细胞对照
稀释液 /mL	0.05	0.05	0.05	0.05	0.05	0.05	0.05	0.05	0.05	0.05	0.05	0.05
病毒 /mL	0.05 →	0.05 →	0.05 →	0.05 →	0.05 →	0.05 →	0.05 →	0.05 →	0.05 →	0.05 →	0.05 → 弃 0.05	—
0.5% 鸡红细胞 /mL	0.05	0.05	0.05	0.05	0.05	0.05	0.05	0.05	0.05	0.05	0.05	0.05
作用	振荡 1~2 min 后，放室温下静置 30~40 min 或置 37℃温箱中作用 15~30 min 后观察											
判定（例）	#	#	#	#	#	#	#	+ +	+ +	−	−	−

注："#"表示 100%凝集，"++"表示 50%凝集，"−"表示不凝集。

表 5-4 NDV-HI 微量法

孔 号	1	2	3	4	5	6	7	8	9	10	11	12
被检血清稀释倍数	2^1	2^2	2^3	2^4	2^5	2^6	2^7	2^8	2^9	2^{10}	病毒对照	血红细胞对照
稀释液 /mL	0.05	0.05	0.05	0.05	0.05	0.05	0.05	0.05	0.05	0.05	0.05	0.05
被检血清 /mL	0.05 →	0.05 →	0.05 →	0.05 →	0.05 →	0.05 →	0.05 →	0.05 →	0.05 →	0.05 →	0.05 → 弃 0.05	—
4 单位病毒 /mL	0.05	0.05	0.05	0.05	0.05	0.05	0.05	0.05	0.05	0.05	0.05	—
作用	置室温（18~20℃）下作用 20 min 或置 37℃温箱中作用 5~10 min											
0.5% 鸡红细胞 /mL	0.05	0.05	0.05	0.05	0.05	0.05	0.05	0.05	0.05	0.05	0.05	0.05
作用	在微型振荡器上振荡 1 min 后，室温下静置 30~40 min 或置 37℃温箱中作用 15~30 min 后观察											
判定（例）	−	−	−	−	−	−	±	±	+	+	+	−

注："−"表示阴性，"+"表示阳性，"±"表示可疑反应。

在对照管出现正确结果的情况下，能完全抑制红细胞凝集的血清最大稀释度为该血清的血凝抑制滴度或抗体的血凝抑制效价。一般用对数 $\log_2 x$ 表示（x 为被检血清稀释倍数），如表 5-4 中表示的血清血凝抑制滴度为 $\log_2 2^6$，可表示为 $6\log_2$。用此方法对鸡群进行检疫时，若有 10%以上的鸡出现 $11\log_2$ 以上的高血凝抑制滴度，说明鸡群已受新城疫强毒感染。若监测鸡群的免疫水平，则血凝抑制滴度在 $4\log_2$ 的鸡群保护率为 50%左右；在 $4\log_2$ 以上的保护率达 90%～100%；在 $4\log_2$ 以下的非免疫鸡群保护率为 9%，免疫过的鸡群约为 43%。鸡群的血凝抑制滴度以抽检样品（一般每群随机抽检 20～30 只）的血凝抑制滴度的几何平均值表示，如平均水平在 $4\log_2$ 以上，表示该鸡群为免疫鸡群。

五、实训报告

根据训练课实际情况，写出鸡新城疫实验室诊断报告。

实训十二　鸡马立克氏病的实验室诊断

一、实训内容

鸡马立克氏病琼脂扩散反应。

二、实训目标

学会鸡马立克氏病琼脂扩散诊断。

三、实训材料

外科剪子、镊子、搪瓷盘、平皿、打孔器、小试管、玻璃棒、刻度吸管、滴管等器材。含 8%氯化钠 pH 7.2～7.4 的磷酸盐缓冲液、优质琼脂粉、马立克琼脂扩散抗原和阳性血清等液体和药品。被检鸡。

四、鸡马立克氏病琼脂扩散试验的方法与步骤

1. 试验准备

制备琼脂平板：制底膜，用蒸馏水配制 0.3%的稀琼脂溶液，水浴加温使其充分溶化后，加入平皿，每个直径 8.5 cm 的普通培养皿，约加 3 mL 琼脂液，置 37℃温箱中，充分干燥备用；铺琼脂，用含 8%氯化钠的磷酸盐缓冲液（0.01 mol/L，pH 7.4），配制 0.8%的琼脂溶液（内含 1/10 000 的硫柳汞），水浴加温使其充分溶

化后，用脱脂棉滤过，稍凉（60～70℃）后加盖在上述备用培养皿上。每个培养皿约加 20 mL，平置，在室温下凝固，然后放入普通冰箱中，保存备用（精制琼脂粉制作时，无需过滤）；打孔，按备好的图形打孔，一般有一个中心孔和 6 个周边孔组成。中心孔直径 4 mm，孔距 3 mm。

2. 操作方法

检疫操作法有以下 2 种：

（1）用已知标准阳性血清检测病毒抗原　从被检鸡的腋下、大腿部拔 1 根新近长出的嫩毛或拔下带血的毛根，剪下毛根尖端下段 5～7 mm，直接插在已打好的围孔内（也可直接插在中央孔周围，而周围不必打孔），每鸡 1 根羽毛，用 1 个孔。用滴管向中央孔滴加标准阳性血清，以加满为度。将加样完毕的琼脂平板加盖后，在室温下静置片刻，待样品稍扩散而液面下陷后，再平放于带盖的湿盒内，置 37℃温箱中，于 12～24 h 观察并记录结果。如果在插毛根的孔与血清孔之间出现白色沉淀线（单条的或多条的），证明被检毛根内含马立克氏病病毒抗原。

（2）用标准抗原检测抗体（被检鸡血清）　用滴管向周边 2～6 孔内分别加被检血清，每加 1 份血清前必须将滴管充分洗净、拭干。用另一支滴管向中心孔滴加标准抗原。再用一支滴管向第 1 周边孔内滴加标准阳性血清。均应以加满而不溢出为度。其余步骤同前。如果被检血清与标准抗原之间形成清晰的白色沉淀线，并与标准阳性血清的沉淀线相互融合，则判为阳性反应；如标准阳性血清所形成的沉淀线末端弯向被检血清孔内，则该被检血清判为弱阳性。

五、实训报告

根据实训课实际情况，写出鸡马立克氏病诊断方法及诊断结果报告。

第六章 牛羊的主要传染病

知识目标

- 掌握下列名词：副结核病、羊梭菌性疾病。
- 理解牛羊主要传染病的发生、病理变化和诊断方法。
- 掌握牛羊主要传染病的临床症状和防制措施。

技能目标

- 能够对牛羊主要传染病进行实验室诊断。
- 会对牛羊主要传染病提出防制方法。
- 熟练牛副结核病检疫的方法及判定标准。

第一节 副结核病

一、简介

副结核也称副结核性肠炎，是由副结核分枝杆菌引起牛的一种慢性传染病。以顽固性腹泻和逐渐消瘦，剖检可见肠黏膜增厚并形成皱褶为特征。

本病已广泛流行于世界各国，特别是奶牛饲养规模较大，数量较多的一些国家。我国一些省、市、区的种牛场、牧场、奶牛场均有本病发生，有日益增多的趋势，严重危害养牛业的发展。

二、病的发生

1. 病原

本病的病原为副结核分枝杆菌，属于分枝杆菌属，为革兰氏染色阳性小杆菌，需氧，不形成芽孢，无荚膜和鞭毛。具抗酸染色的特性，与结核杆菌相似。在组织和粪便中多排列成团或成丛。本菌对外界环境和消毒药有中等抵抗力。粪便内生存4～8个月，泥土中可存活11个月，乳中可存活10个月，2%石炭酸溶液经2 h、5%福尔马林溶液经5 min、5%氢氧化钠溶液经2 h可将其杀死。对青霉素有高度抵抗力。

2. 易感动物

本病主要引起牛（尤其是乳牛）发病，幼年牛最易感。其次是羊和猪，骆驼、马、驴和鹿等动物也可发病。

3. 传染源

本病的传染源主要是病牛和带菌牛。副结核分枝杆菌主要存在于肠黏膜和肠系膜淋巴结、粪、尿和乳液中，可大量的排出体外，可以长时间在外界环境中存活。

4. 传播途径

病牛和带菌牛排出病原体后，污染饲料、饮水、畜舍和牧场，主要经消化道传播。也可在子宫内经胎盘感染。

5. 流行特点

本病的散播比较缓慢，各个病例的出现往往间隔较长的时间，因此从表面上似呈散发性，实际上它是一种地方流行性传染病。

虽然幼年牛对本病最为易感，但潜伏期很长，可达6～12个月，甚至更长，一般在2～5岁时才表现出临床症状，特别是在母牛开始妊娠、分娩以及泌乳时，易出现临床症状。因此在同样条件下，此病在公牛和阉牛比母牛少见得多；高产牛的症状较低产牛严重。饲料中缺乏无机盐，可能促进疾病的发展。

三、临床症状

(1)牛　本病潜伏期数月至2年以上。病牛体温正常，早期症状为间断性腹泻，以后变为经常性的顽固性拉稀。粪便稀薄、恶臭，带有气泡、黏液和血液凝块。病牛初期食欲正常，后期食欲有所减退，逐渐消瘦，眼窝下陷，精神沉郁，经常躺卧。泌乳逐渐减少，最后全部停止。皮肤粗糙，被毛粗乱，下颌及垂皮可见水肿。尽管病畜消瘦，但仍有性欲。腹泻有时可暂时停止，但有复发。随着病情的发展高度消瘦和贫血，泌乳停止。最后因衰竭而死亡，病程几个月或1～2年。

(2)绵羊和山羊　绵羊和山羊的症状相似，潜伏期数月至数年。病羊体重逐渐减轻。间断性或持续性腹泻。食欲正常，体温正常或略有升高。发病数月以后，病羊表现消瘦、衰弱、脱毛、卧地。在发病的末期可并发肺炎。羊群的发病率为1%～10%，多数以死亡而告终。

四、病理变化

(1)牛　病畜的尸体消瘦。主要病变在消化道和肠系膜淋巴结。消化道的病变在空肠、回肠和结肠前段，特别是回肠呈现慢性肥厚性肠炎，回肠黏膜增厚3～20倍，出现硬而弯曲的皱褶，呈脑回样外观。黏膜上面紧附有黏液，稠而浑浊，但无结节和坏死，也无溃疡，肠腔内容物甚少。浆膜下淋巴管和肠系膜淋巴管常肿大，呈索状。浆膜和肠系膜都有显著水肿。肠系膜淋巴结肿大变软，切面浸润，上有黄白色病灶，但无干酪样变。

(2)羊　羊的病变与牛基本相似。

五、诊断

根据流行病学、临床症状和病理变化的特点，尤其是长期顽固性腹泻、消瘦，剖检肠黏膜增厚，脑回样皱褶，一般可作出初步诊断。确诊需靠实验室诊断。注意与牛肠结核、牛沙门氏杆菌病等加以区别。

六、防制

本病目前尚无有效的免疫和治疗办法。

(1)加强饲养管理　特别是对幼年牛只更应注意给以足够的营养，以增强其抗病力。

(2)变态反应检疫　对所有牛用副结核菌素作变态反应进行检疫，每年进行4次(间隔3个月)。变态反应阴性牛方可调群或出场。连续3次检疫不再出现阳性反应牛，可视为健康。

(3)不要从疫区引进牛只　如已引进，则必须进行检疫，确认健康时，方可混群。

(4)扑杀病牛　对应用各种检查方法检出的病牛，要及时扑杀处理，但对妊娠后期的母牛，可在严格隔离的情况下，待产犊后3 d扑杀处理。

(5)严格消毒　被病牛污染过的牛舍、栏杆、饲槽、用具、绳索和运动场等，要用生石灰、来苏儿、氢氧化钠、漂白粉、石炭酸等消毒液进行喷雾、浸泡或冲洗。粪便应堆积高温发酵后作肥料用。

第二节　牛传染性角膜结膜炎

一、简介

牛传染性角膜结膜炎又称红眼病，是由牛莫拉氏菌引起的主要危害牛的一种急性、接触性传染病。本病以发生结膜炎、角膜炎，并伴有大量流泪和角膜浑浊为特征。

目前，世界各国均有本病的发生，大多集中在犊牛群，常引起肉用牛体重减轻、乳牛产奶量下降、失明等，给养牛业造成经济损失。

二、病的发生

1. 病原

本病的病原为牛莫拉氏菌，属于奈瑟氏球菌科莫拉氏菌属。本菌短而粗，呈球杆状，常呈二联排列。无芽孢、不能运动、无荚膜。革兰氏染色阴性。

牛莫拉氏菌抵抗力较弱，一般浓度的消毒药或加热到59℃经 5 min 均具杀菌作用。在外界环境中存活一般不超过 24 h，对青霉素、四环素等敏感。本病原菌须在太阳紫外线辐射的作用下引起发病。风、尘埃、蝇和创伤可促使病情加重。

2. 易感动物

牛（黄牛、奶牛、水牛）、绵羊、山羊、骆驼和鹿等，不分性别和年龄，均对本病易感，2 岁以内的犊牛发病较多而严重。

3. 传染源

病牛或带菌牛是本病的传染源。

4. 传播途径

本病主要发生于夏季的放牧牛，牛与牛之间可以通过直接或密切接触传染。在春、夏季家蝇和厩蝇可能通过采食带菌动物眼睛的分泌物，然后再转移到易感动物眼睛。蝇在牛群中的频频活动增加了传播传染病的机会。此外可由结膜囊排出的分泌物或渗出物通过鼻泪管进入鼻腔，再经过剧烈呼吸、哞叫、咳嗽或喷嚏而传播给同群健康牛。临床病愈后几个月的牛，其眼的分泌物中仍有莫拉氏菌。

5. 流行特点

本病主要发生于天气炎热和湿度较高的夏、秋季节，其他季节发病率较低。刮风、尘土等因素有利于病的传播。一旦发病，传播迅速，多呈地方流行或流行性。青年牛群的发病率可达 60%～90%。

三、临床症状

本病潜伏期一般为2～7 d,最长可到21 d。病畜一般无全身症状,很少发热,初期患眼羞明、流泪,眼睑肿胀、疼痛,稍后角膜凸起,角膜周围血管充血、舒张,结膜和瞬膜红肿,或在角膜上发生白色或灰色小点。严重者角膜增厚、发生溃疡,形成角膜瘢痕及角膜翳。有时发生眼前房积脓或角膜破裂,晶状体可能脱落。多数病例起初一侧眼患病,后为双眼感染。当眼球化脓时,则体温升高、食欲减退、精神沉郁、产乳量下降。病程一般为20～30 d。病畜一般无全身症状,很少有发热现象。多数可自然痊愈,但往往招致角膜云翳、角膜白斑和失明。

四、病理变化

常见的病理变化有结膜浮肿、高度充血,呈白斑状或白色浑浊。角膜病变多样,有凹陷型、白斑型、白色浑浊型、隆起型及突出型等。

五、诊断

根据流行病学特点,发病传播迅速,发病季节性以及临床症状等可以作出初步诊断。确诊需进行实验室检查。

1. 病原学检查

采取病牛眼结膜囊内分泌物或鼻液,接种于血液琼脂培养基上,33～35℃培养24 h后观察菌落形成狭窄的透明溶血环,呈半透明、灰白色,稍有黏性。病料涂片后用姬姆萨染色法、革兰氏染色法染色镜检,本菌革兰氏染色阴性、有荚膜、不形成芽孢、不运动。在病料中常成对存在,偶见短链,具多形性,有时可见球状、杆状和丝状。

2. 血清学试验

可采用沉淀试验、凝集试验、间接血凝试验、补体结合试验以及免疫荧光抗体技术等进行检查确诊。

六、防制

①贯彻预防为主的方针,保持栏舍和牲畜的干燥卫生,并坚持定期消毒。

②加强饲养管理,不从疫区引进牛、羊等动物及产品。引进的动物要严格检疫,隔离观察。

③在夏、秋季节要搞好灭蛾、蝇及防暑工作,避免强烈阳光的照射。

④患过本病的动物对重复感染有一定抵抗力,这也许是成年动物发病较少的

原因之一。牛莫拉氏杆菌有许多免疫性不同的菌株,用具有菌毛和血凝性的菌株制成多价苗才有预防作用。犊牛注苗后大约经过 4 周产生免疫力。

⑤如果发生疫情,应立即划定疫区,隔离病牛,早期治疗。彻底清除厩肥,消毒畜舍。清扫出来的牲畜粪便,要根据病原体的性质,进行堆沤发酵、掩埋、焚烧或用其他药物处理。清扫后的栏舍地面还需要喷洒化学消毒药或用其他方法,将残留的病原体彻底消灭干净。

⑥治疗。病畜可用2%～4%硼酸水洗眼,拭干后再用3%～5%弱蛋白银溶液或 2%氢化可的松眼膏滴入结膜囊,每日 2～3 次。也可滴入青霉素溶液(每毫升含5 000 IU),或涂四环素眼膏。如有角膜浑浊或角膜翳时,可涂 1%～2%黄降汞软膏。中药疗法:硼砂、硇砂和朱砂各等份,研为细末,用塑料管或竹管吹入眼内,每日 1 次。

第三节　牛传染性鼻气管炎

一、简介

牛传染性鼻气管炎又称"坏死性鼻炎"、"红鼻病"是由牛传染性鼻气管炎病毒引起牛的一种急性、热性、高度接触性呼吸道传染病。其特征是呼吸道黏膜发炎、流鼻液、咳嗽和呼吸困难等,还可能引起生殖道感染、结膜炎、脑膜炎、流产和乳房炎等病症。

本病广泛分布于美国、澳大利亚、欧洲各国、新西兰和日本,几乎遍布所有国家,成为全球疫病,我国于 1980 年从新西兰进口奶牛中发现本病。本病的危害性在于病毒侵入牛体后,可潜伏于一定部位,导致持续性感染,病牛长期乃至终生带毒,给控制和消灭本病带来极大的困难。该病被国际兽疫局定为 B 类传染病,我国也将其列入二类动物疫病。

二、病的发生

1. *病原*

本病的病原为牛传染性鼻气管炎病毒,属于疱疹病毒科甲型疱疹病毒亚科单纯疱疹病毒属。核酸类型为双股 DNA,有囊膜,对外界环境的抵抗力较强,但对热敏感,常用消毒药能迅速杀死。本病毒只有 1 个血清型,与马鼻肺炎病毒、马立克氏病病毒和伪狂犬病病毒有部分相同的抗原成分。

2. *易感动物*

本病只发生于牛,多见于育肥牛和奶牛,其中以 20～60 日龄的犊牛最易感,死亡率较高。

3. 传染源

病牛和带毒牛为主要传染源，隐性带毒牛往往是最危险的传染源。

4. 传播途径

病毒主要存在于病牛的呼吸道、唾液、精液、阴道分泌物、流产胎儿和胎盘中。经呼吸道、交配感染，也可经胎盘感染。

5. 流行特点

本病多发生于秋、冬寒冷季节，但畜舍拥挤、密切接触可促进本病的发生。

三、临床症状

本病潜伏期一般为 4～6 d，有时可达 21 d，可表现多种类型，主要有：

（1）呼吸道型　本型多见，多发生于较冷的季节。临床表现不一，有轻有重。表现为体温升高达 39.5～42℃，极度沉郁，拒食，鼻腔黏膜高度充血、溃疡，鼻孔流出多量黏液性、脓性分泌物。鼻窦及鼻镜因组织高度发炎发红而称为“红鼻子”，以后鼻黏膜发生坏死又称“坏死性鼻炎”。分泌物阻塞气管而出现呼吸困难和增数。鼻黏膜发生坏死，导致呼气中常有臭味。呼吸加快，常有深部支气管性咳嗽。有时可见带血腹泻。乳牛病初产乳量即大减，后完全停止，病程如不延长（5～7 d）则可恢复产量。

（2）生殖道感染型　又称牛传染性脓疱性外阴-阴道炎、“牛媾疫”。由配种传染，潜伏期 1～3 d，可发生于母牛及公牛。母牛表现为发热、沉郁、无食欲、尿频、有痛感、产乳稍降。阴门流出大量黏液性分泌物，呈线条状。阴道黏膜发炎充血，形成大量灰白色坏死性脓疱或斑块。公牛阴茎、包皮上可有与阴道黏膜相同的病变，公牛可不表现症状而带毒，从精液中可分离出病毒。

（3）脑膜脑炎型　本型主要发生于犊牛。体温升高达 40℃以上，病牛共济失调、沉郁，随后兴奋、惊厥、口吐白沫，最后倒地、角弓反张、磨牙、四肢划动、病程短促，多归于死亡。死亡率 50％以上。

（4）结膜炎型　一般无全身症状，有时也可伴随呼吸型一同出现，主要症状是结膜角膜炎。表现为结膜充血、水肿，并可形成粒状灰色的坏死膜。角膜轻度浑浊，但不出现溃疡。眼、鼻流出黏液性或脓性分泌物。很少引起死亡。

（5）流产型　一般认为是病毒经呼吸道感染后，从血液循环进入胎膜、胎儿所致。多发生于初产母牛，常发生于妊娠第 5～8 个月。流产前常无症状，也无胎衣不下现象。胎儿感染为急性过程，7～10 d 后以死亡告终，再经 24～48 h 排出体外。

四、病理变化

呼吸道黏膜的炎症、非化脓性感觉神经节炎和脑脊髓炎是本病的特征性病变。呼吸道黏膜发炎、有浅溃疡，在咽喉、气管及支气管黏膜表面有腐臭黏液性、脓性分泌物。可见化脓性肺炎、脾脓肿、肝表面和肾被膜下有坏死灶、第四胃胃黏膜发炎及溃疡、大小肠有卡他性肠炎。脑膜脑炎型的病灶呈非化脓性脑炎变化。生殖道感染型可见阴道黏膜表面形成小的脓疱。流产型胎儿的肝、脾局部坏死，有时皮肤有水肿。

五、诊断

牛传染性鼻气管炎的诊断以流行病学和临床病理学为基础，具有典型变化时可怀疑为本病，但后期由于黏膜坏死斑点及黏膜脓性分泌物的发生，易与黏膜病、牛痘、恶性卡他热相混淆，应注意区别，故需进一步实验室确诊。目前常用的方法有病毒分离鉴定和血清学试验，有血清中和试验、酶联免疫吸附试验(ELISA)、琼脂扩散试验和间接血凝试验等。

六、防制

1. 实行严格检疫

引入种牛必须进行隔离观察和血清学试验，证明无本病可混群饲养，防止引入传染源和带入病毒(如带毒精液)。

2. 免疫接种

关于本病的疫苗，目前有弱毒疫苗、灭活疫苗和亚单位苗(用囊膜糖蛋白制备)3类。研究表明，用疫苗免疫过的牛，并不能阻止野毒感染，也不能阻止潜伏病毒的持续性感染，只能起到防御临床发病的效果。皮下或肌肉注射康复牛的血液有保护作用，犊牛吃母牛的初乳能获得被动免疫，免疫期为3～4个月。

3. 防制措施

发病后应采取隔离、封锁、消毒等综合性措施，由于本病尚无特效疗法，病畜应及时严格隔离，最好予以扑杀或根据具体情况逐渐将其淘汰。

4. 治疗

本病目前无特异治疗方法。病后加强护理，以增强牛的耐受性。抗生素虽对本病无治疗作用，但可防治继发感染，控制并发症。为此可注射四环素200～250 IU，或土霉素2～2.5 g，每天2次。对脓疱性阴道炎及包皮炎，可用消毒药液，如0.1%高锰酸钾液、1%来苏儿、0.1%新洁尔灭等进行局部冲洗，洗净涂四环素或土霉素软膏，每天1～2次。

第四节 牛病毒性腹泻/黏膜病

一、简介

牛病毒性腹泻/黏膜病是由牛病毒性腹泻/黏膜病病毒引起牛的一种急性、热性、接触性传染病。其特征为黏膜发炎、糜烂、坏死和腹泻。

本病呈世界性分布，广泛存在于欧美等许多养牛业发达的国家。1980年以来，我国从西德、丹麦、美国、加拿大和新西兰等10多个国家引进奶牛和种牛，将本病带入我国，并分离鉴定出了病毒。我国将其列入三类动物疫病。

二、病的发生

1. 病原

本病的病原为牛病毒性腹泻/黏膜病病毒，属于黄病毒科瘟病毒属。病毒呈球形，核酸类型为单股RNA，有囊膜。本病毒与猪瘟病毒、边界病毒为同属病毒，有密切的抗原关系。对外界环境的抵抗力很弱，56℃很快被灭活，对胰酶、乙醚和氯仿敏感。常用消毒药能迅速杀死，但在冻干状态下可存活数年。

2. 易感动物

各种牛对本病均有易感性。多见于肉用牛，羊、猪和鹿等也可感染，但一般不表现临床症状，却对本病传播起着重要作用。

3. 传染源

患病动物和带毒动物是本病的主要传染源。康复病牛可带毒202 d以上。

4. 传播途径

直接或间接接触均可传染本病。病畜可从鼻液、泪液和粪便等排出病毒，污染饲料、饮水和用具等，经消化道和呼吸道感染，也可经胎盘感染。

5. 流行特点

本病无季节性，可常年发病，但多发生于冬、春季节。在新疫区急性病例多，一般不超过5%，但死亡率可达90%～100%；老疫区急性病例很少，发病率和死亡率很低。而隐性感染率在50%以上。本病也常见于肉用牛群中，关闭饲养的牛群发病时往往呈暴发式。

三、临床症状

本病潜伏期为7～14 d。根据临床症状和病程可分急性型和慢性型。

(1)急性型　多见于犊牛，表现为突然发病，体温升高达40～42℃，持续4～7 d，有的出现第2次体温升高。精神沉郁，厌食，呼吸加快，白细胞减少。鼻腔流黏液性鼻液。2～3 d鼻镜及口腔黏膜表面可能有糜烂，舌面上皮坏死，流涎，呼气恶臭。一般在口内发生损伤之后常发生严重的腹泻，粪便呈水样、恶臭，以后带有黏液和血液。有些病牛常有蹄叶炎及趾间皮肤糜烂坏死，从而导致跛行。急性病例很少有恢复，通常在发病后1～2周死亡。

(2)慢性型　病牛很少出现体温升高，但体温可能有高于正常的波动。主要症状是鼻镜发生糜烂，此种糜烂可在全鼻镜上连成一片。在口腔内很少有糜烂，但门齿齿龈通常发红。眼有浆液性分泌物。间歇性腹泻。蹄叶炎及趾间皮肤糜烂、坏死，跛行。母牛在妊娠期感染本病，常发生流产或产出有先天性缺陷的犊牛，最常见的是小脑发育不全。大多数患牛均死于2～6个月内。

四、病理变化

主要病变在消化道和淋巴结。鼻镜、鼻腔、口腔黏膜有糜烂和溃疡，特征性病变是食道黏膜糜烂，呈大小和形状不一的直线排列。瘤胃黏膜偶见出血和糜烂，第四胃炎性水肿和糜烂。肠壁因水肿增厚，肠淋巴结肿大，小肠急性卡他性炎症，空肠、回肠较为严重，盲肠、结肠、直肠有卡他性、出血性、溃疡性以及坏死性等不同程度的炎症。在流产胎儿的口腔、食道、真胃及气管内可能有出血斑及溃疡。

五、诊断

根据临床上发热，早期白细胞减少及口腔糜烂、腹泻、消化道(尤其是食道)糜烂、溃疡等可初步诊断。确诊须依赖病毒的分离鉴定及血清学检查。

病毒分离应于病牛急性发热期间采取血液、尿、鼻液或眼分泌物，剖检时采取脾、骨髓、肠系膜淋巴结等病料，人工感染易感犊牛或用乳兔来分离病毒，也可用牛胎肾、牛睾丸细胞分离病毒。

血清学试验目前应用最广的是血清中和试验，试验时采取双份血清(间隔3～4周)，滴度升高4倍以上者为阳性，本法可用来定性，也可用来定量。此外，还可应用补体结合试验、免疫荧光抗体技术、琼脂扩散试验以及聚合酶链反应(PCR)等方法来诊断本病。

本病应注意与牛瘟、口蹄疫、牛传染性鼻气管炎、恶性卡他热及水疱性口炎、牛蓝舌病等相区别。

六、防制

①要加强口岸检疫，从国外引进种牛、种羊和种猪时必须进行血清学检

查，防止带毒。

②国内在进行牛只调拨或交易时，要加强检疫，防止本病的扩大或蔓延。

③免疫接种。主要应用弱毒疫苗和灭活苗进行免疫接种来预防本病，犊牛在断乳前后进行1次免疫接种，配种前3周再进行1次免疫接种，多数牛可获得终生免疫。

④一旦发生本病，对病牛要隔离治疗或急宰。本病目前无有效治疗方法。发病时应进行对症治疗和加强护理，增强机体抵抗力。应用收敛剂和补液疗法可缩短恢复期，减少损失。用抗生素和磺胺类药物，可减少继发性细菌感染。

第五节　牛恶性卡他热

一、简介

牛恶性卡他热是由恶性卡他热病毒引起的牛等反刍动物的一种急性、热性高度致死性的传染病。其特征为持续性高热，上呼吸道和消化道黏膜发生卡他性纤维素性炎症，并伴有角膜浑浊，神经症状，淋巴结肿大。

本病散发于世界各地，但具有很高死亡率。该病被国际兽疫局定为B类传染病，我国也将其列入二类动物疫病。

二、病的发生

1. 病原

本病病原为牛恶性卡他热病毒，属于疱疹病毒科、恶性卡他热病毒属。核酸类型为DNA，有囊膜。病毒主要存在于病牛的血液、脑、脾等组织中。病毒对外界环境的抵抗力不强，不能抵抗冷冻及干燥。血液中的病毒在室温下24 h失去毒力，因而病毒较难保存。较好的保存方法是将经枸橼酸盐脱纤的含毒血液保存在5℃环境中。常用消毒药都能迅速将其杀死。

2. 易感动物

本病主要发生于1～4岁的黄牛和水牛，绵羊和鹿也可感染，但症状不易观察或无症状，成为病毒携带者。

3. 传染源

带毒绵羊是本病的传染源，许多工作者早就注意到，发病牛多与绵羊有接触。一般认为健牛与病牛直接接触并不感染。

4. 传播途径

本病自然感染的方式目前尚不清楚，但认为有与吸血昆虫、胎盘及带毒绵羊接触时经呼吸道感染的可能。

5. 流行特点

本病一年四季均可发病，但多见于冬季和早春，多呈散发，有时呈地方流行性。多数地区发病率较低，而病死率可高达60%～90%。

三、临床症状

潜伏期长短差别很大，一般为4～20周，最常见的为28～60 d。根据临床表现可分为最急性型、头眼型、肠型和皮肤型。以上各型可混合出现，但头眼型最多见。

(1)最急性型　突然发病，体温升高达41～42℃，稽留不退，精神沉郁，食欲和反刍减少或停止，但饮欲增加。眼结膜潮红，鼻镜干热，呼吸及心跳加快。有时出现急性胃肠炎症状。

(2)头眼型　本型多见，其症状为本病的典型症状，体温升高达41～42℃；双眼羞明、流泪，眼睑肿胀，结膜充血、潮红，流出黄褐色脓性及纤维素性分泌物，继而发展为角膜炎和角膜浑浊，甚至溃疡穿孔；口腔黏膜潮红、糜烂或溃疡，覆盖黄色假膜，流涎；鼻腔黏膜充血、鼻腔流出的分泌物为黏稠脓样，有时形成黄色长线状物直垂到地面，如分泌物凝固则阻塞鼻孔而引起呼吸困难；脑和脑膜发炎，病牛出现兴奋不安、高声哞叫、磨牙、冲撞、肌肉震颤等神经症状；体表淋巴结肿大。病程1～2周，多数以死亡而告终。

(3)肠型　以纤维素性坏死性肠炎为特征。高热稽留，严重腹泻，粪便如水样、恶臭，内含有坏死组织和血液。

(4)皮肤型　体温升高，皮肤出现丘疹、水疱，关节显著肿胀，淋巴结肿大。

四、病理变化

病理变化依临床症状而异。除上述眼、鼻、口和皮肤病变外，全身淋巴结肿胀和出血。胃肠黏膜充血出血。脑膜充血，有时可见出血。脾肿大。心肌变性，心外膜有点状出血。

五、诊断

根据流行特点、临床症状和剖检变化可作出初步诊断，确诊需进行实验室检查，包括病毒分离培养鉴定、动物试验和血清学诊断等。注意与牛巴氏杆菌病、口蹄疫、牛病毒性腹泻/黏膜病等的区别。

六、防制

①加强饲养管理，禁止牛和羊的接触。

②发病时应及时隔离，消毒，对症治疗。治疗可用肾上腺皮质激素、抗生素、氯化钙、强心剂和葡萄糖生理盐水等。

第六节 牛流行热

一、简介

牛流行热又称“三日热”、“暂时热”，是由牛流行热病毒引起牛的一种急性、热性、全身性传染病。其特征为突然高热、流泪、流涎、鼻漏、呼吸促迫、后躯僵硬、跛行。发病率高，但死亡率低。

本病广泛流行于非洲、亚洲及大洋洲。我国也有本病的发生和流行，而且分布面较广。我国将其列入三类动物疫病。

二、病的发生

1. 病原

本病的病原为牛流行热病毒，又称为牛暂时热病毒，属于弹状病毒科弹状病毒属。病毒粒子呈弹形或圆锥形，核酸类型为单股 RNA。本病毒耐寒不耐热，对低温稳定，4℃冻干毒和－70℃保存几年仍具有活性。对酸和碱均敏感，一般的消毒药能杀死病毒。

2. 易感动物

本病主要侵害乳牛和黄牛，水牛较少发病，以 3～5 岁牛多发，肥胖的牛病情较严重。产奶量高的母牛发病率高。

3. 传染源

病牛是本病的主要传染源，病毒主要存在于病牛的血液中、呼吸道分泌物及粪便中。

4. 传播途径

本病自然传播多经呼吸道，吸血昆虫是重要的传播媒介。

5. 流行特点

本病的流行具有明显的季节性，一般在夏末到秋初、高温炎热、多雨潮湿、蚊虫多生的季节流行。本病的传染力强，传播迅速，短时间内可使很多牛发病，一般呈流行性或大流行性，并具有明显的周期性，6～8年或3～5年流行1次，1次大流行之后，常有1次较小的流行。

三、临床症状

本病的潜伏期为3～7 d。病畜表现为突然发病，体温升高达39.5～42.5℃，持续1～3 d后骤退。在体温升高时，患牛表现精神不振，食欲减退，反刍停止，脉搏、呼吸加快；多数病牛鼻炎性分泌物成线状，随后变为黏性鼻涕；流泪，眼睑和结膜充血、水肿，畏光；口腔发炎，流涎，口角有泡沫；个别牛四肢关节浮肿、僵硬、疼痛而出现跛行，重者起立困难、卧地不起；病牛有时出现便秘或腹泻，尿量少呈暗褐色浑浊；病牛皮温不整，特别是角根、耳、肢端有冷感；妊娠牛可能发生流产、死胎，泌乳量下降或停止。多数病例呈良性经过，病程3～4 d，很快恢复，死亡率一般不超过1%。有的病例常因跛行或瘫痪而被淘汰。

四、病理变化

上呼吸道黏膜充血、出血、肿胀。气管内充满大量泡沫状的黏液。肺显著肿大，有不同程度的水肿和间质性气肿，压迫有捻发音，切面流出大量暗紫红色泡沫状黏液。胸腔积液，呈暗紫红色。全身淋巴结充血、肿大或出血。真胃、小肠和盲肠呈卡他性炎症和渗出性出血。实质脏器浑浊肿胀或有出血点。真胃及肠黏膜为卡他性炎症或出血。关节、腱鞘、肌膜发炎。流产胎儿体表有出血点。

五、诊断

本病的特点是大群发生，传播快速，有明显的季节性和周期性，高热稽留，呼吸困难，流浆液性鼻液，咳嗽，眼羞明、流泪，运动障碍，病程短，发病率高，病死率低，据此可作出初步诊断。但确诊本病还要作病原分离鉴定，或用中和试验、补体结合试验、琼脂扩散试验、免疫荧光法、酶联免疫吸附试验（ELISA）等进行检验。必要时采取病牛全血，用易感牛作交叉保护试验。

六、防制

①在本病的常发区加强消毒，扑灭蚊、蠓等吸血昆虫，切断本病的传播途径。

②定期对牛进行免疫注射是预防本病的重要措施，本病可选用β丙内酯灭活苗、亚单位疫苗及病毒裂解疫苗接种牛只。

③发生本病时，要对病牛及时隔离治疗，对假定健康牛群及受威胁牛群可采用高免血清进行紧急预防接种。

④治疗本病无特效药物，只能进行对症治疗，病初可根据具体情况酌用退热药及强心药，停食时间长可适当补充生理盐水及葡萄糖溶液。另外可结合病情应用强心剂、解毒剂、镇静剂和抗生素等。治疗时，切忌灌药，因病牛咽肌麻痹，药物易流入气管和肺里，引起异物性肺炎。

第七节 牛白血病

一、简介

牛白血病又称地方性牛白血病、牛淋巴肉瘤、牛白细胞增生病，是由牛白血病病毒引起牛的一种慢性、肿瘤性传染病。其特征是淋巴样细胞恶性增生，进行性恶病质和高度病死率。

本病早在19世纪末即被发现，目前本病分布广泛，几乎遍及全世界养牛的国家。该病被国际兽疫局定为B类传染病，我国也将其列入二类动物疫病。

二、病的发生

1. 病原

本病的病原为牛白血病病毒，属于反转录病毒科牛白血病-人嗜T细胞反转录病毒属的代表种。病毒粒子呈球形，外包双层囊膜，核酸类型为单股RNA。对外界环境的抵抗力很弱，常用消毒药能迅速将其杀死。

2. 易感动物

本病主要发生于成年牛，以4～8岁牛最常见。绵羊、水豚也能感染，人工接种可使羊和小鼠等发病。

3. 传染源

病牛和带毒者是本病的传染源。

4. 传播途径

本病可水平传播、垂直传播及经初乳传染给犊牛。近年来证明吸血昆虫在本病传播上具有重要作用。被污染的医疗器械（如注射器、针头），可以起到机械传播本病的作用。

三、临床症状

本病潜伏期很长，4～5年，根据临床表现可分为亚临床型和临床型。

(1)亚临床型　临床上无淋巴结增生肿大，主要是淋巴细胞增生，但无明显全身症状，多数牛可持续多年或终身不恶化，少数牛可进一步发展为临床型。

(2)临床型　体温一般正常，有时略有升高。食欲不振、生长缓慢，体重减轻。体表或经直肠能摸到淋巴结呈一侧性或对称性肿大，触诊无热无痛，能移动。腮淋巴结或股前淋巴结常显著增大，触摸时可移动。如一侧肩前淋巴结增大，病牛的头颈可向对侧偏斜；眶后淋巴结增大可引起眼球突出。通常以死亡而告终，但其病程可因肿瘤病变发生的部位、程度不同而异，一般在数周至数月之间。

四、病理变化

尸体消瘦、贫血。主要病变为体表的颌下淋巴结、肩前淋巴结、股前淋巴结、乳房上淋巴结、腰下淋巴结及体内的肾淋巴结、纵隔淋巴结和肠系膜淋巴结肿大、被膜紧张、呈均匀灰色、柔软、切面突出、有出血和坏死。心脏、皱胃和脊髓常发生浸润。心肌浸润常发生于右心房、右心室和心隔，色灰而增厚。循环紊乱导致全身性被动充血和水肿。皱胃壁由于肿瘤浸润而增厚变硬。脊髓被膜外壳里的肿瘤结节，使脊髓受压、变形和萎缩。肾、肝、肌肉、神经干和其他器官亦可受损，但脑的病变少见。

五、诊断

根据流行特点、临床症状和剖检变化可初步诊断。如不明原因的消瘦，发生于 4～8 岁的成牛，淋巴结肿大(腮、肩前、股前)；剖检可见到特征的肿瘤病变。确诊需进行病原学检查或血清学试验。

六、防制

①无本病的牛场，应防止本病的引入。引入种牛时应进行血清学检查，阴性牛也必须隔离 3～6 个月方能混群。

②定期消毒，驱除吸血昆虫，杜绝因手术、注射可能引起的交互传染。

③发病时应及时隔离和淘汰。

④有本病发生后，可每年进行 3～4 次临床、血液和血清学检查，不断淘汰阳性牛。

第八节　蓝　舌　病

一、简介

蓝舌病是由蓝舌病病毒引起反刍动物的一种急性、非接触性传染病。特征为发热，消瘦，口、鼻和胃黏膜发生溃疡性炎症。由于病羊，特别是羔羊长期发育不良、死亡，胎儿畸形，羊毛受到破坏，造成的经济损失很大。

本病的分布很广，很多国家均有本病存在，1979 年我国云南省首次确定绵羊蓝舌病，1990 年在甘肃省又从黄牛体内分离出蓝舌病病毒。该病被国际兽疫局定为 A 类传染病，我国也将其列入一类动物疫病。

二、病的发生

1. *病原*

本病的病原为蓝舌病病毒，属于呼肠孤病毒科环状病毒属，为一种双股 RNA 病毒，已知病毒有 24 个血清型，各型之间无交互免疫力。对外界环境的抵抗力较强，在腐败的血液中可保持活力数年，耐干燥，但对酸和碱敏感。常用的消毒药 3%甲醛溶液和 3%氢氧化钠溶液，能迅速将其杀死。

2. *易感动物*

绵羊易感本病，不分品种、性别和年龄，以 1 岁左右的绵羊最易感，吃奶的羔羊有一定的抵抗力。牛和山羊的易感性较低，多为隐性感染。

3. *传染源*

病羊和带毒羊是本病的主要传染源，病愈绵羊血液能带毒达 4 个月之久。牛和山羊感染后多数成为无症状带毒者，也是重要传染源。

4. *传播途径*

本病主要通过库蠓经血液传递，绵羊虱、蝇也能机械传播本病。公牛感染后，其精液内带有病毒，可通过交配和人工授精传染给母牛。病毒也可通过胎盘感染胎儿。

5. *流行特点*

本病多发生于库蠓分布较多的夏、秋季节，特别是池塘、河流较多的地区。

三、临床症状

本病潜伏期 3～8 d。病初体温升高达 40.5～41.5℃，稽留 2～3 d。表现厌食，委顿，离群。流涎，口唇水肿可蔓延到面部和耳部，甚至颈部、腹部。口腔黏膜充血而后发绀，呈青紫色。随后口腔连同唇、齿龈、颊、舌黏膜糜烂，出现吞咽困难。随着病程的发展，在溃疡面有血液渗出，使唾液呈红色。鼻流黏性分泌物，鼻孔周围结痂，引起呼吸困难和鼾声。有的蹄冠、蹄叶发炎疼痛而引起跛行或卧地不起。病羊后期消瘦、衰弱，有的便秘或腹泻，有时下痢带血。妊娠母羊可发生流产、死胎或胎儿先天性异常。病程为 6～14 d，发病率为 30%～40%，病死率

2%～3%。有时可高达 90%。经 10～15 d 痊愈，6～8 周后蹄部也恢复。

山羊的症状与绵羊相似，但一般比较轻微。牛通常缺乏症状，约有 5%的病例可显示轻微症状，其临床表现与绵羊相同。

四、病理变化

病变主要见于口腔、瘤胃、心脏、肌肉、皮肤和蹄部。口腔出现糜烂和深红色区，舌、齿龈、硬腭、颊黏膜和唇水肿。瘤胃黏膜有深红色区和坏死灶。消化道、呼吸道和泌尿道黏膜及心肌、心内外膜均有出血点，重者消化道黏膜有坏死和溃疡。肌肉出血，肌纤维变性。真皮充血、出血和水肿。脾脏通常肿大。肾和淋巴结轻度发炎和水肿。有时有蹄叶炎变化。

五、诊断

根据流行特点、临床症状和剖检变化可作出初步诊断。确诊可采取病料进行人工感染或通过鸡胚、乳鼠和乳仓鼠分离病毒。也可进行血清学试验，主要应用琼脂扩散试验、酶联免疫吸附试验(ELISA)、荧光抗体技术等。

六、防制

①免疫接种是预防本病的有效办法，每年在昆虫开始活动前 1 个月用疫苗对羊群进行免疫接种。目前所用疫苗有弱毒疫苗、灭活疫苗和亚单位疫苗，以弱毒疫苗比较常用，二价或多价疫苗可产生相互干扰作用，因此二价或多价疫苗的免疫效果会受到一定影响。

②引入的种羊应进行严格的检疫。

③定期进行药浴、驱虫，控制和消灭本病的媒介昆虫(库蠓)，作好牧场的排水工作。

④严防用带毒精液进行人工授精。

⑤发现病羊及时扑杀，防止本病的扩散。

第九节　羊　口　疮

一、简介

羊口疮又名山羊传染性脓疱性口炎，它是一种由口疮病毒引起的急性接触性传染病。其特征为口腔黏膜、唇部、面部、腿部和乳房部的皮肤形成丘疹、脓疱、溃疡和结成疣状厚痂。

本病见于世界各地，特别是欧、非、澳、美各洲多见。我国的甘肃、青海及陕西均有发生，一般都称之为“口疮”。

二、病的发生

1. 病原

本病的病原为羊口疮病毒，又称为传染性脓疱病病毒，属于痘病毒科副痘病毒属。病毒主要存在于疱疹内容物和痂皮中，对外界有相当强的抵抗力，暴露于夏季阳光下经 30～60 d 其传染性才消失，在秋、冬季散落在土壤里的病毒到次年春天仍有传染性。而且可存活数年。本病毒对高温较为敏感，60℃经 30 min 即可将其灭活，但加热至 64℃可于 2 min 内将其杀死。常用的消毒药为 2%氢氧化钠溶液、10%石灰乳、20%热草木灰溶液。

2. 易感动物

感染羊无性别差异，以 3～6 月龄的羔羊发病最多，人和猫也可感染本病，其他动物不易感染。

3. 传染源

该病的主要传染来源是病羊和其他带毒动物。

4. 传播途径

病羊皮肤和黏膜的擦伤为主要感染途径。病毒主要存在于病变部的渗出液和痂块中，健羊可因与病羊直接接触而受感染，也可以经污染的羊舍、草场、草料、饮水和饲管用具等受到感染。

5. 流行特点

本病无明显的季节性，常因饲养环境改变和引种长途运输产生应激反应而诱发，传染很快，常见为群发。疫区的成年羊多有一定的抵抗力，为常年散发。

三、临床症状

本病潜伏期为 36～48 h，病程为 3 周左右。该病在临床上分为唇型、蹄型和外阴型，也见混合型感染病例。

(1)唇型　此型最为常见，病初山羊精神沉郁，不愿采食，体温无明显升高，口角、上下唇或鼻镜上出现散在的小红斑，逐渐变为丘疹和小结节，继而成为水疱、脓疱。破溃后，结成黄色或棕色的疣状硬痂。如为良性经过，则经 1～2 周，痂皮干燥、脱落而康复。

严重病例，患部继续发生丘疹、水疱、脓疱痂垢，并互相融合，波及整个口唇周围及眼睑和耳廓等部位，形成大面积痂垢。痂垢不断增厚，痂垢下伴有肉芽组织增生。整个嘴唇肿大外翻呈桑葚状隆起，影响采食，病羊日趋衰弱而死。个别病例常伴有化脓菌和坏死杆菌等继发感染，引起深部组织化脓和坏死，致使病情恶化。有些病例危害到口腔黏膜，发生水疱、脓疱和糜烂。病羊采食、咀嚼和吞咽困难，严重者继发肺炎而死亡。

(2)蹄型　于蹄叉、蹄冠或系部皮肤上形成水疱、脓疱，破裂后形成由脓液覆盖的溃疡。如继发感染则发生化脓性坏死，常波及基部、蹄骨，甚至肌腱和关节，病羊跛行，长期卧地，衰竭而死。

(3)外阴型　表现为黏性和脓性阴道分泌物，在肿胀的阴唇及附近皮肤上发生溃疡，乳房和乳头的皮肤上发生脓疱、烂斑和痂垢；公羊表现为阴鞘肿胀，出现脓疱和溃疡。

四、病理变化

病死羊尸体极度消瘦，口唇黑色结痂，延伸至面部，口腔内有水疱、溃疡和糜烂，面部皮下有出血斑。气管出现环状出血，肺部肿胀，颜色变暗。其他部位眼观无变化。

五、诊断

根据流行病学、临床症状、典型病例，特别是病羊口角周围有增生性桑葚状突起，一般诊断不难，但应注意与羊痘、溃疡性皮炎、坏死杆菌病等相区别。羊痘的痘疹多为全身性，病羊体温升高，全身反应严重，痘疹结节呈圆形，突出于皮肤表面，界限明显，似脐状。溃疡性皮炎主要侵害1岁以上的羊，损伤主要表现为组织破坏，以溃疡为主，不形成疣状痂。坏死杆菌病主要表现组织坏死，而无水疱、脓疱的病变，也无疣状增生物，必要时应作细菌学检查和动物试验进行区别。

六、防制

1. 加强饲养管理

保持皮肤、黏膜不发生损伤，特别是羔长牙阶段，口腔黏膜娇嫩，易引起外伤。因此应尽量清除饲料或垫草中的芒刺和异物，避免在有刺植物的草地放牧。适时加喂适量食盐，以减少其啃土、啃墙。

2. 严格检疫

禁止从疫区引进羊只和购买畜产品。新购入的羊应全面检查，并对羊只蹄部、体表进行彻底清洗与消毒，隔离观察1个月以后，在确认健康后方可混入其他羊群。

3. 免疫接种

免疫接种是预防该病的有效措施。国外已研制出减毒疫苗，在配种前注射于母羊肘后皮下，在注射局部产生硬痂，待母羊分娩后，通过初乳能使羔羊获得一定的免疫力。该疫苗可引起诸如跛行等轻度反应，因此仅限本病流行地区使用。也可把患病羊只口唇部痂皮取下，剪碎、研制成粉末，然后用50%甘油灭菌生理盐水稀释成1%浓度，涂于股内皮肤划痕处或刺种于耳部。

当羊群已发病时，疫苗的接种已无多大用处，故必须在疾病未出现之前进行接种。

4. 防制措施

发现病羊及时隔离，对圈舍进行彻底消毒。饲槽、圈舍、运动场可用石灰粉或3%氢氧化钠消毒。患病羊吃剩的草和接触过的草都应做消毒或焚烧处理。同时给予病羊柔软、富有营养、易消化的饲料，保证饮水清洁。

5. 治疗

①首先应对病羊加强护理。经常给病羊供应清水，饲料不可过于干硬，遇到病势严重而吃草料困难时，可给予鲜奶或稀料。

②病轻者通常可以自愈，不需要治疗。对严重病例，应每日给疮面涂以2%～3%碘酊、1%来苏儿溶液、3%龙胆紫或5%硫酸铜溶液。亦可涂用防腐性软膏，如3%石炭酸软膏或5%水杨酸软膏。如果口腔内有溃烂，可由口侧注入1%稀盐酸或3%～4%的氯酸钾，让羊嘴自行活动，以达洗涤的目的，然后涂以碘甘油或抗生素软膏。在补喂精料之前短时间内，不可用消毒液洗涤口外疮伤，否则会因疮面湿润而在吃精料时容易粘上料粒，反复如此，可使疮痂越来越大，羊张口不易，采食困难。

第十节　羊传染性胸膜肺炎

一、简介

羊传染性胸膜肺炎又称羊支原体肺炎，是由支原体引起羊的一种高度接触性传染病，特征为高热、咳嗽，肺脏及胸膜发生浆液性和纤维素性炎症。死亡率很高，对养羊业危害很大。该病被国际兽疫局定为B类传染病。

二、病的发生

1. 病原

本病的病原为支原体，包括丝状支原体山羊亚种、丝状支原体丝状亚种、山羊支原体山羊肺炎亚种和绵羊肺炎支原体。该类支原体没有细胞壁，具有多形性，一般呈球形、环形、杆形、星形、弧形，但以球形为主，革兰氏染色阴性。对外界环境的抵抗力不强。对红霉素高度敏感，四环素也有较强的抑菌作用。常用消毒药能在几分钟内将其杀死。

2. 易感动物

山羊和绵羊均易感本病，0.5～1 岁幼龄羊发病率较高，与性别无关。

3. 传染源

病羊和带菌羊是本病主要的传染源，感染羊的肺组织和胸腔渗出液中都含有大量的病原体。

4. 传播途径

病原体主要从呼吸道排出，通过飞沫由呼吸道感染。

5. 流行特点

本病可常年发病，呈地方性流行。但阴雨连绵、寒冷潮湿、饲养密度大、卫生条件差、抵抗力下降等可以激发或加剧该病的发生。发病率和死亡率较高。

三、临床症状

本病潜伏期一般为 2～28 d。根据临床症状和病程长短可分为最急性型、急性型和慢性型 3 种。

(1)最急性型　多发生于本病流行的初期，病羊体温升高达 41～42℃，精神沉郁，食欲废绝，呼吸急促，数小时后出现肺炎症状，干咳，而后出现呼吸困难，鼻孔扩张，鼻腔流出浆液并带有血液。肺部叩诊有浊音或实音区，听诊肺泡音减弱、消失或有捻发音。1～2 d 后，病羊卧地不起，四肢伸直，呼吸极度困难并全身颤动，黏膜高度充血、发绀，常因窒息而死亡。病程一般不超过 4～5 d，有的仅 12～24 h。

(2)急性型　最常见。病初体温升高，食欲减退，出现咳嗽，伴有浆液性鼻漏。几天以后，咳嗽变干而痛苦，鼻腔分泌物转为铁锈色的脓性黏液，黏附于鼻孔和上唇。胸部叩诊有实音区，听诊呈支气管呼吸音和摩擦音，按压胸壁表现敏感、疼痛，多发生在一侧。后期病羊高热稽留不退，食欲废绝，眼睑肿胀、流泪、有脓性或黏性分泌物。由于呼吸极度困难，表现头颈伸直，腰背弓起，张口呼吸。孕羊大批流产。濒死前体温降至常温以下，病程多为 1～2 周，有的可达 1 个月。

(3)慢性型　多数由急性转来，也有开始就是慢性经过的。多见于夏季，全身症状较轻，体温 42℃左右。病羊时常咳嗽和腹泻，鼻涕时有时无，身体衰弱，被毛粗乱、无光。如饲养管理不当或继发感染时可使病情恶化而迅速死亡。

四、病理变化

特征病变是纤维素性胸膜肺炎的变化。急性病例的损害多为一侧或双侧肺叶与胸壁轻微粘连。肝变区凸出于肺表，颜色由红色至灰色不等，切面呈大理石样外观，纤维素渗出液的充盈使得肺小叶间组织变宽，小叶界限明显，支气管扩张。胸膜变厚而且粗糙，附着一层黄白色的纤维素，心包粘连。胸腔常有淡黄色的液体，暴露于空气后其中有纤维蛋白凝块。此外，可见心包积液，心肌松弛、变软。肝、脾肿大，胆囊肿胀，肾肿大和膜下小点出血。病程延长者肺、肝变区机化，结缔组织增生，甚至有包囊化的坏死灶。

五、诊断

根据流行特点、临床症状和剖检变化可作出初步诊断，确诊须进行病原学检查和血清学试验。血清学试验可用补体结合试验，多用于慢性病例。

本病在临床上和病理上均与羊巴氏杆菌病相似，但用病料进行涂片做细菌学检查，巴氏杆菌病为两极浓染的短小杆菌。

六、防制

①平时应加强羊群的饲养管理，搞好环境卫生和日常消毒，防止羊群与其他反刍动物接触。

②防止引入或迁入病羊和带菌羊，新引进羊只必须隔离检疫 1 个月以上，确认健康时方可混入大群。

③免疫接种是预防本病的有效措施，我国目前除利用丝状支原体山羊亚种制造的山羊传染性胸膜肺炎氢氧化铝苗和鸡胚化弱毒苗以外，最近又研制成绵羊肺炎支原体灭活苗。应根据当地的实际情况选择适当的疫苗。

④发生该病时，应立即进行封锁，对病羊、可疑病羊和假定健康羊分群隔离和治疗。对被污染的羊舍、场地、饲养管理用具进行彻底消毒，对病羊尸体、粪便等进行无害化处理。

⑤对病羊进行治疗。发病初期可使用足够剂量的土霉素、四环素、恩诺沙星及卡那霉素等药物治疗。

第十一节　羊梭菌性疾病

羊梭菌性疾病是由梭状芽孢杆菌属中的微生物所致的一类疾病。本病包括羊肠毒血症、羊快疫、羊猝狙、羔羊痢疾和羊黑疫。其特点是发病快、病程短、死亡率高。临床症状有相似之处，容易混淆，对养羊业危害较大。

一、羊肠毒血症

(一)简介

羊肠毒血症又称软肾病、类快疫，是由D型魏氏梭菌在羊肠内大量繁殖产生毒素引起的一种急性传染病。特点是腹泻、惊厥、麻痹和突然死亡，死后肾脏多软化如泥。本病在临床症状上类似羊快疫，故又称“类快疫”。

(二)病的发生

1. 病原

本病的病原为魏氏梭菌，又称为产气荚膜杆菌，为两端钝圆、呈单个或成双排列、无鞭毛、不能运动的杆菌。在动物体内能形成荚膜，芽孢位于菌体的中央或近端。革兰氏染色为阳性。

本菌对厌氧要求不十分严格。在普通培养基上迅速生长。在牛乳培养基中能迅速分解糖产酸，凝固酪蛋白，产生大量气体，并将凝固的酪蛋白迅速冲散成海绵状碎块称为“暴发酵”，这是本菌的特征。根据产生毒素的不同，可将本菌分为A、B、C、D、E等5个型，引起羊肠毒血症主要是D型魏氏梭菌，D型主要产生ε毒素，A型和C型均能产生α毒素，C型还可以产生β毒素。

常用的消毒药能杀死魏氏梭菌的繁殖体，但芽孢体抵抗力较强，消毒时常用20%漂白粉、3%～5%氢氧化钠溶液等。

2、易感动物

各种品种、年龄的羊都可以感染发病，但绵羊多发，山羊较少，通常以2～12月龄、膘情好的羊多发。

3. 传染源和传播途径

D型魏氏梭菌为土壤常在菌，也存在于污水中，病原体芽孢污染饲料或饮水。当春末和夏、秋季节从干草改吃大量谷类或青嫩多汁和富有蛋白质的草料之后，本菌在肠道内大量繁殖，产大量ε原毒素，经胰蛋白酶的作用转变成ε毒素，引起肠毒血症。因此，病羊作为传染源的意义有限。

4. 流行特点

本病表现出明显的季节性和条件性，多呈散发。

(三)临床症状

本病潜伏期0.5～1 d，突然发病，很快死亡，很少能见到临床症状。体温不高,血、尿常规检查常有血糖、尿糖升高现象。临床上可分为2种类型:一类以抽搐为特征,表现为四肢强烈地划动,肌肉震颤,眼球转动,磨牙,口水过多,随后头颈显著抽缩,往往在2～4 h内死亡;另一类以昏迷和静静死亡为特征,表现为步态不稳,以后卧倒,并有感觉过敏,流涎,上下颌"咯咯"作响,继以昏迷,角膜反射消失,有的病羊发生腹泻,通常在3～4 h内静静地死去。抽搐型和昏迷型在症状上的差别是由于吸收的毒素多少不一的结果。

(四)病理变化

患病羊的尸体异常膨胀,胃肠内充满气体和液状内容物。真胃黏膜发炎,有坏死灶,内充满未消化的饲料。肠道(主要是小肠)黏膜充血、出血,重者肠壁呈血红色,俗称"红肠子",有时出现溃疡。肾脏肿大、实质变软,重者软化如泥。胆囊肿大1～3倍。心包常扩大,内含灰黄色液体和纤维素絮块,左心室的心内外膜下有多数小点出血。肺脏出血和水肿。

(五)诊断

可依据本病发生的情况和病理变化,尿内发现葡萄糖等作出初步诊断。发现高血糖和糖尿也有诊断意义。

实验室检查可取肠内容物,如内容物浓稠可用生理盐水稀释1～3倍,用滤纸过滤或以3 000 r/min离心5 min,取上清液给家兔静脉注射2～4 mL或小白鼠静脉注射0.2～0.5 mL。如肠内毒素含量高,即可使实验动物于10 min内死亡;如肠毒素含量低,动物于注射后0.5～1 h卧下,呈轻度昏迷,呼吸加快,经1 h左右可能恢复。

据报道,仅从肠道发现D型魏氏梭菌,或检出毒素,尚不足以确定本病,因为D型魏氏梭菌在自然界广泛存在,且ε毒素可存在于有自然抵抗力的或免疫过的羊只肠道而不被吸收。因此,确诊本病根据以下几点:肠道内发现大量D型魏氏梭菌,小肠内检出ε毒素,肾脏和其他实质脏器内发现D型魏氏梭菌,尿内发现葡萄糖。

(六)防制

①加强饲养管理,农区、牧区春、秋季节避免抢青、抢茬,秋天避免吃过量结籽饲草,同时注意饲料的合理搭配。

②在常发地区,应定期注射"羊快疫-猝狙-肠毒血症三联苗"或"羊快疫-猝狙-肠毒血症-羔羊痢疾-黑疫五联苗"。

③发病时病羊隔离，病程长者可用抗生素药物治疗。对尚未发病的羊转移到高燥的地区放牧，并进行紧急预防接种。

二、羊快疫

（一）简介

羊快疫是由腐败梭菌引起羊的一种急性传染病。其特点是突然发病、病程短，真胃黏膜呈出血性、坏死性炎症。羊快疫在百余年前就出现于北欧一些国家，现已遍及世界各地。

（二）病的发生

1. 病原

本病的病原是腐败梭菌，为两端钝圆的杆菌，专性厌氧。用病料涂片镜检时，能发现单个或两三个相连，部分形成卵圆形的芽孢，位于菌体中央或近端。用病羊肝被膜做触片，经染色、镜检呈无关节长丝状的形态是腐败梭菌极突出的特征，具有重要的诊断意义。幼龄培养物菌体有周身鞭毛，能运动，不形成荚膜，革兰氏染色为阳性。

本菌能产生 α、β、γ、δ 4 种毒素。α 毒素是一种卵磷脂酶，具有坏死、溶血和致死作用；β 毒素是一种脱氧核糖核酸酶，具有杀死白细胞作用；γ 毒素是一种透明质酸酶；δ 毒素是一种溶血素。

常用的消毒药能杀死腐败梭菌的繁殖体，但芽孢体抵抗力很强，3%福尔马林溶液能在 10 min 内将其杀死。消毒常用 20%漂白粉、3%～5%氢氧化钠溶液。

2. 易感动物

本病主要发生于绵羊，以 6～18 月龄的绵羊多发。山羊也能感染，但发病少。

3. 传染源和传播途径

腐败梭菌主要存在于低洼潮湿草地、熟耕地，污水及人畜的粪便中。经消化道感染。许多羊的消化道平时就有这种细菌存在，但不发病，当存在不良的外界诱因，特别是在秋、冬和初春气候骤变、阴雨连绵之际，羊只受寒感冒或采食了冰冻带霜的草料，机体遭受刺激，抵抗力减弱时，或是真胃黏膜发生坏死和炎症，同时经血液循环进入体内，刺激中枢神经系统，引起急性休克，使羊只迅速死亡。

4. 流行特点

本病多发生于冬、春季节，呈地方流行性。

（三）临床症状

本病潜伏期 12～72 h，突然发病，病羊往往未出现临床症状而突然死亡，常见放牧时死于牧场或早晨死于羊圈中。病程长者有的表现离群独处、卧地、不愿走动，强迫行走时，表现虚弱和运动失调，腹部膨胀、有腹痛症状。排黑色软粪或稀粪，内混有黏液或脱落的黏膜。体温一般不高，但也有高达41.5℃，呼吸困难，多数在1 d内死亡。

（四）病理变化

尸体迅速腐败膨胀，剖开有恶臭，皮下有出血性胶样浸润。真胃和十二指肠黏膜有明显的充血、出血，表面发生坏死，出血坏死区低于周围的正常黏膜，黏膜下组织水肿甚至形成溃疡。肠腔内充满气体。胸腔、腹腔和心包大量积液，暴露于空气中、易凝固。心内外膜有出血点。多数羊胆囊肿大，充满胆汁。肠道和肺脏的浆膜下也可见到出血。

（五）诊断

本病在病羊生前诊断比较困难，如果羊突然发病死亡，死后又发现第四胃及十二指肠等处有急性炎症，肠内容物中有许多小气泡，肝肿胀而色淡，胸腔、腹腔、心包有积水等变化时，应怀疑可能是这一类疾病。确诊需进行微生物学检查，必要时还可进行细菌的分离培养和动物试验。

（六）防制

①加强饲养管理，防止受寒感冒，避免采食冰冻饲料。

②免疫接种。在本病常发地区，每年可定期注射“羊快疫-猝狙-肠毒血症三联苗”或“羊快疫-猝狙-肠毒血症-羔羊痢疾-黑疫五联苗”，皮下或肌肉注射5 mL，免疫期三联苗为1年，五联苗为半年。

③发生本病后应及时隔离病羊，对病程长者用青霉素、磺胺类药物进行治疗。对未发病羊只，应转移到高燥地区放牧，加强饲养管理同时用菌苗紧急接种。

三、羊猝狙

（一）简介

羊猝狙是由C型魏氏梭菌引起的一种毒血症，以急性死亡、腹膜炎和溃疡性肠炎为特征。羊猝狙最先发现于英国，在美国和前苏联也曾发生过。

（二）病的发生

1. 病原

本病的病原为C型魏氏梭菌，C型菌产生β主要毒素和α次要毒素，可在

10%血琼脂培养基上进行厌氧培养。其他同羊肠毒血症。

2. 易感动物

本病发生于成年绵羊，以 1～2 岁的绵羊多发。

3. 传播途径

本病主要经消化道感染。

4. 流行特点

本病常发生于低洼、沼泽地区。多发生于冬、春季节，呈地方流行性。

(三)临床症状

本病的潜伏期 0.5～1 d，病程短促(3～6 h)，看不到临床症状而突然死亡。有时发现病羊掉群、卧下，表现出不安、腹泻和痉挛，眼球突出，在数小时内死亡。

(四)病理变化

本病的病变主要见于消化道和循环系统。十二指肠和空肠黏膜严重充血、糜烂，有的肠段可见大小不等的溃疡。胸腔、腹腔和心包积液，暴露于空气中可形成纤维素絮块。浆膜上有出血点。肌肉出血，有气性裂孔。死亡后骨骼肌出现气肿和出血。

(五)诊断

根据成年绵羊突然发病死亡，剖检见糜烂和溃疡性肠炎、腹膜炎、体腔积液可作出初步诊断。确诊需从体腔渗出液、脾脏等取病料作细菌的分离和鉴定，以及从小肠内容物里检查有无 β 毒素。

(六)防制

本病的防制可参照羊快疫和羊肠毒血症的防制措施进行。

四、羔羊痢疾

(一)简介

羔羊痢疾是由 B 型魏氏梭菌引起初生羔羊的一种急性毒血症，其特征为剧烈腹泻和小肠发生溃疡。本病常可使羔羊发生大批死亡，给养羊业带来重大的损失。

(二)病的发生

1. 病原

本病的病原为B型魏氏梭菌,产生β毒素。其他同羊肠毒血症。

2. 易感动物

本病主要发生于7日龄以内的羔羊,以2～3日龄的羔羊发病最多,7日龄以上的羔羊很少发病。

3. 传染源

病羔是本病的主要传染源,其次是带菌母羊。

4. 传播途径

本病主要经消化道感染,也可经脐带或伤口感染。当母羊妊娠期营养不良,羔羊体质衰弱,气候异常、哺乳不当、卫生不良等均可促进本病的发生。

5. 流行特点

在产羔季节呈地方性流行,发病率30%～90%,死亡率可达100%。

(三)临床症状

本病的潜伏期1～2 d。病初精神委顿,低头弓背,不吃奶。不久就发生腹泻,粪便恶臭,呈黄绿色、黄白色或灰白色糊状或水样。后期粪便中含有血液、黏液和气泡。病羔羊逐渐衰弱,卧地不起。如不及时治疗,一般在1～2 d内死亡,只有少数病轻者可能自愈。

有的羔羊腹胀而不下痢,或只排少量稀粪,但主要表现神经症状,四肢瘫软,卧地不起,呼吸急促,口流白沫,最后昏迷,头向后仰,体温降至常温以下,常在数小时到十几小时内死亡。重者如不及时治疗,一般在数小时到十几小时内死亡。

(四)病理变化

尸体严重脱水,主要病变在消化道,真胃内有未消化的凝乳块,小肠(特别是回肠)黏膜充血、发红,溃疡周围有一出血带环绕,有的肠内容物呈血色。肠系膜淋巴结肿大、充血或出血。肺常有充血区域或淤斑。心包积液,心内膜有时有出血点。

(五)诊断

根据流行特点、临床症状和剖检变化可作出初步诊断,但注意与沙门氏菌、大肠杆菌等引起初生羔羊下痢的区别。确诊需进行实验室检查以鉴定病原体及毒素。

(六)防制

应加强饲养管理,增强妊娠母羊的体质;同时注意羔羊的保暖,合理哺乳,采取消毒、隔离、免疫接种和药物治疗等综合措施才能有效地防制本病。每年秋季注射羔羊痢疾菌苗或"羊快疫-猝狙-肠毒血症-羔羊痢疾-黑疫五联苗",于产前14～21 d再接种1次。

羔羊出生后12 h内可灌服土霉素0.15～0.2 g,每日1次,连用3 d,有一定的预防效果。

治疗羔羊痢疾的方法很多,各地应用效果不一,应根据当地条件和实际效果,试验选用。

①土霉素0.2～0.3 g,或再加胃蛋白酶0.2～0.3 g,加水灌服,每日2次。

②磺胺胍0.5 g,鞣酸蛋白0.2 g,次硝酸铋0.2 g,重碳酸钠0.2 g,或再加呋喃唑酮0.1～0.2 g,加水灌服,每日3次。

③先灌服含福尔马林0.5%的6%硫酸镁溶液30～60 mL,6～8 h后再灌服1%高锰酸钾溶液10～20 mL,每日服2次。

在选用上述药物的同时,还应针对其他症状进行对症治疗。也可使用中药治疗。

五、羊黑疫

(一)简介

羊黑疫又名传染性坏死性肝炎,是B型诺维氏梭菌引起羊的一种急性、高度致死性毒血症。特征是肝实质发生坏死。

本病发生于澳大利亚、新西兰、法国、智利、英国、美国、德国,亚洲也有此病存在。

(二)病的发生

1. 病原

本病的病原为B型诺维氏梭菌,又称为水肿梭菌,革兰氏染色阳性大杆菌,呈单个或短链状排列。严格厌氧、有鞭毛、无荚膜、易形成芽孢。抵抗力与羊快疫和羊肠毒血症的病原体相似。根据产生的毒素不同将本菌分为A、B、C、D 4个菌型。B型菌产生α、β、η、ζ、θ 5种外毒素。

2. 易感动物

本菌能使1岁以上的绵羊感染,以2～4岁的绵羊发生最多。发病羊多为肥胖羊只，山羊也可感染，牛偶可感染。实验动物中以豚鼠为最敏感，家兔、小鼠易感性较低。

3. 传染源及传播途径

诺维氏梭菌主要存在于土壤中、饲料及反刍动物消化道内，经消化道感染。

4. 流行特点

本病主要发生于春、夏季节肝片吸虫流行的低洼、潮湿地区。

（三）临床症状

本病的临床症状与羊快疫、羊肠毒血症等极其相似。病程急促，绝大多数病例未见临床症状而突然发生死亡。少数病例病程稍长，可拖延 1～2 d，但不超过 3 d。病畜掉群，拒食，呼吸困难，体温 41.5℃左右，呈昏睡俯卧，并保持在这种状态下毫无痛苦地死去。病死率近乎于 100%。

（四）病理变化

病羊尸体皮下静脉显著充血，皮肤呈暗黑色外观（故称“黑疫”）。胸部皮下组织常见水肿，胸腔、腹腔和心包积液，暴露于空气中易凝固。真胃和小肠充血和出血。肝脏充血、肿胀，从表面可看到或摸到有 1 个到多个凝固性坏死灶，坏死灶的界限清晰，灰黄色，不整圆形，周围常为一鲜红色的充血带围绕，坏死灶直径可达 2～3 cm，切面成半圆形。羊黑疫肝脏的这种坏死变化是很典型的特征，具有很大的诊断意义。

（五）诊断

在肝片吸虫流行的地区发现急死或昏睡状态下死亡的病羊，剖检见肝脏的特殊坏死变化，可作出初步诊断。必要时可作细菌学检查和毒素检查。

羊黑疫、羊快疫、羊猝狙、羊肠毒血症等梭菌性疾病由于病程短促，病状相似，在临床上不易区别，同时，这一类疾病在临床上与羊炭疽也有相似之处，因此，应注意类似症状的区别。

（六）防制

①控制肝片吸虫的感染。

②用“羊快疫-猝狙-肠毒血症-羔羊痢疾-黑疫五联苗”进行免疫接种。

③发生本病时，应将羊群移牧于高燥地区。对病羊可用抗诺维氏梭菌血清（每毫升含 7 500 IU）治疗。

本章小结

- 牛羊的主要传染病
  - 副结核病
  - 牛传染性角膜结膜炎
  - 牛传染性鼻气管炎
  - 牛病毒性腹泻/黏膜病
  - 牛恶性卡他热
  - 牛流行热
  - 牛白血病
  - 蓝舌病
  - 羊口疮
  - 羊传染性胸膜肺炎
  - 羊梭菌性疾病：羊肠毒血症、羊快疫、羊猝狙、羔羊痢疾、羊黑疫
- 各病均包括：简介；病的发生；临床症状；病理变化；诊断；防制

复习思考题

1. 怎样诊断副结核病？
2. 急性型牛病毒性腹泻/黏膜病的症状有哪些？
3. 牛恶性卡他热眼型有哪些临床症状？
4. 牛流行热的临床症状有哪些？
5. 如何诊断和治疗羊传染性胸膜肺炎？
6. 牛副结核病如何检疫？
7. 怎样预防羊梭菌性疾病？如何进行免疫接种？

第七章　其他畜禽传染病

知识目标

- 掌握犬瘟热、犬传染性肝炎、犬细小病毒病、犬副流感和兔病毒性出血症的症状、病理变化及防制措施。
- 了解马传染性贫血、猫泛白细胞减少症和貂瘟热的防制措施。

技能目标

- 学会马传染性贫血、猫泛白细胞减少症和貂瘟热的临床诊断方法。
- 熟练掌握犬瘟热、犬传染性肝炎、犬细小病毒病和兔病毒性出血症的临床及实验室快速诊断方法。

第一节　马传染性贫血

一、简介

马传染性贫血简称马传贫，是由马传贫病毒引起的马属动物的一种传染病。本病在 1843 年首次在法国被发现，之后传遍世界各国。1931 年日本侵华时把此病带进了东北及华北等地，后来由前苏联进口马匹时又将该病传入我国，造成我国疫情严重。我国于 1965 年由解放军兽医大学首次分离马传贫病毒成功，进而研制成功了马传贫补体结合反应和琼脂扩散反应两种特异诊断法，1975 年哈尔滨兽医研究所又研制成功了马传贫驴白细胞弱毒疫苗。该疫苗的推广应用和综合性的防疫措施，使我国的疫情逐步得到了控制。该病被国际兽疫局定为 B 类传染病，我国也将其列入二类动物疫病。

二、病的发生

1. 病原

本病的病原为马传染性贫血病毒，属于反转录病毒科慢病毒属 RNA 型病毒。病毒在病马的血液、肝和脾中含量最高。对外界的抵抗力较强，对热的抵抗力较弱。病毒在粪便中能生存 2.5 个月，将粪便堆积发酵需经 30 d 才能灭活。血清中的病毒在 60℃处理 60 min 可完全失去感染力。2%～4%氢氧化钠和 3%来苏儿等均能杀死病毒。

2. 易感动物

只有马属动物对马传贫病毒有易感性，且无品种、年龄和性别的差异，其中马的易感性最强，骡、驴次之。进口马和改良马的易感性较强。

3. 传染源

患病马和带毒马是本病的传染源，特别是发热期的病马，其血液和脏器中含有多量病毒，随其分泌物和排泄物排出体外而散播传染。慢性和隐性病马长期带毒，是危险的传染源。

4. 传播途径

主要是通过吸血昆虫（虻、蚊、蠓等）的叮咬而机械性传染，也可经消化道和交配传染，还可经病毒污染的器械（采血针、注射针头等）散播传染。

5. 流行特点

本病通常呈地方流行性或散发，有明显季节性，在吸血昆虫活跃的夏、秋季节发生较多。新疫区多呈急性暴发，死亡率高，老疫区则多为慢性型。

三、临床症状

本病潜伏期长短不一，人工感染的病例平均为 10～30 d，短的为 5 d，长的可达 90 d 以上。按病程及临床表现一般可将本病分为急性、亚急性、慢性和隐性 4 种病型。

1. 急性、亚急性、慢性传贫病马的共同症状

这 3 种类型的病马精神沉郁，食欲减少，逐渐消瘦，容易疲劳和出汗。主要表现为稽留热和间歇热，初期可达 39～41℃以上，呈稽留热，后期病马出现间歇热

型。有时还出现温差倒转现象(上午体温高,下午体温低),特别是慢性型传贫病马表现更为明显。发热初期,可视黏膜潮红、充血及轻度黄染。随着病程的发展,贫血逐渐加重,可视黏膜也随之变为黄白至苍白。同时,常在可视黏膜(尤其舌下)出现大小不一的出血点。在病的中、后期,由于肌肉变性,坐骨神经受损害,病马表现后躯无力,运步时左右摇晃,步态不稳,急转弯困难。同时,由于病马贫血,心肌变性,致使心脏机能紊乱,出现心搏动亢进,第一心音增强,心律不齐,脉搏增数等变化。常于四肢下部、胸前、腹下、包皮和阴囊等处发生浮肿。

血液检查可见红细胞数减少,常在 500 万个/mm^3 以下;血红蛋白量降低,常减少到 40% (5.8 g)以下;红细胞沉降速度加快,在有热期,15 min 可达 60 刻度以上;白细胞数在病马发热初期常稍微增多,发热的中、后期白细胞数趋向减少;静脉血中出现吞铁细胞。

2. 各型传贫病马的临床特点

急性型多见于新疫区的流行初期的病马,体温突然升高到 39～41℃以上,一般稽留 8～15 d,短时间的降温后骤升到 40～41℃以上,一直稽留至死亡。临诊症状及血液学变化明显。亚急性型常见于流行中期,主要呈现反复发作的间歇热和温差倒转现象,有热期临床症状,血液学变化明显,病程较长,1～2 个月。慢性型是最多见的一种病型,常见于本病的老疫区,其特点与亚急性型传贫基本相似,但有热期短,通常为 2～3 d,体温一般为中等程度或轻微发热。而无热期很长,可持续数周或数月,温差倒转现象更为明显,病程甚长,可达数月或数年。隐性型无明显症状,体内长期带毒。

四、病理变化

主要表现为全身败血症变化,贫血、网状内皮细胞增生反应和铁代谢障碍。急性型主要呈败血症变化,在亚急性和慢性型时败血症变化表现轻微,而贫血和网状内皮细胞增生反应表现明显。

(1)急性型　在黏膜及浆膜出现出血点或出血斑。淋巴结肿大,切面有充血、出血和水肿。脾肿大,切面呈均质暗红色。肝脏也肿大,切面小叶明显,形成槟榔样花纹。肾肿大,皮质有出血点。心肌柔软,心内、外膜有出血点。

(2)亚急性和慢性型　尸体多半消瘦和贫血,可视黏膜苍白,全身出血轻微。淋巴结肿大、坚硬,切面灰白,淋巴小结增生呈颗粒状。脾肿大、坚实,表面粗糙不平,脾小体肿大。肝肿大,呈暗红色或铁锈色,切面呈明显的槟榔样花纹,肝小叶明显,呈网状结构。肾轻度肿大,呈灰黄色,切面皮质增厚,肾小球明显,呈慢性间质性肾炎变化。心脏因心肌变性而弛缓、扩张,心肌柔软褪色呈煮熟状。长骨的骨髓红区扩大，黄髓内有红色骨髓增生灶，慢性严重的病例骨髓呈乳白色胶冻状。

五、诊断

目前常用的诊断方法有临床综合诊断、补体结合反应和琼脂扩散反应，其中任何一种方法呈现阳性，都可判定为马传贫病。病毒学诊断和动物接种试验只在必要时应用。

临床综合判定马传贫病的标准是，在排除类似症状的基础上，凡符合下列条件之一者，判为马传贫病：体温在39℃以上（1岁幼驹39.5℃以上），呈稽留热或间歇热，并有明显的临床和血液学变化者；体温在38.6℃以上呈稽留热、间歇热或不规则热型，临床及血液学变化不够明显，但吞铁细胞2/10 000以上，或病理学检验呈阳性者；病史中体温记载不全，但经系统检查，具有明显的临床及血液学变化，吞铁细胞2/10 000以上，或病理学检验呈阳性者；可疑传贫病马死亡后，根据生前诊断资料，结合尸体剖检及病理组织学检查，其病变符合传贫变化者。

马传贫与马梨形虫病、伊氏锥虫病、马钩端螺旋体病及营养性贫血，在临诊上都具有高热（马营养性贫血除外）、贫血、黄疸和出血等症状。因此，在诊断时必须加以鉴别。

六、防制

为了预防及消灭马传贫，必须坚决贯彻执行《马传染性贫血病防制试行办法》，其要点如下：

①加强饲养管理，搞好环境卫生，消灭蚊、虻。新购入的马骡，必须隔离观察1个月，经过检疫，认为健康者，方可合群。

②加强检疫，除进行测温、临床及血液检查外，以1个月的间隔做3次补反和琼脂扩散度试验。任何一种判定为阳性的马、骡，都说明患有传贫病。要立即进行隔离、封锁、消毒和扑杀处理，病畜尸体应焚烧或深埋，或在化制厂进行无害处理。

③在疫区，污染程度严重、污染面积较大时，一般先进行检疫，然后对假定健康马接种马传贫驴白细胞弱毒疫苗。注射疫苗后一般不再做定期检疫，检出有症状的病马仍按规定扑杀处理。疫区在注射疫苗后6个月，经临床综合诊断未检出传贫病马时，即可解除封锁。

第二节 犬 瘟 热

一、简介

犬瘟热是由犬瘟热病毒引起的犬和肉食目中许多动物的一种高度接触性传染病，有高度接触性传染性，以双相热型、鼻炎、呼吸道炎症、严重肠胃炎和神经症状为特征。

本病最早被发现于18世纪后叶，后遍布世界各国。1980年我国分离到本病毒，目前，我国各地亦时有发生，此病传染性强，病死率高，是危害犬及某此经济动物的重要传染病。我国将其列入三类动物疫病。

二、病的发生

1. 病原

本病的病原为副黏病毒科麻疹病毒属的犬瘟热病毒，呈圆形或不规则形，有时呈长丝状，基因组为RNA型。病毒在-70℃可存活数年，冻干可长期保存。对热和干燥敏感，50～60℃ 经30 min灭活。3%福尔马林、5%石炭酸溶液以及3%氢氧化钠等对本病都具有良好的消毒作用。

2. 易感动物

犬最易感本病，凡是养犬的地方都有本病的发生。不同年龄、性别和品种的犬都可感染，但2月龄以内的仔犬由于母源抗体的保护，80%不受感染；3～12月龄的幼犬易感性最高；2岁以上的犬发病率逐渐降低。

3. 传染源

病犬和带毒犬是本病主要的传染源，可通过泪液、鼻液、唾液、尿液及呼出的气体排出病毒。

4. 传播途径

病犬和健康犬直接接触，主要通过气溶胶经呼吸道感染，也可通过污染的饲料、饮水经消化道感染，还可经眼结膜和胎盘传染。

5. 流行特点

本病多发生于寒冷季节，但现在许多地方这种季节性不明显，常年发生，呈地方流行性或流行性。

三、临床症状

本病的潜伏期一般3～5 d，临床症状一般比较典型，主要表现为以下几个方面：

(1)双相热型　多数患犬于感染后第 4 天体温升高到 39.8～41℃，持续 1～2 d，接着有 2～3 d 的缓解期(体温趋于到 38.9～39.2℃)。随着体温再度升高，出现呼吸系统和消化系统明显感染症状，甚至神经系统感染，病程达数周。

(2)呼吸系统症状　是本病的主要症状。病初随着体温升高，患犬精神轻度沉郁，食欲不振，流泪，有水样鼻液，时有咳嗽或人工诱咳阳性。病情发展不久，眼、鼻分泌物转为黏液性或脓性，喉气管及肺部听诊呼吸音粗粝。在疾病中、后期，往往发展为支气管肺炎，患犬鼻端干燥，有多量脓性鼻液。患犬大多表现本病特有的化脓性结膜炎外观，即脓性眼屎附着于内、外眼角与上、下眼睑，似戴一副眼镜状。

(3)消化系统症状　本病初、中期常有呕吐表现，但次数不多，食欲减退或废绝，对本病具有一定的示病意义。幼犬通常排出深咖啡色混有黏液或血液的稀便，而成犬一般数日无便。患犬呕吐、腹泻以及食欲废绝，逐渐脱水、衰竭。

(4)神经系统症状　神经症状多在发病中、后期，少数于病初出现，对本病具有重要的示病意义。轻者口唇、眼睑、耳根抽动，重者踏脚、转圈、翻滚、运动共济失调或后肢麻痹，特别是咬肌或侧卧时四肢反复有节律的抽搐是本病的特征表现。有些病例在其症状消失后，还遗留舞蹈病、麻痹或瘫痪等症状。

(5)皮肤、足垫症状　在发病初期或末期，部分患犬四肢足垫角质化过度、变硬，幼年患犬常在腹下和股内侧皮薄处出现米粒或豆粒大小的红斑、水疱或脓疱。使用抗生素治疗后，腹下和股内侧的脓性皮疹很快干枯、消失。康复犬硬化的足垫角质层逐渐脱去。

病程一般 2 周或稍长些，发生神经症状的病程最长。病死率差异很大，波动于 30%～80%。目前尚有非典型犬瘟热存在，表现为传统的疫苗预防无效。

四、病理变化

本病病变分布广泛。有些病例皮肤出现水疱性脓疱性皮疹，有些病例鼻和脚底表皮角质层增生。上呼吸道、眼结膜呈卡他性或化脓性炎症。肺呈现卡他性或化脓性支气管肺炎，支气管或肺泡中充满渗出液。在消化道中可见胃黏膜潮红，卡他性或出血性肠炎，大肠常有过量黏液，直肠黏膜皱襞出血。脾肿大。胸腺常明显缩小，且多呈胶冻状。肾上腺皮质变性。

五、诊断

当患犬出现本病典型症状后，不难作出诊断。以早期表现双相热、急性卡他性鼻炎以及随后的支气管炎、卡他性肺炎、严重的胃肠炎和神经症状为特征，少数病犬的鼻和足垫可发生角化过度。然而在发病初期，须与普通感冒进行鉴别。据临床观察，犬瘟热患犬病初双眼一般多因流泪而呈所谓“泪汪汪”现象，或上下眼睑黏附多量黏脓性分泌物，而普通感冒一般没有这种现象。目前许多宠物诊所或医院使用进口犬瘟热快速诊断试纸，取患犬眼、鼻分泌物、唾液或尿液等为检测样品，可在 5～10 min 内作出诊断。尤其对病初症状不典型的病例，有比较重要的诊断作用。

六、防制

1. 治疗

病初尽快注射犬瘟热单克隆抗体或犬瘟热高免血清，连用 2～3 d，可使免疫状态增强到足以阻止疾病发展。为抑制病毒增殖和控制细菌继发感染，常应用双黄连、清开灵、氨苄青霉素、头孢菌素 V 或头孢曲松等。对发热患犬，应用安痛定或复方氨基比林，并配合应用氢化可的松或地塞米松。有便血症状的，可应用安络血或止血敏。呕吐不多或已经控制的，可投服抗病毒口服液与庆大霉素等。有神经症状的，可用国外进口药物癫安舒口服，有一定疗效。实践证明，早期输液和配合应用犬干扰素、细胞因子等免疫增强剂，能有效地防止机体脱水，提高抗病力，促进患犬康复。若特征性临床症状，尤其是神经症状出现，则预后不良，患犬即使经耐心治疗后幸存，往往遗留四肢抽搐或意识不清的后遗症。

2. 预防

目前国产犬三联、五联或七联疫苗均可用来预防犬瘟热等多种常见传染病。推荐的免疫程序为幼犬于 7～9 周龄时开始接种，然后以 2～3 周的间隔连续接种 2～3 次，以后每年加强免疫 1～2 次。进口疫苗较多使用荷兰英特威国际有限公司犬系列疫苗，对 7 周龄犬首免的血清学应答率可达 90%，对 9 周龄以上犬免疫的血清学应答率可达 100%，预防保护性确实。鉴于当前幼犬发病率很高，推荐犬于 4～6 周龄时注射小犬二联苗(Duppy DP)，8～9 周龄时注射犬五联苗(DHPPi)和犬钩体苗，12 周龄时重复注射狂犬苗。以后每年加强免疫 1 次。

第三节　犬传染性肝炎

一、简介

犬传染性肝炎是由犬Ⅰ型腺病毒引起的犬的一种急性、高度接触性、败血性的传染病。主要表现为肝炎和眼睛的疾患。

本病最早于 1947 年由 Rubartl 氏发现，目前，广泛分布于全世界。我国于 1983 年发现此病，1984 年分离到犬传染性肝炎病毒，1989 年从患脑炎的狐狸体内分离到了犬腺病毒Ⅰ型，即狐狸脑炎病毒。本病是我国犬、狐狸的重要疫病之一。

二、病的发生

1. 病原

本病的病原为犬传染性肝炎病毒，属腺病毒科哺乳动物腺病毒属。世界各地分离毒株抗原性相同。本病毒为犬腺病毒Ⅰ型病毒，与 1962 年发现的犬腺病毒Ⅱ型病毒在补体结合、血细胞凝集、中和抗原以及致病性方面都不同。后者是引发犬的传染性喉气管炎的病原，但两者具有 70％的基因亲缘关系，所以在免疫上能交叉保护。

本病毒的抵抗力相当强大，在污染物上能存活 10～14 d，冻干可长期保存。对乙醚和氯仿有耐受性，在室温下能抵抗 95％的酒精达 24 h。苯酚、碘酊及氢氧化钠是常用的有效消毒剂。

2. 易感动物

本病的易感动物主要是犬和狐狸，无品种、年龄和性别的差异，但发病多见于 1 岁以内的幼犬，断奶不久的发病率和死亡率很高，幼犬的病死率高达 25％～40％。而成犬一般呈隐性感染。本病也可感染人，但不引起临床症状。

3. 传染源

本病的传染源为患犬和带毒犬，通过眼泪、唾液、粪尿等分泌物和排泄物排毒，污染周围环境、饲料和用具等。康复犬可获终身免疫，但病毒能在肾脏内存活，经尿长期排毒达 6～9 个月，是引起其他健康犬感染的重要疫源。

4. 传播途径

本病可通过直接与间接接触，经消化道传染易感动物，也可经胎盘感染胎儿。

5. 流行特点

本病可发生于任何季节，一般呈散发或地方流行性。

三、临床症状

本病自然发病潜伏期为 6～9 d。

多数患犬病似急性感冒，体温升高到 40～41℃，精神沉郁，食欲废绝，渴欲增加。眼、鼻有少许浆液或黏液性分泌物，但无咳嗽症状。呕吐、排果酱样血便或血性腹泻是本病的主要症状。齿龈上的出血点或出血斑也是本病的重要症状。不少患犬腹部膨大，胸腹腔穿刺可排出多量清亮、淡红色液体，触诊剑状软骨部位敏感疼痛。很多患犬出现蛋白尿。部分患犬只一眼或双眼角膜在疾病恢复期浑浊，似被淡蓝色薄膜覆盖，称为“肝炎性蓝眼”，数天后角膜转为透明。一般没有神经症状，也很少出现黄疸。病犬血液不易凝结，如有出血，往往流血不止。病程一般2～14 d，大多在2周内康复或死亡。幼犬患病时，常于1～2 d突然死亡，如耐过48 h，多能康复。成年犬多能耐过，产生极强的免疫力。

在体温上升的早期，血液学检查可见白细胞减数（常在2 500以下），红细胞沉降率加快，血凝时间延长。当肝损害严重时，血清中丙氨酸氨基转移酶（ALT）、天门冬氨酸氨基转移酶（AST）、碱性磷酸酶（AKP）、鸟氨酸氨基甲酰转移酶（OCT）和乳酸脱氢酶（LD）的活性升高以及血清β球蛋白含量增加。

四、病理变化

常见皮下水肿。腹腔积液，暴露空气中常可凝固。肠系膜可有纤维蛋白渗出物。肝略肿大，包膜紧张，肝小叶清楚。胆囊黑红色，胆囊壁常水肿、增厚、出血，有纤维蛋白沉着。脾肿大。胸腺点状出血。体表淋巴结、颈淋巴结和肠系膜淋巴结出血。

五、诊断

根据流行特点、临床症状及病变（包括包涵体检查）特征应怀疑为本病，但注意与犬瘟热、细小病毒性肠炎、感冒或外伤性角膜浑浊等进行鉴别。与犬瘟热相比，本病无呼吸道和神经系统感染症状；与细小病毒性肠炎相比，两者都有出血性腹泻症状，但细小病毒感染不见齿龈出血点或出血斑，不见腹部膨大；与感冒相比，无呼吸道感染症状，而有消化道感染症状；与外伤性角膜浑浊相比，“肝炎性蓝眼”的角膜表面光滑，无外伤痕迹，而单纯外伤性角膜浑浊的患犬没有体温升高和消化道感染等全身症状。本病目前尚无临床快速诊断试纸，而实验室诊断方法很多，主要有微量血凝与血凝抑制试验、荧光抗体检查和聚合酶链反应（PCR）检查方法等。

六、防制

1. *治疗*

早期大剂量使用抗犬腺病毒Ⅰ型或Ⅱ型的高免血清，同时注重保肝和控制出血症状。保肝措施可试用肝炎灵注射液和肌苷注射液，前者有清热、解毒、消炎和止痛的作用，能减轻损伤肝组织的变性与坏死，适用于急慢性病毒性肝炎；后者参与机体能量代谢和蛋白质合成，可以改善缺氧状态的细胞代谢，促进组织修复，也适用于急慢性肝炎。因本病导致肝内凝血因子合成不足，血小板显著减少，所以使用常规止血药往往没有效果，最好及时输血或输入血浆补充凝血因子与血小板，同时应用抗病毒药、抗菌药、止血药和维生素等进行治疗。

由于病毒对肝脏与小血管内皮细胞造成损害，采用常规药物一般难以控制患犬出血症状，最终患病幼犬大多因严重贫血及脱水而死亡。成犬通常可以耐过，大多在 1 周内康复，并产生极强的免疫力。

2. 预防

应当指出的是，由于康复犬可经尿液长期排毒，所以应避免将其与健康犬合群饲养。对易感犬群，可选用国产或进口犬系列疫苗免疫注射，方法参见犬瘟热的预防。

第四节　犬细小病毒感染

一、简介

犬细小病毒感染是由犬细小病毒引起的犬的一种急性传染病。临床表现以急性出血性肠炎和非化脓心肌炎为特征。

本病于 1978 年同时在澳大利亚和加拿大被发现。我国于 1982 年证实此病以后，在东北、华东和西南等地区的警犬和良种犬中陆续发生和蔓延，并已分离获得多株病毒。犬细小病毒性肠炎是目前国内仅次于犬瘟热的致死率很高的传染病，感染犬的病死率达 10%～50%。

二、病的发生

1. 病原

本病的病原为犬细小病毒，属于细小病毒科细小病毒属。具有细小病毒属病毒典型的形态和结构。本病毒对外界环境具有较强的抵抗力。在室温下能存活 3 个月，对甲醛、β-丙内酯、羟胺和紫外线敏感，能使之灭活，但对氯仿、乙醚等有机溶剂不敏感。

2. 易感动物

本病主要感染犬，其他犬科动物也可感染。各种年龄和不同性别的犬都有易感性，但小犬的易感性更高，断乳前后的仔犬易感性最高，往往以同窝暴发为特征。3～4 周龄犬感染后呈急性致死性心肌炎症状的较多，8～10 周龄的犬则以肠炎为主。

3. 传染源

感染犬和康复带毒犬是本病的传染源。病犬通过粪便、尿液、唾液和呕吐物排毒，而康复犬通过粪尿长期排毒。

4. 传播途径

本病主要通过消化道传染。

5. 流行特点

本病的发生无明显的季节性。一般夏、秋季多发。天气寒冷、气温骤变、拥挤、卫生水平差和并发感染可加重病情和提高病死率。

三、临床症状

本病潜伏期1～2周，本病在临诊上分2个型，即肠炎型和心肌炎型。

(1)肠炎型　多见于青年犬，病初首先表现呕吐，一般先呕出胃内未消的化的食物，随后的呕出物多为清水或黏液，往往含有黄绿色的胆汁。同时食欲废绝，饮欲强烈，饮后立即呕吐，体温高达40℃。频繁呕吐1～2 d后出现腹泻，粪便由软到稀，而后带血，呈番茄汁样血便，有特殊的腥臭味，可迅速弥漫整个临诊空间。胃肠炎症状出现24～48 h后迅速脱水和体重减轻，眼球凹陷，皮肤弹性减退，衰弱无力，血液检查红细胞压积增加，白细胞减少。病程短的4～5 d，长的1周以上。

(2)心肌炎型　多见于8周龄以下的幼犬，常突然发病，数小时内死亡。感染犬精神、食欲正常，偶见呕吐，或有轻度腹泻和体温升高。或有严重呼吸困难，脉快而弱，可视黏膜苍白。听诊心律不齐。心电图R波降低，S-T波升高。病死率60%～100%，只有极少数轻症病例可以治愈。

四、病理变化

(1)肠炎型　病死犬脱水，可视黏膜苍白、腹腔积液。病变主要见于小肠中后段，浆膜暗红色，浆膜下充血、出血，黏膜坏死、脱落、绒毛萎缩。肠腔扩张，内容物水样，混有血液和黏液。肠系膜淋巴结充血、出血、肿胀。

(2)心肌炎型　剖检病变主要限于肺和心脏。肺水肿，局灶性充血、出血，致使肺表面色彩斑驳。心脏扩张，心房和心室内有淤血块。心肌和心内膜有非化脓性坏死灶。肌纤维变性、坏死。

五、诊断

依据患犬频繁呕吐、随即出现严重出血性腹泻、脱水等表现，对死亡患犬剖检，主要以空肠、回肠的出血性炎症为主，结合典型的流行特点，可以做出初步诊断。然而临床常见许多非犬细小病毒性的出血性腹泻，即不能将所有出血性腹泻病例一概认为是犬细小病毒感染。若临床重视仔细询问和观察此类患犬的发病特点，往往可以与本病初步鉴别。目前使用国产或进口犬细小病毒诊断试纸是诊断本病的快速方法，取少许患犬粪便稀释后检测，可在 5～10 min 内得出结果。

六、防制

1. 治疗

病初尽快注射犬细小病毒单克隆抗体或含抗犬细小病毒抗体的高免血清，同时针对出血性胃肠炎与脱水症状，采取强心补液、抗菌消炎、止吐、止泻和止血的对症疗法。通常静脉滴注 5%葡萄糖氯化钠溶液或复方氯化钠溶液，加入适当剂量的庆大霉素或丁胺卡那霉素、止血敏、维生素 K_1、硫酸阿托品或盐酸 654-2。肠道出血严重时，常规止血药往往难以控制症状，应选用目前的新型止血药，以获得快速止血效果。对顽固性呕吐的患犬，建议肌肉注射爱茂尔、氯丙嗪或硫酸阿托品止吐，并可在 1 d 内用药多次。但因本病损害小肠严重，呕吐频繁，实际止吐效果有时并不理想。胃复安是临床常用的止吐药，但不宜用于本病止吐，其促进胃肠正向蠕动的药理效应往往造成肠道大量出血。所以治疗重点应放在止吐、止泻、纠正脱水上，并对患犬严格禁水，避免诱发频繁呕吐而使脱水不能得到有效的纠正。

2. 预防

安全地区的犬只，可于 10～12 周龄使用国产犬系列疫苗首次免疫，受犬细小病毒威胁的疫区或缺乏母源抗体的幼犬应提前到 6～8 周龄首免，均以 2～3 周的间隔连续免疫 3 次。荷兰英特威国际有限公司犬系列疫苗的使用方法参见犬瘟热的预防。

第五节　犬副流感病毒感染

一、简介

犬副流感病毒感染是由副流感病毒 5 型引起犬的一种主要呼吸道传染病。临床表现发热、流涕和咳嗽，病理变化以卡他性鼻炎和支气管炎为特征。

本病于 1967 年被 Binn 首次报道，并一直认为仅局限于呼吸道感染。1980 年 Evermann 等发现，患犬也可因急性脑脊髓炎和脑内积水，表现后躯麻痹和运动失调。目前,世界所有养犬国家几乎都有本病流行。

二、病的发生

1. 病原

本病的病原为副流感病毒5型,又称为犬副流感病毒,属副黏病毒科副黏病毒属。本病毒只有一个血清型,但毒力有差异。对热、乙醚、酸和碱不稳定。

2. 易感动物

本病毒感染各种年龄犬,幼龄犬病情较重。

3. 传染源

急性期病犬是本病的主要传染源。

4. 传播途径

本病毒主要存在于呼吸系统,通过呼吸道而感染。

5. 流行特点

本病传播迅速、呈突然暴发,常见与支气管败血波氏菌合并感染。

三、临床症状

本病的潜伏期较短。病犬突然发热,精神沉郁、厌食、鼻腔有大量黏液性、脓性分泌物。结膜炎,咳嗽和呼吸困难。若与支气管败血波氏菌混合感染,则临床表现更严重,成窝犬咳嗽、肺炎,病程3周以上。11～12周龄幼犬死亡率较高。成年犬病症较轻,死亡率较低。有的犬感染后表现后躯麻痹和运动失调等神经症状。

四、病理变化

剖检可见病犬的鼻孔周围有黏液性、脓性分泌物,结膜炎、气管炎和肺炎病变。神经型主要出现急性脑脊髓炎和脑积水。

五、诊断

根据流行特点、临诊症状和病理变化可做出初步诊断,特征为突然发热、卡他性鼻炎和支气管炎。确诊可采用血清中和试验和HI试验等实验室诊断。

六、防制

预防本病主要是加强饲养管理,特别是犬舍周围环境卫生,新购入犬进行检疫,隔离和预防接种。我国1989研制的犬瘟热-犬细小病毒-犬副流感病毒-犬腺病毒四联苗，对预防本病有积极作用。犬群一旦发病，立即隔离、消毒，重病犬及时淘汰。用镇咳药及抗生素治疗，对有细菌混合感染病有一定疗效。

第六节　兔病毒性出血症

一、简介

兔病毒性出血症俗称“兔瘟”，是由兔病毒性出血症病毒引起的兔的一种急性、高度接触性传染病。病的特点是潜伏期短、发病急、病程短、传播快、发病和死亡率均高。以呼吸系统出血，水肿，肝坏死，实质器官淤血、水肿和出血为特征。

本病于1984年在我国江苏省的江阴县首先被发现，随后迅速蔓延至全国。现在世界上许多国家都有发生。本病常呈暴发性流行，发病率及病死率极高，给养兔业造成极大的经济损失。该病被国际兽疫局定为B类传染病，我国也将其列入二类动物疫病。

二、病的发生

1. 病原

本病的病原为兔病毒性出血症病毒，是一种新发现的病毒，病毒对氯仿和乙醚不敏感，对紫外线和干燥等不良环境的抵抗力较强。1%氢氧化钠经4 h，1%～2%甲醛、1%漂白粉经3 h才将其灭活。生石灰和草木灰对病毒几乎无作用。

2. 易感动物

本病只发生于家兔和野兔。各种品种和不同性别的兔都可感染发病，2月龄以上的青年兔和成年兔的易感性高于2月龄以内的仔兔。未断乳的幼兔很少发病。

3. 传染源

病兔和带毒的兔是本病主要的传染源。它们通过粪便、皮肤、呼吸道和生殖道排毒，污染环境及用具。

4. 传播途径

消化道是本病主要的传播途径。

5. 流行特点

本病在新疫区多呈暴发性流行。60日龄以上的兔发病率和病死率高达90%～95%，甚至100%。一般疫区的平均病死率78%～85%。本病一年四季都可发生，但北方一般以冬、春寒冷季节多发。

三、临床症状

本病自然感染的潜伏期为 2～3 d。根据症状分最急性型、急性型和慢性型 3 个型。

(1)最急性型　多发生在新疫区的流行初期。突然发病,迅速死亡。一般体温升高到 41℃,稽留 6～8 h 而死。有的死前还在吃食,突然抽搐几下即刻死亡。

(2)急性型　多发生在流行中期。病初体温升高到 41℃以上,病兔精神委顿,食欲减退,渴欲增加。皮毛无光泽,迅速消瘦。死前表现出短期兴奋、挣扎、狂奔、咬笼架,继而前肢俯伏、后肢支起、全身颤抖、倒向一侧、四肢划动,惨叫几声而死。少数病死兔鼻孔中流出泡沫样血液。病程 1～2 d。

(3)慢性型　多见于老疫区或流行后期。潜伏期和病程较长。病兔体温升高达 41℃左右,精神委顿,食欲不振,被毛杂乱无光泽,逐渐消瘦、衰弱而死。耐过病兔生长迟缓,从粪便排毒至少 1 个月之久。

四、病理变化

鼻腔、喉头和气管黏膜充血、出血。气管和支气管内有泡沫状血液。肺有不同程度的充血,一侧或两侧有数量不等的粟粒至绿豆大的出血斑点。切开肺叶流出多量红色泡沫状液体。肝淤血、肿大、质脆,肝实质坏死,而致表面呈淡黄或灰白色条纹,切面粗糙,流出多量暗红色血液。胆囊胀大,充满稀薄胆汁。肾皮质有散在的针尖状出血点。胸腺肿大,常出现水肿,并有散在性针尖至粟粒大的出血点。胃肠多充盈,胃黏膜脱落。小肠黏膜充血、出血,肠系膜淋巴结水样肿大。

五、诊断

根据呼吸系统出血、肝坏死、实质脏器水肿、淤血及出血性变化等特征,在疫区结合流行特点及典型的临诊症状,一般可以作出诊断。在新疫区要确诊可进行病原学检查和血清学试验。

六、防制

有效的预防措施是定期注射疫苗。常用的有国产的二联苗(兔瘟、兔巴氏杆菌)和三联苗(兔瘟、兔巴氏杆菌和波氏杆菌),注射后 7～10 d 产生免疫力,保护力可靠。仔兔 20 日龄开始初免,1 年免疫 3 次。平时坚持自繁自养,认真执行兽医卫生防疫措施,定期消毒,禁止外人进入兔场。新引进的兔需要隔离饲养观察至少 2 周,无病时方可入群饲养。

兔群发生疫情时，立即封锁疫点。对疫群中尚未发病兔紧急接种疫苗，轻病兔注射高免血清，剂量成年兔 3～4 mL，仔兔及青年兔 2～3 mL，疗效较好。重病兔扑杀，尸体深埋或焚烧。污染的环境和用具等彻底消毒。

第七节　猫泛白细胞减少症

一、简介

猫泛白细胞减少症又名猫瘟热或猫传染性肠炎，是猫及猫科动物的一种急性、高度接触性、致死性传染病。本病发现于 1930 年，现在很多国家都有发生和分布。我国 1984 年首次从自然病例分离到猫泛白细胞减少症病毒。近年来，本病在江苏、安徽等 10 多个省市时有发生。

二、病的发生

1. 病原

本病的病原为猫细小病毒，属细小病毒属。世界各地分离的本病毒只有 1 个血清型。含毒组织中的病毒在低温下或 50％甘油盐水中能长期保持感染性。福尔马林(0.5％)和次氯酸则能有效地将其杀灭。

2. 易感动物

本病主要侵害猫和其他猫科动物，浣熊、貂也可感染。各种年龄的猫都可感染发病，但主要发生于 1 岁以下的小猫，尤其 2～5 月龄的幼猫最为易感。随年龄增长发病率降低，而成年猫感染常无临床症状。

3. 传染源

本病的传染源主要是病猫和带毒猫，感染早期即通过各种排泄物或分泌物排毒。一些康复猫可通过粪、尿排毒数周。

4. 传播途径

消化道是本病的主要传染途径。在病毒血症期间也可通过吸血昆虫传播，妊娠母猫感染后还可经胎盘垂直传染给胎儿。

5. 流行特点

本病多见于冬末和春季。长途运输和饲养管理条件急剧改变等应激因素可促进本病的暴发流行，病死率可达 90％以上。

三、临床症状

本病的潜伏期为 2～9 d，根据临诊表现可分为最急性型、急性型、亚急性型和隐性型4个类型。

最急性型和急性型的病猫突然死亡，来不及出现症状或仅有一些前驱症状，往往误认为是中毒。临床常见主要为亚急性型，表现本病的特征症状。病初体温高达40℃以上，约持续24 h降至常温，再经2～3 d重新上升。随着第2次发热，患猫频繁呕吐，初为无色黏液，后为含泡沫的黄绿色黏液，患猫水样腹泻，严重的粪中带血。由于呕吐和腹泻，迅速脱水。患猫高度沉郁、衰弱、伏卧、头搁于两前肢之间，被毛粗乱，第三眼睑突出。妊娠母猫感染后可发生胚胎吸收、死胎、流产、早产或产出小脑发育不全的畸形胎儿。病程3～6 d，如能耐过7 d，多能康复。病死率一般60%～70%。

四、病理变化

剖检可见猫尸体消瘦、脱水。小肠黏膜肿胀、充血、出血，严重的呈伪膜性炎症变化。内容物灰黄色、水样、恶臭。肠系膜淋巴结肿胀、充血、出血。肝肿大、红褐色。胆囊充满黏稠胆汁。脾出血。肺充血、出血、水肿。长骨的红骨髓呈液状或胶冻状。

五、诊断

根据突发双相型高热、呕吐、腹泻、脱水、明显的白细胞减少及出血性肠炎等特征，可以作出初步诊断。确诊则需作病毒分离鉴定和血清学试验。主要有血凝与血凝抑制试验，免疫荧光试验和酶联免疫吸附试验(ELISA)等方法。

六、防制

平时应搞好猫舍清洁卫生，对新引进的猫必须经过免疫接种并隔离观察60 d，方可混群饲养。本病目前尚无有效的治疗方法，主要依靠接种疫苗预防其发生。国外许多国家都生产有灭活苗和弱毒苗用于预防本病。目前国内主要使用荷兰英特威公司的“猫三联疫苗”，以预防猫瘟、猫病毒性鼻气管炎和猫杯状病毒感染。使用方法：猫9周龄时首免，12周龄复免，以后每年加强免疫1次。我国亦有灭活苗生产，断乳后(8～10周龄)初免，隔2～4周后进行二免。二免7 d后即可产生极强的免疫力，免疫保护期6个月，以后每年免疫2次。本苗也可用于犬、狐、貂细小病毒感染症的免疫预防，免疫程序相同。

未免疫猫群一旦发生本病，立即隔离病猫。早期病猫可用抗血清以及用对症、支持疗法和使用抗生素防止并发症等综合性措施进行抢救。污染的料、水、用具和环境用1%福尔马林彻底消毒。本病为猫的致死性传染病，若无特异性高免血清治疗，治愈率很低，病死率60%～70%，甚至高达90%以上。耐过猫可获得良好的免疫力，且在自然条件下很少发生二次感染发病。

第八节　貂　瘟　热

一、简介

貂瘟热是由犬瘟热病毒所致的貂的一种急性、接触性传染病。世界各地均有发生，是危害养貂业的主要疫病之一。我国也有本病存在，近几年来随着养貂业的发展，种貂的流动，本病有明显扩大蔓延的趋势。

二、病的发生

1. 病原

本病的病原为犬瘟热病毒。

2. 易感动物

各种品种和年龄的貂均易感本病，但以断奶后的幼貂和育成貂最易感。

3. 传染源

本病的传染源主要是病貂和带毒貂，感染早期鼻液中就有具感染力的病毒排出。

4. 传播途径

本病主要经呼吸道和消化道感染，也可经眼结膜和胎盘传染。

5. 流行特点

本病多发生于7～12月份，在疫区自然条件下，其流行周期为2～3年。如果引进的是病貂或隐性感染貂，则在混群一定时间以后会引起暴发。

三、临床症状

本病的潜伏期为9～14 d。临床上分为最急性型、急性型、慢性型和隐性型。

(1)最急性型　即神经型，发病急，临床仅能见到狂暴、咬笼、抽搐、口吐白沫和发出刺耳的尖叫声，病程短，突然死亡，死亡率达100%。

(2)急性型　即卡他型，病初出现浆液性结膜炎，继而发展成黏性乃至脓性的，严重的上下眼睑粘连，眼睑肿胀。精神委顿，食欲废绝，呼吸困难，体温升高到41℃以上。后期下痢，粪便如煤焦油样。趾肿胀，严重的出现水疱或溃疡。肛门外翻，后肢麻痹，甚至拖着向前爬动。病程为3～7 d。

(3)慢性型　即皮疹型，趾掌红肿达3～4倍，软垫部炎性肿胀。鼻唇、趾掌皮肤出现水疱，继而化脓破溃、结痂，全身皮肤发炎，有糠麸样皮屑脱落。病程 14～30 d。

(4)隐性型　为非典型病例，很少出现或无任何症状，多见于流行后期。

四、病理变化

肉眼可见鼻唇、趾掌皮肤出现水疱或溃疡。上呼吸道、眼结膜呈卡他性或化脓性炎。在消化道中可见卡他性或出血性肠炎。

五、诊断

根据流行特点、临诊症状和病理变化可作出初步诊断。确诊须进行病原学或血清学诊断。

六、防制

预防主要方法是注射疫苗，目前我国应用的是鸡胚组织培养弱毒疫苗，成貂一般在配种前注射，幼貂断奶后注射。犬瘟热弱毒苗对雪貂和水貂也可产生良好的免疫效果，但也多受母源抗体干扰，有母源抗体的仔水貂，在断奶后 8～10 d 可接种疫苗，有母抗的仔雪貂在 6 周龄内不应接种疫苗。治疗方法参见犬瘟热的治疗。

本章小结

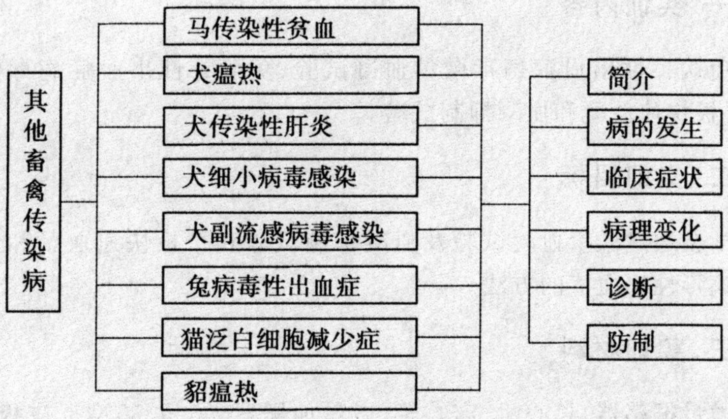

复习思考题

1. 临床综合判定马传染性贫血病的标准是什么?
2. 犬瘟热临床分哪几个型,有何特征性症状?如何进行防制?
3. 犬传染性肝炎有何特征性病理变化?如何防制?
4. 临床如何诊断犬细小病毒病?
5. 犬的副流感是如何发生的?
6. 兔病毒性出血症有何特征性临床症状?如何预防?
7. 猫泛白细胞减少症有何特征性症状及病变?
8. 貂瘟热临床症状有哪些?

实训十三　兔病毒性出血症的实验室诊断

一、实训内容

兔病毒性出血症病毒微量血凝试验、兔病毒性出血症病毒微量血凝抑制试验、平板快速血凝和血凝抑制试验。

二、实训目标

学会通过微量血凝试验及血凝抑制试验和平板快速血凝和血凝抑制试验诊断兔病毒性出血症的方法。

三、实训材料

微量振荡器、离心机、离心管、微量加样器、96孔V型反应板、注射器(1 mL、5 mL)、针头、试管、吸管、兔剖检器材等仪器与器材;人O型红细胞悬液、灭菌生理盐水、青霉素、链霉素、兔病毒性出血症血清等液体和药品;可疑病兔或死兔。

四、方法与步骤

(一)临床症状诊断

本病多导致兔急性死亡,无任何征兆,突然倒地、尖叫、抽搐,不能站立。有时鼻孔流出泡沫状血液,濒死前肛门排出淡黄色稀薄状粪便。

(二)病理剖检诊断

本病以实质器官的淤血、水肿及出血斑点或变性为主要特征。肝脏、脾脏淤血、肿大,气管、鼻腔及喉头黏膜弥漫性充血、出血。气管内充满大量血性泡沫。肺脏出血。肾脏淤血、变性较多见。

(三)实验室诊断

1. 标本采取

主要采取病死兔的肝脏、脾脏和肾脏,处理后冷冻备用。

2. 病毒提纯

将标本以1∶5加入灭菌生理盐水,匀浆数分钟加入少许氯仿去脂,4 000 r/min离心15 min,取上层液离心(1 000 r/min)30 min,用35%～40%饱和硫酸铵沉淀后，离心(40 000 r/min)90 min，收集沉淀溶于适量缓冲液中，直接镜检或冷冻备用。

3. 分离培养

本病可在乳兔肾细胞、睾丸细胞上生长并产生细胞病变(CPE)。

4. 动物试验

将无菌采取的标本，用灭菌生理盐水制成 1∶10 悬液，加入双抗(青霉素、链霉素各 1 000 IU/mL)，在室温下作用 2～3 h，皮下接种未经免疫的易感家兔 2～3 只，在严格隔离下饲养、观察，表现出与自然病例临诊及剖检症状相同的即初步判为阳性。

5. 微量血凝及血凝抑制试验

本病毒可凝集人 O 型红细胞，并能被其特异性抗体所抑制。本试验在 96 孔微量滴定板上进行。

(1)血凝试验　从第 1 孔至第 11 孔，每孔先加入生理盐水 50 μL。然后在第 1 孔加入 1∶10 稀释的病死兔肝脏悬液 50 μL。从第 1 孔开始，用 50 μL 的移液器作等量倍比稀释至第 10 孔，最后第 10 孔弃去 50 μL。每孔再各加入 1% 人 O 型红细胞 50 μL(见表 7-1)，立即在微型振荡器上振荡 30～60 s，置 37℃ 温箱作用 45 min，待对照孔完全沉淀后观察，判定结果见表 7-2。

(2)血凝抑制试验　病死兔肝混悬液稀释法同上述血凝试验，一个标本作相同的 2 排，第 1 排孔加生理盐水 50 μL，第 2 排孔加已知诊断血清 50 μL，震荡，37℃ 温箱放置 10 min，每孔加入 1% 人 O 型红细胞 50 μL，立即震荡，置 37℃ 温箱中作用 45 min，待对照红细胞沉降后观察，判定结果。如 2 排孔的血凝价相差 2 个滴度以上者即为阳性，操作方法见表 7-3 和表 7-4。

6. 平板快速血凝和血凝抑制试验

(1)材料　发病死亡兔的肝、脾或肾脏，用灭菌生理盐水制成 1∶5 的悬液，离心后取上清备用。3% 的人 O 型红细胞悬液。兔瘟阳性血清。白瓷板或玻璃板，棉签。

(2)操作方法　用红铅笔在白瓷板上划好 4 cm×4 cm 的小方格。在一个方格内滴加 1∶5 脾、肝悬液 2 滴，生理盐水 1 滴，3% 人 O 型红细胞悬液 1 滴，立即搅匀。另一个方格除将生理盐水换成兔瘟阳性血清外，其他与第 1 个方格的操作相同。加样完毕并搅匀后，轻轻晃动瓷板，2～5 min 判定结果。如果第 1 个格内出现明显的红细胞凝集现象，而第 2 格内不出现，则可诊断为兔瘟。

五、实训报告

根据实训课的内容，写一份兔病毒性出血症的诊断报告。

表 7-1 兔病毒性出血症病毒微量血凝试验(HA)

孔号	1	2	3	4	5	6	7	8	9	10	11
病料稀释倍数	1∶20	1∶40	1∶80	1∶160	1∶320	1∶640	1∶1 280	1∶2 560	1∶5 120	1∶10 240	生理盐水对照
生理盐水/μL	50	50	50	50	50	50	50	50	50	50	50
1∶10 倍稀释病料/μL	50	50→	50→	50→	50→	50→	50→	50→	50→	50→	—
										弃 50	
1% 人 O 型红细胞悬液/μL	50	50	50	50	50	50	50	50	50	50	50
作用	振荡 30~60 s, 37℃温箱作用 45 min										
结果举例	#	#	#	#	#	#	#	#	+	-	-

注:“#”表示完全凝集,“+”表示不完全凝集,“-”表示不凝集。

表 7-2 微量血凝实验结果判定标准

类别	孔底所见	结果
1	红细胞一片凝集,均匀铺于孔底	++++
2	红细胞凝集基本同上,但孔底有大圆	+++
3	红细胞与孔底形成中等大的圆,四周有小凝块	++
4	红细胞与孔底形成小圆,四周有小凝快	++
5	红细胞沉于孔底,完全不凝集	-

表 7-3　兔病毒性出血症病毒微量血凝抑制试验(HI)(第 1 排孔操作方法)

孔　号	1	2	3	4	5	6	7	8	9	10	11
病料稀释倍数	1 : 20	1 : 40	1 : 80	1 : 160	1 : 320	1 : 640	1 : 1 280	1 : 2 560	1 : 5 120	1 : 10 240	生理盐水对照
生理盐水/μL	50	50	50	50	50	50	50	50	50	50	50
1 : 10 倍稀释病料/μL	50 →	50 →	50 →	50 →	50 →	50 →	50 →	50 →	50 →	50 →	—
已知诊断血清/μL	50	50	50	50	50	50	50	50	50	50 弃 50	50
作用	振荡 30~60 s，37℃温箱作用 10 min										
1% 人 O 型红细胞悬液/μL	50	50	50	50	50	50	50	50	50	50	50
作用	立即振荡 30~60 s，37℃温箱作用 45 min										
结果举例	#	#	#	#	#	–	–	–	–	–	–

注："#"表示完全凝集，"—"表示不凝集。

表 7-4　兔病毒性出血症病毒微量血凝抑制试验(HI)(第 2 排孔操作方法)

孔　号	1	2	3	4	5	6	7	8	9	10	11
病料稀释倍数	1 : 20	1 : 40	1 : 80	1 : 160	1 : 320	1 : 640	1 : 1 280	1 : 2 560	1 : 5 120	1 : 10 240	生理盐水对照
生理盐水/μL	50	50	50	50	50	50	50	50	50	50	50
1 : 10 倍稀释病料/μL	50 →	50 →	50 →	50 →	50 →	50 →	50 →	50 →	50 →	50 →	—
生理盐水/μL	50	50	50	50	50	50	50	50	50	50 弃 50	50
作用	振荡 30~60 s，37℃温箱作用 10 min										
1% 人 O 型红细胞悬液/μL	50	50	50	50	50	50	50	50	50	50	50
作用	立即振荡 30~60 s，37℃温箱作用 45 min										
结果举例	#	#	#	#	#	#	#	–	–	–	–

注："#"表示完全凝集，"—"表示不凝集。

参 考 文 献

[1] 马兴元,赵玉军.国家法定猪病诊断与防制.北京:中国轻工业出版社,2007.

[2] 陈溥言.兽医传染病学.北京:中国农业大学出版社,2006.

[3] 葛兆宏.动物传染病.北京:中国农业出版社,2006.

[4] 马兴树.禽传染病实验诊断技术.北京:化学工业出版社,2006.

[5] 刘泽文.实用禽病诊疗新技术.北京:中国农业出版社,2006.

[6] 周庆国.犬猫疾病诊治彩色图谱.北京:中国农业出版社,2005.

[7] 陈钟鸣,杨自军.养鸡与鸡病防治.北京:中国农业出版社,2005.

[8] 高波,杨文.鸡病防控与治疗技术.北京:中国农业出版社,2004.

[9] 高雅君.家禽传染病·诊断与防治.延吉:延边人民出版社,2003.

[10] 白文彬,于康震.动物传染病诊断学.北京:中国农业出版社,2002.

[11] 吴清明.兽医传染病学.北京:中国农业大学出版社,2002.

[12] 蔡宝祥.家畜传染病学.4版.北京:中国农业出版社,2001.

[13] 张宏伟.动物疫病.北京:中国农业出版社,2001.

[14] 高作信.兽医学.3版.北京:中国农业出版社,2001.

图书在版编目(CIP)数据

畜禽传染病/刘振湘，姚卫东主编．—北京：中国农业大学出版社，2008.6(2016.8 重印)

高职高专教育“十一五”规划教材

ISBN 978-7-81117-450-2

Ⅰ. 畜… Ⅱ. ①刘… ②姚… Ⅲ. 畜禽-传染病防制-高等学校：技术学校-教材 Ⅳ. Q855

中国版本图书馆 CIP 数据核字(2008)第 043115 号

书　　名　畜禽传染病

作　　者　刘振湘　姚卫东　主编

策划编辑　陈巧莲　姚慧敏　伍　斌　　**责任编辑**　李藏兰　洪重光

封面设计　郑　川　　**责任校对**　王晓凤　陈　莹

出版发行　中国农业大学出版社

社　　址　北京市海淀区圆明园西路 2 号　　**邮政编码**　100193

电　　话　发行部 010-62818525,8625　　读者服务部 010-62732336

编辑部 010-62732617,2618　　出　版　部 010-62733440

网　　址　http://www.cau.edu.cn/caup　　**e-mail**　cbsszs@cau.edu.cn

经　　销　新华书店

印　　刷　北京鑫丰华彩印有限公司

版　　次　2008 年 6 月第 1 版　　2016 年 8 月第 4 次印刷

规　　格　787×980　16 开本　20 印张　366 千字　彩插 2

定　　价　30.00 元